JN327646

ヴィジュアル大全

Michael E. Haskew
マイケル・E・ハスキュー
Busujima Tohya
毒島刀也 監訳

火砲・投射兵器

Postwar Artillery 1945-Present

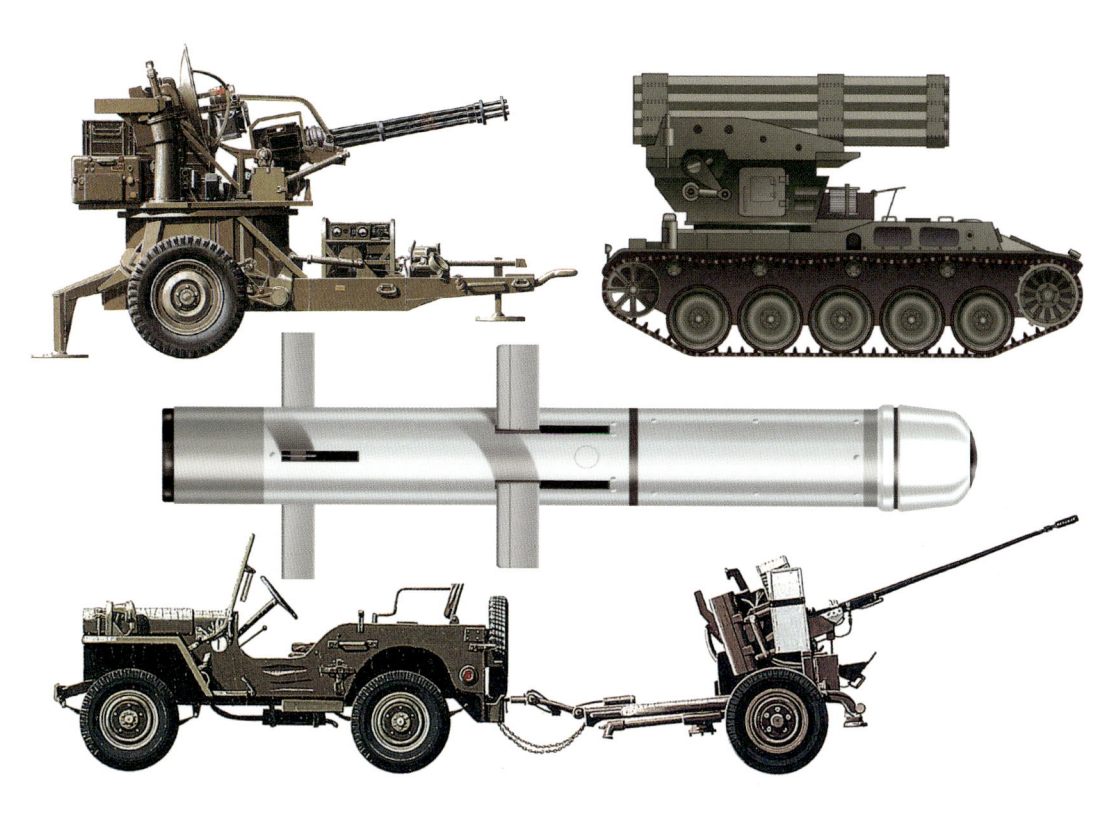

原書房

Contents

序文 7

第1章 ヨーロッパの冷戦 1945～91年 11

概要 12
ソ連の初期の火砲 1945～70年 14
ソ連のICBN 1950～89年 18
NATOの初期の火砲 1940～70年 22
西側の自走砲 1947～90年 25
西側のICBM 1946～90年 28
西側の初期の防空ミサイル 1947～70年 30
ワルシャワ条約機構軍の後期の火砲 1970～89年 33
ソ連の戦域ミサイル 1950～89年 36
ワルシャワ条約機構の防空 1965～90年 39
西側の後期の火砲 1970～91年 41
西側の戦域ミサイル 1970～90年 50
西側の防空ミサイル 1970～90年 52

ソ連・アフガン戦争 1979〜89年 ……… 56

フォークランド紛争 — イギリス軍 1982年 ……… 61

フォークランド紛争 — アルゼンチン軍 1982年 ……… 64

第2章 朝鮮戦争 1950〜53年 ……… 69

概要 ……… 70

国連軍 1950〜53年 ……… 71

朝鮮人民軍（NKPA）／人民解放軍（PLA）1950〜53年 ……… 76

第3章 ヴェトナム戦争 1959〜75年 ……… 81

概要 ……… 82

アメリカ／南ヴェトナム陸軍（ARVN）1959〜75年 ……… 84

北ヴェトナム陸軍（NVA）1964〜75年 ……… 91

第4章 | アジアの冷戦 ……95

概要 …… 96

中国 1950年〜現在 …… 98

紛争中のインドとパキスタン 1965年〜現在 …… 105

日本 1960年〜現在 …… 107

シンガポール 1965年〜現在 …… 109

第5章 | 中東とアフリカ …… 111

概要 …… 112

スエズ危機から六日戦争まで 1956〜67年 …… 114

第4次中東（ヨム・キプル）戦争 1973年 …… 117

レバノン 1982〜2006年 …… 122

イラン・イラク戦争 1980〜88年 …… 127

今日の中東 1990年〜現在 …… 130

アフリカの戦争 1960〜2000年 …… 134

アンゴラ内戦 1975〜2002年 …… 135

南アフリカ 1970年〜現在 …… 139

第6章 現代の紛争 1991〜2010年 ……… 143

概要 ……… 144

湾岸戦争 1990〜91年 ……… 146

多国籍軍 1991年 ……… 147

イラク陸軍 1991年 ……… 152

NATOの防空 1991年〜現在 ……… 155

バルカン紛争 1991〜95年 ……… 158

カフカス紛争 1992年〜現在 ……… 161

チェチェン 1994年〜現在 ……… 162

南オセティア紛争 2008年 ……… 165

ロシアの防空 1992年〜現在 ……… 169

イラクとアフガニスタンでの戦争 2001年〜現在 ……… 171

イラク 2003年 ……… 173

アフガニスタン 2001年〜現在 ……… 177

近年の開発 2000年〜現在 ……… 181

索引 ……… 186

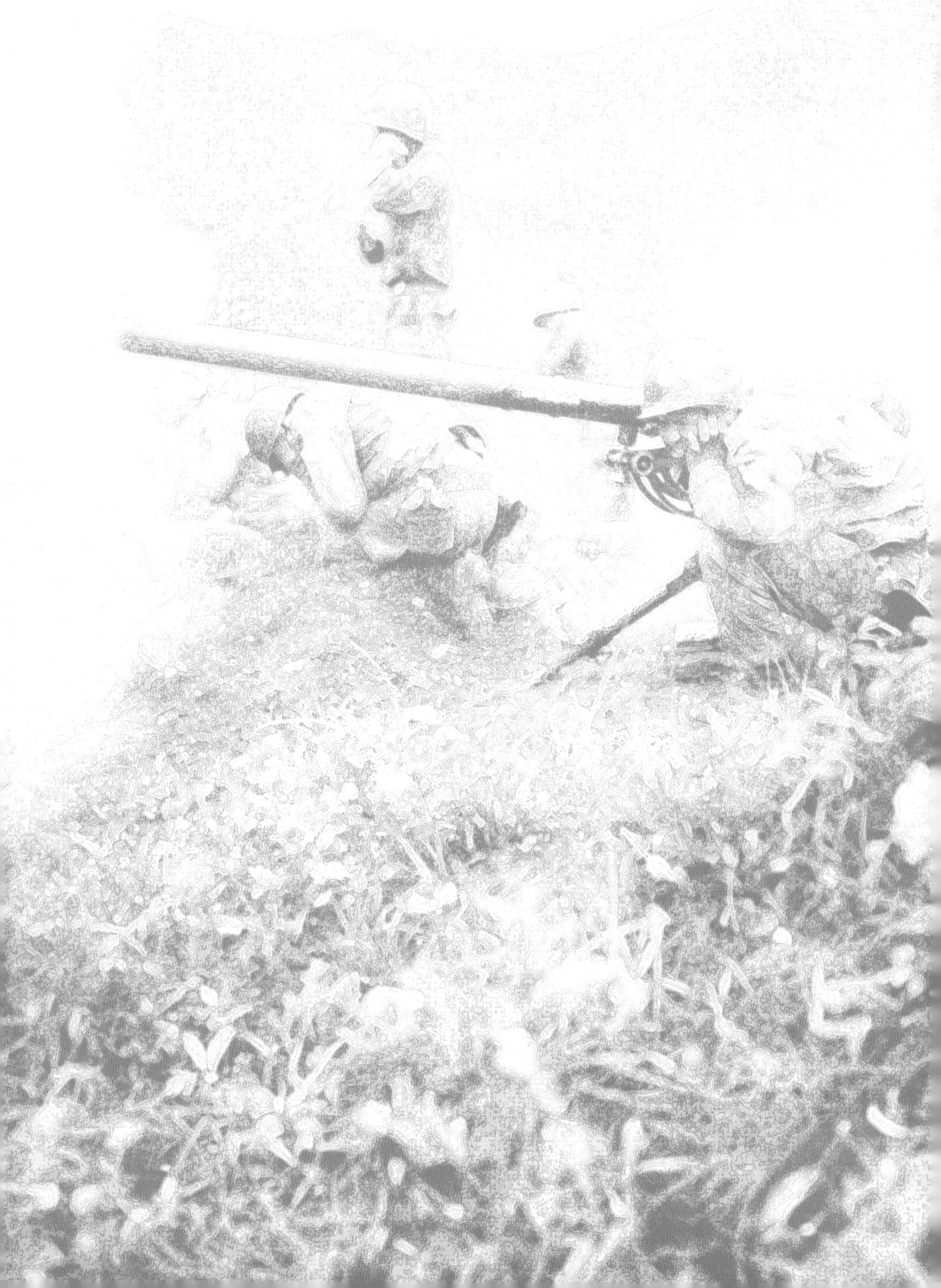

序文

何世紀にもわたり、火砲は歴史の流れを変える能力を実証してきた。それは現代も進化を遂げながら、戦術面で戦場を支配し、諸国家を破滅の寸前まで追いやったり、戦略的外交の手段として交渉のテーブルにつかせたりする能力を保持している。通常兵器、核兵器、生物・化学兵器、誘導兵器、高性能システムといったものが、火砲を２１世紀の紛争にふさわしいものにしているのである。火砲が戦場の風景を支配する時代は終わったとする向きもあるが、近年の歴史に関心をもつ者であれば、第２次世界大戦以降の戦闘の性質に注目するだけでそうではないことが明らかだろう。
火砲はいまや地上だけでなく、はるか上空や地平線のかなたにまで影響をおよぼしているのだ。

▲歩兵支援
アメリカ陸軍第３１連隊戦闘団の砲手が、谷間をへだてた真向かいにいる歩兵部隊を支援して７５ミリ無反動砲を発射する。１９５１年６月、朝鮮の某所にて。

▲ **移動式核ミサイルの脅威**
軽装軌発射器に搭載されたソ連の2K6ルナ地対地ロケット（NATOコードネーム［以下NATO名と表記］、フロッグ-5）が巨大輸送機から降ろされる。より数字の多い9K52ルナM（NATO名フロッグ-7）の先行型であるフロッグ-5は、1960年代初頭にはじめて配備された。その503キロの核弾頭の射程は32キロだった。

　第2次世界大戦終結は近代史における重大な分岐点となった。戦後、兵器システムはめざましい速さで近代化され、改良され、発明された。戦争の余波がいまなお世界規模で感じられる一方で、こうした武器や兵器の進歩は過去半世紀にとどまらず、今後も影響をおよぼしつづけるだろう。火砲の目的と利用は、1939-45年の大戦の結果、おそらくほかのどの種類の兵器よりも変化した。

閃光と炎

　前例のない破壊力が放つ閃光と爆発とともに核時代が幕を開け、煙と炎の雲を吐きだしながら成層圏に向かって高速で進む、弾道ミサイルが出現した。こうした恐ろしい出来事が、大方の人びとの理解力をはるかに超えた政治的・軍事的事件の過程で、火砲の発達と影響力とを形づくってきた。つまり、火砲は近代軍事思想の主役なのである。文民指導者と軍司令官は、それが戦闘の結果に与えうる影響をかつてないほど考慮しなければならない。核弾頭を搭載した砲弾、周囲数百キロを制空する防空ミサイル、最新鋭の装甲車を破壊できる対戦車砲弾、ものの数分で文明を滅ぼせる破壊力をもった大陸間弾道ミサイル――導入されたこうした兵器のすべてが、軍事アナリストや観測者に気後れする理由を与えている。

　破壊的な化学・生物兵器が使用される可能性だけで、世界中の戦争に軍隊を送るに十分な理由になる一方で、テロリスト組織にも自由に使えるこうした能力は、何百万もの人命を危険にさらすこともありうるのだ。

威力と潜在能力

　「大砲の連続砲撃は恐ろしい」と、作家のエーリヒ・マリア・レマルクは傑作『西部戦線異状なし』のなかで書いている。第1次世界大戦中、ひとりの兵士が荒涼とした中間地帯の真ん中で弾孔

にうずくまっているイメージはおなじみのものだが、こうした光景は何度もくりかえされてきた。ジョージ・S・パットン・ジュニア将軍が第2次世界大戦終結時に記しているように、戦争に勝利できた理由はだれの目にも明らかだった。決め手となったのは火砲だったのだ。

現代においても、科学技術の発達や創意工夫——それにもちろん武力紛争自体の流れ——は、火砲が戦況を左右するという結論を変えてはいない。長期にわたる空爆が、敵の戦意をそぐことはあるだろう。しかし1991年の湾岸戦争とその10年後に行なわれたイラクの自由作戦では、地上を前進する軍隊が最終的に勝利を勝ちとったのはたしかだが、それに先立ち、機械化された意志強固な敵と交戦し打ち破る能力をもつ牽引砲、自走砲、防空砲、対戦車砲による持続的な砲撃が行なわれていたのである。

火砲は1945年以降ますます複雑になっているが、その一方で性能は飛躍的に向上している。軍事史上類を見ない破壊力はもちろん、火砲はかつてないほど機動性が向上し、より幅広い目標を攻撃し、より迅速に移動できるようにもなっている。また、より軽量な素材が導入されたことで、空輸や迅速な配備も容易になった。くわえて改良されたレーザー、高性能レーダー、統合射撃統制システムが驚異的な命中精度に寄与し、よく訓練された士気の高い兵士が、恐ろしく複雑で途方もない破壊力をもつ攻撃防御システムを操作する。全地球の未来は比較的少数の者の手中にあるのだ。

先のことに目を向ければ、戦術兵器としての火砲の将来は保証されているように思えるが、同時に戦略的意味合いも弱まりそうにない。現代軍どうしの未来的なハイテク交戦から、山間の拠点に潜伏するテロリストゲリラの制圧にいたるまで、火砲は現在その威力を発揮し、そしてまちがいなく今後もそうありつづけるだろう。じつのところ、現代の火砲は平和と戦争の双方で権威者としての役割をになっている。今日その能力を認識している人びとにとっては、火砲の沈黙もその轟音と同じくらい耳をつんざかんばかりなのである。

▼ **ビッグガンによる急襲**
1996年4月、アメリカ陸軍第29野戦砲兵連隊のM109A2 155ミリ自走榴弾砲の縦列が、ジョイント・エンデヴァー作戦支援のパトロール中、分離地帯にあるボスニア・ヘルツェゴヴィナのドニャ・カバルデの町を通過する。

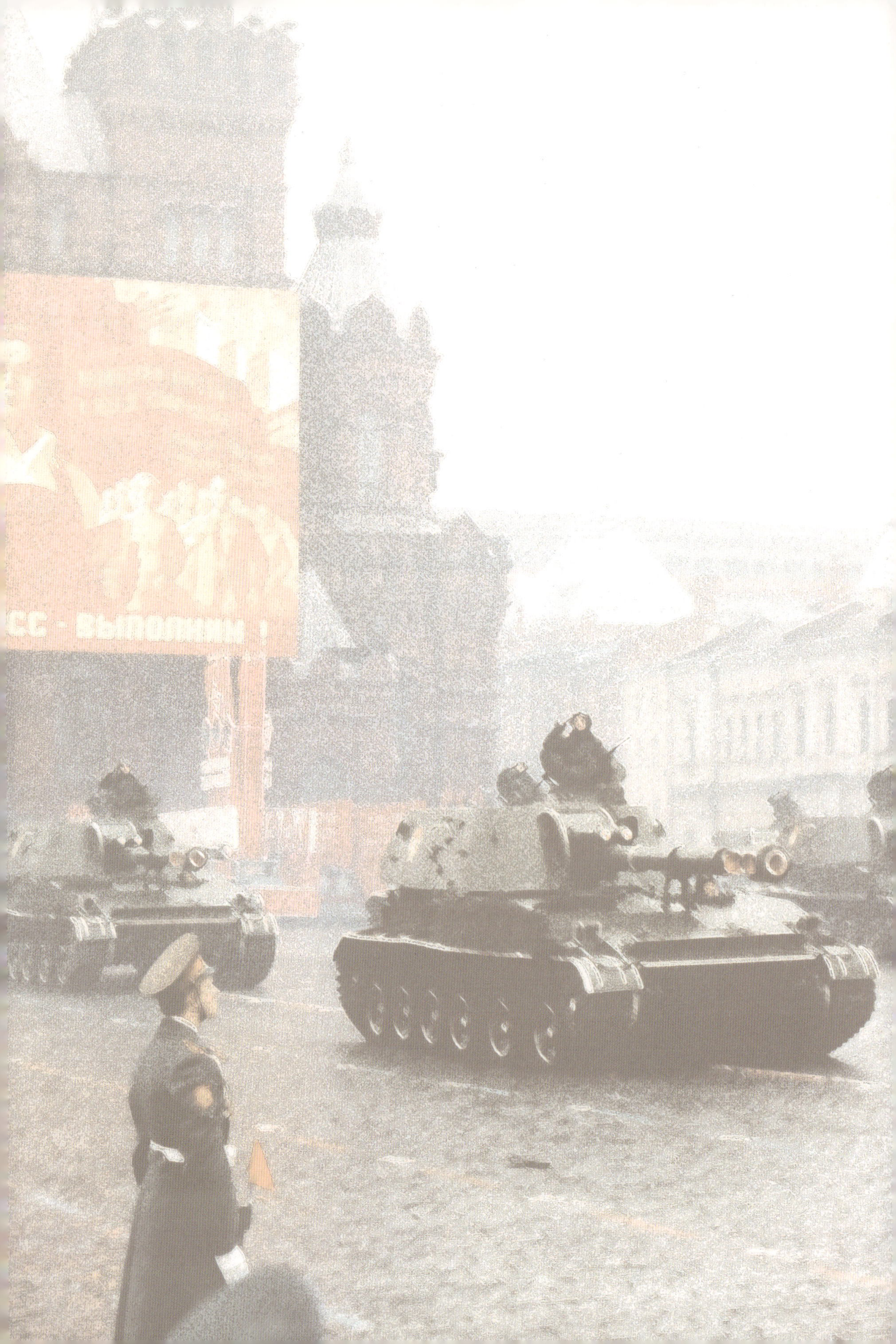
СС - ВЫПОЛНИМ !

第1章
ヨーロッパの冷戦 1945〜91年

第2次世界大戦の終結とともに、ヨーロッパの地図は書き換えられた。勢力範囲と異なる世界観は、東西の閉じられた国境ぞいにふたつの陣営をもたらした──そしてこのドラマは以後半世紀近く続くことになる。両陣営の軍隊にとって、最新火砲の編成と火力が戦闘教義を形づくり、冷戦の緊張を高める役目をはたした。科学技術的に進んだ新世代の従来型火砲──牽引砲、自走砲、空輸可能な砲または防空砲──が現代軍の兵士に装備される一方、核弾頭を搭載できる火砲が戦略・戦術兵器として地球規模の意志の競争を激化させた。

▲力の誇示
1980年代のあるとき、モスクワの赤の広場で軍事パレードに参加する赤軍の2S3（M1973）自走砲。アメリカ陸軍のM109への対応として開発された2S3は、自動車化狙撃師団と戦車師団に高機動火力支援を行なった。

概要

ヨーロッパの冷戦は、北大西洋条約機構（NATO）軍とワルシャワ条約機構（WTO）軍の双方に攻撃と防御にかんする具体的な必要条件を提示し、その結果、戦略および戦術ドクトリンが練り直されることになった。

火砲を航空資産や地上機動部隊と連携して活用することで、理論上は戦場で勝利をおさめられることになっているが、アメリカ陸軍のある野戦教範には、火砲の積極的使用はそれ自体がある特定の状況下、とりわけ侵略者が攻勢に出る場合には、敵地上部隊の打破において決定的要素となるだろうと記されている。

「火砲理論は、歩兵・機甲兵団をもちいることなく、あらゆる火砲による猛烈な砲撃で敵軍を打破する、火力攻撃の概念を採用している」とそれは書いている。「砲撃は、それ自体が攻撃になるような重みと量と命中精度をもって行なう」

冷戦当初、西側の軍事戦略家にとって明白だったのは、自分たちこそが攻撃火力のこうした破壊的利用を受ける側になる可能性がきわめて高いということだった。ソ連赤軍は欧州大陸で群を抜いて有能な軍隊だった。命令が下されれば、赤軍のすさまじい砲火力は西ヨーロッパにあるアメリカや他国の基地に大打撃を与え、防御側が立ち直れないほど壊滅的な損害と戦闘能力の喪失をもたらしただろう。

比較的短い期間、西側の切り札はアメリカの核戦力だけだった。第2次世界大戦中、日本の広島と長崎に対して使用しきわめて効果的であることは実証済みで、たとえ利用できる原子爆弾の数が限られるか、もしくはゼロであっても、またソ連の目標への発射がまちがいなく問題をはらんでいたにしても、核の優位はアメリカにとって認識された強みだった。しかし1949年の夏には、アメリカ軍部にとってこの強みさえ消え失せていた。西側では北大西洋条約機構（NATO）が、ソ連の武力侵略に対する集団的自衛を目的として結成されたが、同じ年の8月、ソ連はプルトニウム型原子爆弾の爆発に成功し、核兵器競争が本格的に動きだした。

超大国が戦略的核兵器で優位に立とうと莫大な予算を投じ、多様な投射方法と1945年に日本を

▼ **牽引されるタンク・キラー**
東ドイツのMT-LB汎用装軌式牽引車が、東欧の某所での大演習中、T12（2A19）対戦車砲を牽引する。

▲ 人気モデル
チェコ製のダナ152ミリ自走砲は製造コストが安く、整備も簡単だった。1981年にはじめて運用がはじまり、1994年までに750両以上が製造された。

屈服させた爆弾の何倍もの破壊力をもつ後継世代の多弾頭大陸間弾道ミサイル（ICBM）を開発する一方で、西ヨーロッパの敵対的国境ごしににらみあう軍隊の問題は未解決のままだった。1950年にソ連がベルリンを封鎖し大空輸作戦を行なう以前から、緊張は危険なレベルにまで高まっていた。かつての同盟国は、ナチス・ドイツの敗北から3年もたたないうちに武力戦争寸前にまで達していた。

戦術的核兵器

アメリカにもソ連にも、戦略的核の応酬がヨーロッパにおける地上戦闘の開始につながると思われた。ヨーロッパの戦場でいち早く優位に立った国軍が、欧州大陸もしくはその残骸の将来を少なくとも決定づけることになっただろう。だからこそ、戦術的核兵器の開発はNATOとワルシャワ条約機構（WTO、1955年春、ソ連とその衛星国である東欧諸国によって結成）の双方にとって優先事項となったのである。

一部の軍事計画者が、必要とされる兵員と物資の点で第2次世界大戦に匹敵する規模のヨーロッパでの戦争を想定する一方、従来型火砲や、火砲を利用して発射する戦術的核兵器が使用されるのはまずまちがいなかった。勝算は核の第一撃の効果と、手にした優位を活かす地上機動部隊の能力にかかっていた。

疑いなく、NATO軍のもっとも理にかなった戦略は戦術的核防衛だった。このシナリオでは、NATO加盟国の火砲と空軍がこうした核兵器の発射装置の役割をはたすことになっていた。それに続いて自走砲や機械化歩兵、戦車といった通常兵器が、機動攻撃をになうか、もしくはWTO軍の西進を阻止する強力な防御線を維持するはずだった。

ソ連は第2次世界大戦中すでに、従来型火砲による集中砲撃が攻勢作戦に対し有効であることを実証済みだった。戦術的核兵器が赤軍の先制攻撃の威力を高めるだけでなく、赤軍が保有する火砲の防御力もまたよく知られていた。NATO軍とWTO軍のどちらにとっても、避けがたいひとつの結論があった。それは戦術的に見て、火砲が地上戦での勝敗を決定するということだった。戦略的に見れば、ICBMがすべての演習を現実的に意味のないものにしただろう。

ソ連の初期の火砲 1945〜70年

赤軍は第2次世界大戦終結時に膨大な数の火砲を保有しており、その後数年のうちにミサイル、レーダー誘導兵器、重砲の近代化に着手した。

スターリングラードでドイツ第6軍を包囲・殲滅させることになったソ連のみごとな反撃は、壊滅的な連続砲撃からはじまった。機関砲と榴弾砲の集中砲火がドイツ陣地に大打撃を与え、赤軍地上部隊のすみやかな前進を可能にした。

この成功が、冷戦の初期をつうじてソ連の軍事計画者の攻撃ドクトリンを決定しつづけ、対戦車支援と歩兵支援任務には、定評ある76.2ミリ野砲M1942(ZiS-3)や152ミリカノン榴弾砲M1937の派生型が使用され、後者はソ連の標準野砲のなかでも、43.5キロの砲弾を1万7000メートル以上飛ばすことができた。

1955年までに、赤軍は核兵器の搭載が可能な最初の火砲、152ミリD-20カノン榴弾砲を配備していた。これはロケット補助推進弾を最大2万9992メートルまで投射することが可能で、最終的に152ミリカノン榴弾砲M1937にとって代わった。F・ペトロフ設計局によって開発されたD-20は、通常砲弾をバースト射撃で最大毎分6発発射でき、持続発射速度は毎分1発だった。D-20は現在も世界中で使用されており、中国では62式／66式／66-I式の名称でライセンス生産されている。

核野砲が重要性を増してくるにつれ、ミサイル開発もそれにならい、1950年代半ばにソ連は地対空ミサイル(SAM)、S-25ベールクト(ロシア語でイヌワシの意)の配備を指揮した。S-25は、NATOにはSA-1ギルドのコードネームで知られていた。世界最初の実用誘導ミサイルシステムであるSA-1の開発は、1950年夏に認可された。SAMにくわえ、このシステムには早期警戒および目標捕捉レーダー、戦闘機、ツポレフ早期警戒機がふくまれ、こうした協調は現代戦においてまさに画期的なものだった。

1955年春までに、SA-1ミサイル中隊がモスクワ周辺の防御陣地に配置され、その一方で移動式のSA-2ガイドラインミサイルも実用化された。1960年代はじめには、SA-1は北朝鮮に供与されていた。このソ連の地対空ミサイルはそののち、ヴェトナム戦争でハノイやハイフォンといった都市を防御し、また1967年と1973年の中東戦争では、エジプトやほかのアラブ諸国の武器リストにくわえられ悪名をとどろかせた。

火力協調

攻勢作戦の支援において、ソ連の軍事ドクトリ

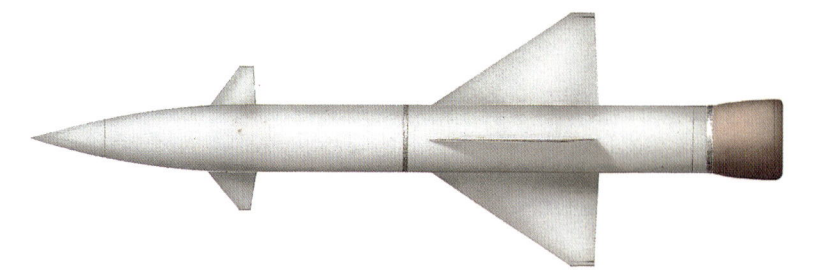

▲ S-25ベールクト(SA-1ギルド)
ソ連防空軍、1957年

S-25ベールクト(NATO名SA-1ギルド)は、世界ではじめて実用化された地対空ミサイルである。第2次世界大戦時のドイツの設計をもとに開発され、目標捕捉および警戒レーダーを装備していた。このシステムは主として首都モスクワの防衛のために配備された。

S-25 Berkut (SA-1 Guild)

推進方式	単段式、液体燃料ロケットモーター
配備	発射場
全長	12メートル
直径	700ミリ
発射重量	3500キログラム
射程	40キロメートル
発射準備時間	5分

ンは複数の理念をともなう協調的砲撃行動の重要性を強調した。こうした理念には、計器能力を駆使した地上と空からの持続的な偵察、主攻撃に向けた集中的な砲撃支援、集中的な通常砲撃と核ミサイル攻撃と空爆との協調、火砲の目標捕捉、戦術航空支援と核発射手段、連隊以上の部隊への強力な対戦車予備部隊の配備、すべての戦闘レベルでの持続的かつ緊密な協調などがふくまれた。

ソ連は火砲による持続的な火力支援を強調しており、これは必然的に機動力が攻撃のカギになることを意味していた。初期前進を支援する砲兵隊は、事前の計画にもとづき、前線大隊および連隊に随伴することになっていた。相当数の砲兵隊が歩兵隊に遅れずについていくうえでの問題は、82ミリ迫撃砲BM-37およびPM-41のような可搬式迫撃砲や軽牽引兵器を使った最低レベルの作戦を行なうことで理論上は解決された。BM-37は榴弾を最大毎分30発発射でき、11.5キロの砲弾の最大射程は3040メートルで、戦場で成功をおさめたことから、より製造が容易なPM-41が導入された。

冷戦初期の赤軍に普及していた歩兵用牽引重迫

▶ **85ミリ対空砲M1939（52-K）**
ソ連地上軍／第20防空連隊、1960年
85ミリ対空砲M1939は驚くほど長命で、1939年から1970年代まで40年にわたり運用された。対空任務にも対戦車任務にも適し、T-34中戦車とSU-85自走砲の後継型にも搭載されている。広く輸出され、エジプトおよび北ヴェトナム陸軍の部隊に装備された。

85mm M1939 anti-aircraft gun

要　　員	4名
口　　径	85ミリ
俯仰角	－2度～＋82度
重　　量	3057キログラム
射　　程	7620メートル
砲口初速	毎秒800メートル

◀ **160ミリ迫撃砲M1943（MT-13）**
ソ連地上軍／第27親衛自動車化狙撃師団、1970年
軽トラックまたは兵員輸送車に牽引される160ミリ後装式重迫撃砲M1943は、各旅団に32門ずつ配備され、旅団はそれぞれ8門を装備する4個大隊で構成された。この兵器の猛烈な反動は、内部機構と頑丈な床板が吸収した。

160mm M1943 mortar

要　　員	4名
口　　径	160ミリ
俯仰角	＋45度～＋80度
重　　量	1170キログラム
射　　程	5150メートル
砲口初速	毎秒245メートル

Cold War Europe, 1945-91

▲BM-24多連装ロケット発射器
ソ連地上軍／第54親衛砲兵連隊、1955年

1950年代はじめに導入されたBM-24は、BM-13多連装ロケット発射器にわずかに改良をくわえたもので、第2次世界大戦中には「スターリンのオルガン」と呼ばれて名声を博した。赤軍の砲兵隊と機械化歩兵連隊が、6×6トラックに搭載されたBM-24を運用した。BM-24はのちにBM-21に置きかえられた。

BM-24 multiple rocket launcher
乗　　　　員	6名
口　　　　径	240ミリ
ロケット弾全長	1.18メートル
ロケット弾重量	112.5キログラム
射　　　　程	1万300メートル
発 射 速 度	毎秒2発
システム戦闘重量	9200キロ

ASU-57 SP gun
乗　　員	3名
重　　量	3300キロメートル
全　　長	4.995メートル
全　　幅	2.086メートル
全　　高	1.18メートル
エンジン	M-20E 4気筒ガソリン（55馬力）
速　　度	時速45キロメートル
航続距離	250キロメートル
武　　装	57ミリ砲×1

▲ASU-57自走砲
ソ連地上軍／第78親衛空挺師団、1969年

赤軍空挺師団の支援用に、ロケット補助減速装置とともに落下傘投下するよう設計されたASU-57自走砲は、すぐれた設計で20年以上にわたりソ連軍で使用された。この兵器は自動車のエンジンを搭載し、車体は溶接アルミニウム製で軽量だったが、その火力は空挺部隊が戦闘活動を維持する能力を増大させた。

▲2B1オカ自走迫撃砲
ソ連地上軍、未配備、1957

オカ自走迫撃砲は試作の420ミリ迫撃砲だったが、反動が起動輪や減速装置、砲架にダメージを与えたほか、発射速度が低く、整備にかんする問題も尽きないなど、欠点が非常に多かった。開発は、戦術弾道ミサイルの製造に財源が回されたため1960年までに中止された。

2B1 Oka self-propelled mortar
乗　　員	7名
重　　量	5万176キログラム
エンジン	V-12-5ディーゼル（700馬力）
武　　装	420ミリ迫撃砲×1

撃砲は160ミリM1943で、これは第2次世界大戦中に赤軍が制式採用していた迫撃砲のなかでもっとも口径が大きいものだった。M1943は当初、120ミリ迫撃砲の口径をたんに大きくして設計されたが、発射体の重さが40.8キロもあり、歩兵がもちあげてそれなりの速さで砲口から装填することは不可能であったため、急遽、後装式に再設計された。後装砲として、M1943は最大発射速度が毎分10発、射程は5150メートルだった。

地対空ミサイルの機動力が向上しても、ソ連は敵機に対する必要な防衛は対空砲に依存していた。対空砲でもっともすぐれていたのが、第2次世界大戦直前に開発された85ミリM1939だったが、1942年まで大量に入手できなかった。M1939は汎用性の高い兵器であることが証明されており、名高いT-34中戦車の後継型にも搭載されている。M1939の要員は対空および対戦車砲弾を支給され、有効射程は7620メートル、また砲口初速が毎秒800メートルで、これが装甲に対して効果的である重要な要素だった。M1939は1970年代まで多数の軍隊で使用された。

冷戦時代に赤軍が配備した最大の牽引砲は、1954年にお目見えしたS-23 180ミリカノン砲である。核砲弾を投射できるS-23の射程は、通常砲弾で3万メートル、ロケット補助推進弾で最大4万3000メートルだった。

ソ連迫撃砲中隊（自動車化歩兵大隊隷下）、1968年

冷戦のさなか東欧に配置されたソ連自動車化歩兵大隊には、120ミリ迫撃砲を2門ずつ保有する3班からなる1個中隊がふくまれていた。120ミリ迫撃砲は、火砲を近接歩兵支援と位置づけるソ連の方針の象徴だった。120ミリ迫撃砲は、砲弾を砲口から装填するか、もしくは拉縄［訳注：りゅうじょう。発射の際に引く紐］によって発射させることが可能だった。追加装備には、歩兵や通信装置および通信要員を輸送するための偵察用装甲兵員輸送車とトラックがあった。

中隊本部（汎用車両×1、装甲兵員輸送車×1）　　**偵察（装甲兵員輸送車×1）**　　**通信（トラック×1）**

班（120ミリ迫撃砲×2、トラック×2）

班（120ミリ迫撃砲×2、トラック×2）

班（120ミリ迫撃砲×2、トラック×2）

ソ連のICBM 1950～89年

ソ連の戦術核ミサイルは、西ヨーロッパのNATO軍にとって最大の被害をもたらす恐れのある脅威だったが、この兵器は移動式発射台で配備される場合もあった。1960年代半ばまでに、ソ連は大陸間弾道ミサイル（ICBM）を配備しており、NATOのヨーロッパにおける核戦力を低下させかねない一連の中距離ミサイルを開発していた。

冷戦期にソ連が配備した準中距離核ミサイルは、西ヨーロッパ中のNATOの重要軍事施設と人口集中地を攻撃する能力があった。こうしたミサイルを制限する条約が発効する前、ソ連はこの種の兵器を550基も保有しており、NATOとヨーロッパの西側諸国にとって最大の核の脅威となっていた。準中距離弾道ミサイル（MRBM）には一般に、射程800-1600キロの兵器がふくまれ、中距離弾道ミサイル（IRBM）と、ICBMを筆頭とする戦術ミサイルとに分類された。

ソ連が準中距離弾道ミサイルの研究を本格的に開始したのは1950年代初頭で、その10年のあいだに、R-12ドヴィナ（NATO名SS-4サンダル）が東側ブロックに配備されていた。初期の設計努力は、短距離エンジンと航空力学全般、飛翔中の安定性を中心になされたが、こうした初期のエンジンを動かす液体酸素は硝酸酸化剤に置きかえられ、燃料源としてケロシン（灯油）が併用された。壊滅的な結果をもたらす最大2.3メガトンの弾頭を搭載できたSS-4は、冷戦初期に重要な役割をはたした。

ソ連情報筋によると、SS-4は1959年3月に配備され、翌年秋に西側観測筋にはじめて確認された。1962年10月、まさにこのSS-4のキューバ

R-12 Dvina (SS-4 Sandal)
- 推進方式：単段式、液体燃料
- 配備：発射台またはサイロ
- 全長：22.4メートル
- 直径：1.65メートル
- 発射重量：2万7000キログラム
- 射程：2000キロメートル
- 発射準備時間：1～3時間

▲R-12ドヴィナ（SS-4サンダル）
ソ連地上軍／第24親衛師団、1960年

SS-4サンダル準中距離弾道ミサイルは、1959年3月4日からソ連軍で運用が開始され、西ヨーロッパにとって、ソ連の核の脅威はその大半がこの兵器によるものだった。SS-4は単段式液体燃料ロケットエンジンを動力とし、ウクライナのユージュマシュの工場で生産された。SS-4の配備は1962年10月、キューバミサイル危機を招いた。

R-14 Chusovaya (SS-5 Skean)
- 推進方式：単段式、液体燃料
- 配備：移動式、発射台またはサイロ
- 全長：25メートル
- 直径：2.44メートル
- 発射重量：6万キログラム
- 射程：3500キロメートル
- 発射準備時間：2時間

▲R-14チュソヴァヤ（SS-5スキーン）
ソ連地上軍／第24親衛師団、1961年

R-14中距離弾道ミサイルはSS-4の射程を大幅に延伸し、ほぼ全欧を射程圏内にとらえた最初のソ連の弾道ミサイルだった。1964年にはじめて西側に観測されたSS-5は、数年間運用されていたと推定された。1961年春に製造が開始されたと考えられ、硬化サイロや発射台、移動式システムからの発射が可能だった。

第1章　ヨーロッパの冷戦　1945～91年

への配備が、キューバミサイル危機を招く結果となった。SS-4の射程は推定2000キロで、アメリカの多くの大都市がソ連製核弾頭の射程圏内に入った。ジョン・F・ケネディ大統領はキューバを海上封鎖し、最終的に交渉により対立をとりのぞくことに成功した。しかしながらキューバ危機は、冷戦史上どの時期よりも超大国を核戦争に近づけたといっていいだろう。

1960年代半ばまでに、R-14チュソヴァヤ（NATO名SS-5スキーン）が、ソ連戦略ロケット軍によって配備されていた。ヒドラジンと四酸化二窒素の推進剤が射程を3500キロに延伸する一方、核出力は最大2メガトンとかなりの規模を維持した。SS-5の製造は1961年4月にはじまり、ほぼ10年間続いた。

ICBMの研究は大成功をおさめ、ある概算書によると、1960年までにソ連はこの兵器を硬化サイロ（地下のミサイル格納庫）に相当数配備していたとされる。事実、米中央情報局（CIA）はかつて、最大500基のソ連のICBMが1963年までに実用化されるだろうと断言した。1959年秋、最大射程1万2000キロの液体燃料ミサイルが認可されたのに続き、1961年春、ソ連のICBMの開発と試験を促進するための基地が少なくとも2箇所建設されることが察知された。

軍備競争

その結果、30年以上続くことになる核軍備競争が起こり、こうした兵器の破壊力は着実に増していった。おびただしい数のシステムが開発され、配備され、その後条約によって廃棄された。それでも、ロシア連邦は現在もかなりの核兵器備蓄を維持しているが、考えてみれば、ICBMや中距離ミサイルの開発と保全に莫大な費用を投じたこと

UR-100 (SS-11 Sego)

推進方式	単段式、液体燃料
配備	サイロ
全長	9メートル
直径	2.4メートル
発射重量	4万8000キログラム
射程	1万600キロメートル
発射準備時間	3分

▲**UR-100（SS-11セーゴ）**
ソ連地上軍／第28親衛ミサイル師団、1967年

1400基を超えるUR-100大陸間弾道ミサイルとその派生型が、1966年から1976年にかけてソ連によって配備された。UR-100は単段式液体燃料ミサイルで、20年以上にわたりソ連の核兵器リストの大半をしめていたが、一般公開されることはまれだった。UR-100は幾度か改良をくわえられ、対ミサイル防御をかわすためのデコイ（おとり弾頭）や多弾頭再突入体（MRV）を搭載した派生型が製造された。

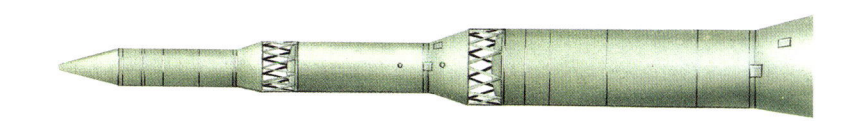

RT-2 (SS-13 Savage)

推進方式	3段式、固体燃料
配備	サイロ
全長	20メートル
直径	1.7メートル
発射重量	3万4000キログラム
射程	8000キロメートル
発射準備時間	3～5分

▲**RT-2(SS-13サヴェージ)**
ソ連地上軍／第7親衛ミサイル師団、1969年

1965年にはじめて一般公開され、1969年までに配備されたRT-2（NATO名SS-13サヴェージ）は、ソ連初の固体燃料ロケットによるICBMとしてSS-16システムにくわわった。SS-13の開発は1959年にはじまり、1966年から1968年にかけて発射試験が行なわれた。何度か改良され、核出力600キロトンの弾頭をおもに搭載していた。SS-13は20年間運用され、最終的にトーポリ（SS-25シックル）に置きかえられた。

がソ連経済に悪影響をおよぼし、その崩壊を早めたのはまずまちがいなかっただろう。

　実用化されたソ連のICBMで最初に相当数が配備されたのは、RT-2（NATO名SS-13サヴェージ）だった。SS-13の設計は1963年に完成し、1966年後半には試射に成功、システムは1968年末には配備された。幾度か改良がくわえられ、基本型SS-13は最大1メガトンの単一核弾頭を搭載できたが、西側情報筋はその核出力をいくぶん高めに評価していた。SS-13は20年にわたり運用され、残りは廃棄されて、1990年代半ばにトーポリ（SS-25シックル）に更新された。

　西側にとっての最大の脅威は、まちがいなくICBMのR-36シリーズの開発だった。これらのミサイルはソ連の宇宙開発でも採用され、改良が続けられた結果、ついにR-36M（NATO名SS-18サタン）が完成し、その第一撃能力が認識されると西側アナリストのあいだに懸念を招いた。R-36シリーズ最初のミサイルは、1960年代半ばに登場したR-36（NATO名SS-9スカルプ）で、SS-18のほうは1970年代初頭に発射試験が行なわれ、1977年までに50基以上が配備された。

SS-18サタン

　SS-18は最大20メガトンの単一核弾頭を搭載でき、改良型はMIRV（個別誘導複数目標弾頭）も装備可能だった。西側を狼狽させたのはまさにこの改良型で、というのもSS-18のMIRVは、550～750キロトンの核弾頭を最大10個搭載できると考えられていたからだ。MIRV化されたSS-18は理論上、当時のアメリカのミサイルを、発射準備をする前に破壊することが可能だった。

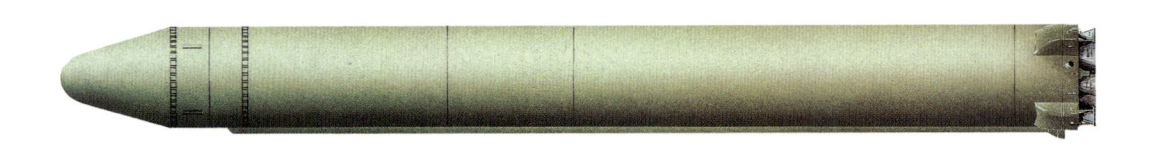

▲R-36（SS-9スカルプ）
ソ連地上軍／第28親衛ミサイル師団、1970年

ソ連のR-36大陸間弾道ミサイルは比較的巨大で、西側観測筋を仰天させた。SS-9スカルプと呼ばれたこのミサイルは、1960年代半ばに地下サイロで運用がはじまり、驚異的な射程と命中精度を誇示する一方、核弾頭のペイロードと数は後継型がつくられるたびに着実に増加していった。NATOのアナリストのなかには、SS-9がソ連に第一撃能力を与えたと考える者もいた。

R-36（SS-9 Scarp）

推進方式	3段式、液体燃料
配備	サイロ
全長	36メートル
直径	3.1メートル
発射重量	19万キログラム
射程	1万2000キロメートル
発射準備時間	5分

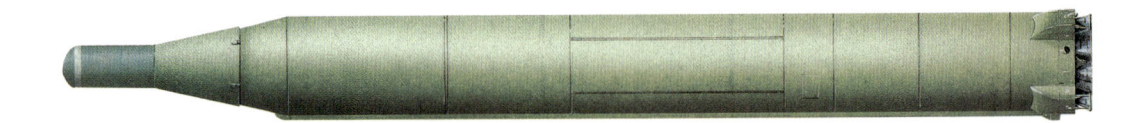

▲R-36M（SS-18サタン）
ソ連地上軍／第62ロケット師団、1975年

MIRV（複数個別誘導弾頭）方式のSS-18サタンは、その潜在的な第一撃能力から西側に多大な懸念をもたらした。世界最重量のICBMであるSS-18は、1960年代に開発がはじまったR-36シリーズのひとつだった。20メガトンの単弾頭を搭載できるSS-18は幾度か改良がくわえられ、1970年にはMIRV化された派生型が登場した。R-36Mは1975年後半に配備され、理論上は西側のミサイルをサイロから発射される前に破壊することが可能だった。1990年代初頭には、300基を超えるR-36Mの発射サイロがNATOに知られていた。SS-18は発射コンテナに格納されて輸送され、サイロに配備された。

R-36M（SS-18 Satan）

推進方式	2段式、液体燃料
配備	サイロ
全長	37メートル
直径	3.2メートル
発射重量	22万キログラム
射程	1万6000キロメートル
発射準備時間	不明

削減条約

1980年代末までに、米ソは両国が保有する核ミサイルの数と種類の削減をめざして交渉を行なっていた。1987年に中距離核戦力全廃条約が締結され、射程500-5500キロの巡航ミサイルと地上発射型の中距離弾道ミサイルの大半が禁止された。条約の調印にあたって、ソ連が保有する核兵器のうちSS-4およびSS-5の部品がレスナヤ・ミサイル廃棄施設で無力化された。また1990年5月には、SS-4の残りとミサイル149基が解体された。

MR-UR-100 Sotka (SS-17 Spanker)

- 推進方式：2段式、液体燃料
- 配備：サイロ
- 全長：24.4メートル
- 直径：2.5メートル
- 発射重量：6万5000キログラム
- 射程：1万1000キロメートル
- 発射準備時間：不明

▲MR-UR-100ソートカ（SS-17スパンカー）
ソ連地上軍／第28親衛ミサイル師団、1983年

ソ連ではMR-UR-100ソートカと呼ばれるSS-17スパンカーは、旧式化したSS-11ミサイルの後継として設計されたMIRV方式のICBMだった。SS-17はコールドランチ方式を採用しており、この方式では、ミサイルをガス発生装置によってサイロから射出させたあと、1段目の液体推進剤に点火する。1980年代初頭には、260基を超えるSS-17が配備されていた。1990年代はじめまでに、このミサイルは条約にもとづいて廃棄された。

UR-100N (SS-19 Stiletto)

- 推進方式：2段式、液体燃料
- 配備：サイロ
- 全長：27.3メートル
- 直径：2.5メートル
- 発射重量：7万8000キログラム
- 射程：1万キロメートル
- 発射準備時間：不明

▲UR-100N（SS-19スティレット）
ソ連地上軍／第60ミサイル師団、1985年

前型のサイロ発射型SS-11ICBMの更新として設計されたSS-19は、コンピュータを搭載して命中精度を向上させた。SS-11よりも大型で、発射筒に格納して運搬され、そのあとサイロに配備された。SS-19の研究は1974年にはじまり、1980年代初頭までに350基以上が運用されていた。先の条約の条項に反して、このミサイルはMIRVで再武装される可能性がある。130基を超えるSS-19ミサイルが、ロシア軍で現役である。

RSD-10 Pioneer (SS-20 Saber)

- 推進方式：2段式、固体燃料
- 配備：移動式
- 全長：16.4メートル
- 直径：1.4メートル
- 発射重量：1万3000キログラム
- 射程：5000キロメートル
- 発射準備時間：継続的即応

▲RSD-10ピオネール（SS-20セイバー）
ソ連地上軍／第60ミサイル師団、1985年

NATOにはSS-20セイバーで知られるこの移動式中距離弾道ミサイルは、1976年から1988年まで運用され、それ自体が第一撃能力をもつ戦略的SS-18ミサイルを補完して、西ヨーロッパの主要NATO基地や主要都市の大半を目標にし破壊することが可能だった。1979年、少なくとも14基の作戦中のSS-20発射器が確認されており、ほぼ700基のミサイルが最終的に建造され、SS-4およびSS-5システムを更新した。このミサイルは1990年代はじめ、条約の合意を受けて廃棄された。

NATOの初期の火砲 1940～70年

NATO軍はヨーロッパの冷戦初期、第2次世界大戦時代の火砲に大きく依存していたが、核兵器の搭載が可能なシステムとともに、軽火器もいくつか開発された。

冷戦の長期化にともない、赤軍と敵対するNATO軍は、兵力や戦車、火砲をふくめ、数のうえであきらかに不利な立場にあった。アメリカが核を独占していた短いあいだは、そうした不足はそれほど重要に思われなかった。しかし1949年にソ連が核保有国になると、西側の軍事計画者ににわかに明らかになったのは、中距離および長距離核戦力こそが、力の均衡を確保し、西ヨーロッパの軍隊に防衛力を与えるだけでなく、起こりうるソ連の武力侵略に対する抑止力としても十分に機能する力をもつということだった。

そうした必要性は、1940年代末期のベルリン危機や1950年の朝鮮戦争勃発でとりわけ痛感された。冷戦期を通じて、アメリカは西ヨーロッパに15個歩兵および機甲師団と5個機甲連隊を展開した。そしてこの各部隊が、特定の目的に応じたさまざまな従来型火砲を装備していた。ほかのNATO諸国の軍隊と同様に、アメリカ陸軍は冷戦初期、おもな火力をM2A1 105ミリ榴弾砲、M114 155ミリ榴弾砲、M1 240ミリ榴弾砲、M2ロングトム155ミリカノン砲、M115 203ミリ榴弾砲に依存していた。

代表的な軽量砲

1960年代末期には、イギリス陸軍は国産のL118 105ミリ榴弾砲を開発しており、これは通称「軽量砲（ライトガン）」と呼ばれた。第2次世界大戦以来運用されていた各種の榴弾砲に代わるものとして、軽量砲はケント州ホールステッド基地にある王立兵器開発研究所により設計され、発射速度は最大毎分8発、射程は1万7200メートルだった。軽量砲が大量生産されるようになるにつれ、25ポンド砲やイタリアのオート・メラーラMod 56榴弾砲（山砲）、L5 105ミリ榴弾砲（山砲）といった旧式モデルや、老朽化した多数の75ミリ榴弾砲が退役した。

FH70 155ミリ牽引榴弾砲は1960年代に開発され、10年以上たってから西ヨーロッパの前線部隊に配備されたが、この兵器はイギリス、西ドイツ、またのちにくわわったイタリアの技術者との共同努力のたまものだった。M114の後継として設計されたFH70は、要員8名で運用し、持続

▲ **RCL3.7インチ無反動砲**
イギリス陸軍／グリーンハワーズ第1大隊、1958年
RCL3.7インチ（94ミリ）無反動砲の起源は第2次世界大戦時にさかのぼるが、その戦争で運用されることはなかった。後継型の120ミリ無反動砲もまた、ヨーロッパのNATO軍に支給されている。この無反動砲は、砲の後方にガスを噴出させることで反動を軽減し、それにより砲架を比較的軽量にすることを可能にしている。

3.7in RCL Gun

要　員	3～5名
口　径	94ミリ
俯仰角	－5度～＋10度
重　量	170キログラム
射　程	2000メートル
砲口初速	毎秒100メートル

40mm Bofors L/70 anti-aircraft gun	
乗　員	：3～4名
口　径	：40ミリ
俯仰角	：－4度～＋90度
重　量	：5150キログラム
射　程	：3500メートル
砲口初速	：毎秒1005メートル

▲ボフォース40ミリL/70対空機関砲
イギリス陸軍／第16軽防空砲兵連隊、1963年
スウェーデンのボフォース40ミリL/70対空機関砲は、前型40ミリ機関砲の改良型で、長砲身化することにより発射速度を向上させた。1950年代に導入され、前型と同様の砲架に搭載して運搬されたこの機関砲は、各国に広く売却された。

第29コマンドー軽砲兵連隊、1962年

1960年代初頭のイギリス陸軍軽砲兵連隊の代表的なこの組織は、105ミリ榴弾砲（山砲）4門を装備する3個中隊からなっていた。当時、イギリス陸軍でもっとも広く運用されていた山砲は、イタリアのオート・メラーラMod 56で、これはもともと山岳部隊用に設計されたものだった。運搬しやすくするため、Mod 56は12の部品に分解し、馬やロバの背に積みこむことができた。

第8「アルマ」中隊（105ミリ榴弾砲×4）

第79「カーキー」中隊（105ミリ榴弾砲×4）

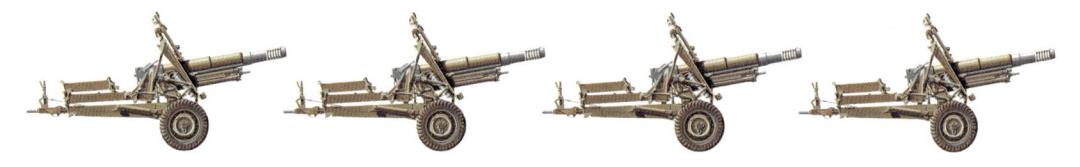

第145「マイワンド」中隊（105ミリ榴弾砲×4）

発射速度は毎分3-6発、有効射程は使用する砲弾の種類によって3万メートルに達した。

新世代の従来型火砲が重要性を増す一方で、RCL3.7インチ（94ミリ）無反動砲は、ヨーロッパに駐留するイギリス陸軍歩兵部隊で重要な役割をはたしつづけていた。この兵器はイギリスのブロードウェイ・トラスト社によって第2次世界大戦中に開発されたが、その戦争では使用されなかった。

プラスチック爆薬をふくむ「ウォールバスター」砲弾を発射する原型は、のちに冷戦期に支給された120ミリ砲にとって代わった。スウェーデンのボフォース40ミリL/70対空機関砲もまた1950年代に世界中の軍隊に支給され、NATO対空部隊にも装備された。第2次世界大戦時代に名をはせた対空兵器の改良型であるこの砲は、長砲身化して発射速度を事実上2倍にするとともに、より口径の大きい砲弾にも適応させていた。

初期の核兵器

NATO軍とともに西ヨーロッパに配備された初期の核兵器のひとつがMGR-1オネスト・ジョン・ロケットで、1951年に試射が行なわれ、その2年後に運用が開始された。オネスト・ジョンは複数の発射器を併用して運用され、通常弾頭、サリン神経ガスのような化学兵器弾頭、最大30キロトンの戦術核弾頭が搭載可能だった。本体の弾体には安定翼がついていたが、化学兵器弾頭や通常弾頭を発射する場合は命中精度にむらが出た。精密誘導システムが導入されるのにともない、生産は1965年に中止された。オネスト・ジョンは7000基以上が生産され、1980年代半ばまで多くの国々の軍隊で運用されつづけた。

デビー・クロケット無反動砲は、1950年代末期にM388戦術核砲弾の投射体を発射する目的で開発された。デビー・クロケットはおそらく正確には、102ミリのM28と155ミリのM29の2種類の無反動砲からなる兵器システムと説明したほうがいいだろう。この兵器のかなり不格好な外観には破壊的な力が秘められていた。たとえばM29は、M388を4キロの距離まで飛ばすことが可能だった。

弾頭自体は重さが23キロあり、TNT（トリニトロトルエン）爆薬およそ20.3トンに相当する爆発力をもっていた。もともとはつなぎの兵器として設計され、ソ連の戦車と歩兵の破壊を任務とする歩兵派遣部隊に配備された。この兵器は周辺地域を最長2日間にわたり放射能で汚染するため、NATO軍はそのあいだに展開し、大挙して反撃に出ることが可能だった。

MGR-1 Honest John

口　　径：762ミリ
ロケット弾全長：7.57メートル
ロケット弾重量：1950キログラム
射　　程：36.8キロメートル

▲**MGR-1オネスト・ジョン**
アメリカ陸軍／第8陸軍野戦砲兵派遣部隊、1961年
MGR-1オネスト・ジョンは、核弾頭を投射できるアメリカ初の地対地ミサイルだった。1951年に発射検査が行なわれ、1953年に西ヨーロッパに配備されたオネスト・ジョンは、通常兵器や化学兵器も搭載可能だった。MGR-1は3つの部分に分解して運搬され、発射の前にすみやかに組み立てられた。

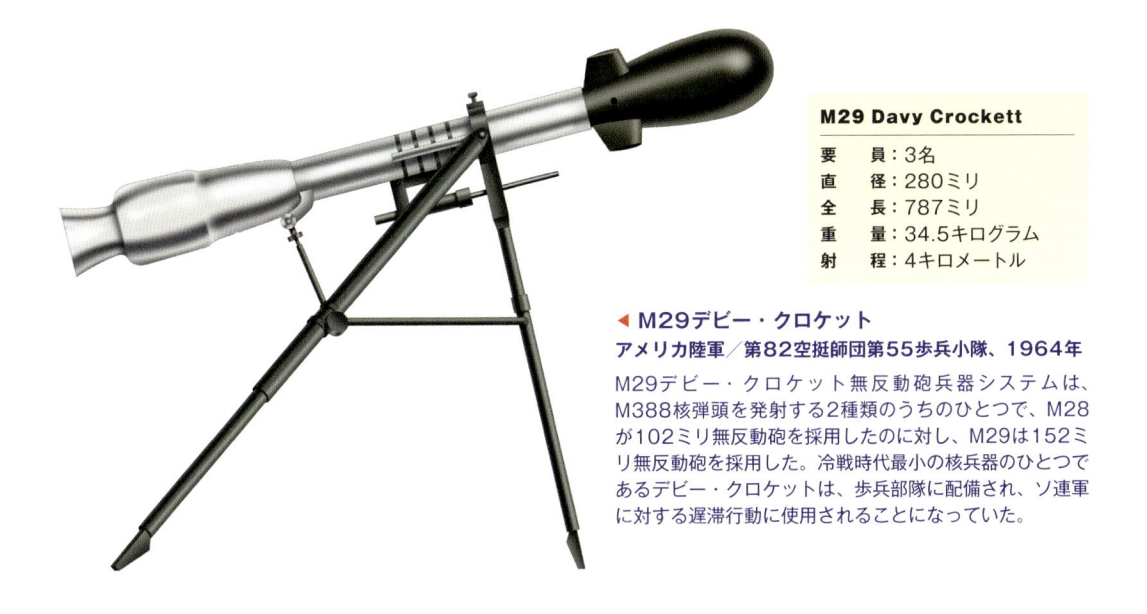

M29 Davy Crockett

要　員：3名
直　径：280ミリ
全　長：787ミリ
重　量：34.5キログラム
射　程：4キロメートル

◀ **M29デビー・クロケット**
アメリカ陸軍／第82空挺師団第55歩兵小隊、1964年

M29デビー・クロケット無反動砲兵器システムは、M388核弾頭を発射する2種類のうちのひとつで、M28が102ミリ無反動砲を採用したのに対し、M29は152ミリ無反動砲を採用した。冷戦時代最小の核兵器のひとつであるデビー・クロケットは、歩兵部隊に配備され、ソ連軍に対する遅滞行動に使用されることになっていた。

西側の自走砲 1947～90年

WTO軍の火力と機動力に対抗し、NATO軍歩兵隊が戦闘中に北部ヨーロッパのなだらかな田園を随伴できるように、自走砲が設計された。

　ヨーロッパの冷戦時代、さまざまな自走砲がNATOの地上戦力を支援し、1956年のハンガリー共産政権に対する蜂起（ハンガリー動乱）の制圧で注目を集めたISU-152のような重砲や、WTO軍戦闘序列に登場した初期のSU-76やSU-85といった兵器に対抗する、機動的火力を提供した。

　アメリカ陸軍のROAD（師団再編計画）構想のもと、歩兵、機甲および機械化師団はそれぞれ、付属または固有の自走砲兵部隊をふくむことになったが、自走砲兵部隊の役割は、歩兵に火力支援を提供することはもちろん、偵察および戦闘任務をになう機甲連隊に打撃力をくわえることだった。

　NATOの初期の自走砲には、1942年春にアメリカ軍で初お目見えしたM7プリースト105ミリ自走榴弾砲や、1945年に登場したM41ゴリラなどがあった。M41は、M24チャフィー軽戦車のシャーシ（車台）にM1 155ミリ榴弾砲を搭載したものだ。合計220馬力を生みだすキャデラック44T24V8ガソリンエンジン2個を備えたM41は、最大行動距離が160キロだった。だが生産されたのは300両に満たない。M7はコンチネンタルR-975 9気筒ガソリンエンジン（550馬力）を搭載し、1950年代末期まで就役し、朝鮮戦争でも実戦投入された。

　冷戦時代の基本的な型のうちもっとも長命なもののひとつがアメリカのM109で、M44の後継として1950年代初頭に設計され、1953年から1962年ころまで現役だった。M109は1960年代に配備がはじまり、戦術核弾頭を発射できる155ミリ榴弾砲が主砲として搭載されていた。本書執筆時点（2011年）で、4000を超えるM109の派生型が、30カ国以上の軍隊で運用されている。M109はまた、1960年代はじめに開

Cold War Europe, 1945-91

発され、60年代半ばまでに退役したM108 105ミリ榴弾砲も更新していた。M109、M113装甲兵員輸送車と部品が一部共通するM108は、5名の乗員で運用し、行動距離は360キロだった。

M110 203ミリ自走榴弾砲は、アメリカが冷戦時代に保有していたこの種の兵器では最大のものだった。その強大な火力から、師団レベルの部隊や、さらに上の軍団・軍レベルの部隊に配備

▼アボット自走榴弾砲
イギリス陸軍ライン軍団／ドイツ駐留第6機甲師団、1969年

アボット自走榴弾砲は1960年代末期から、NATO軍に所属するイギリス陸軍砲兵隊の部隊に配備された。アボットはL13A1 105ミリ榴弾砲を搭載し、FV430装甲兵員輸送車の改造シャーシには密閉式の全周旋回式砲塔を装備していた。

Abbot SP howitzer gun

乗　員	4名
重　量	1万6494キログラム
全　長	5.84メートル
全　幅	2.641メートル
全　高	2.489メートル
エンジン	ロールス・ロイス6気筒（240馬力）
速　度	時速47.5キロメートル
航続距離	390キロメートル
武　装	105ミリ榴弾砲×1、および7.62ミリ対空機関銃×1、発煙弾発射器×3

イギリス陸軍ライン軍団（BAOR）第1騎馬砲兵連隊、1989年

冷戦がはじまったとき、第1騎馬砲兵連隊はパレスチナで対テロリスト作戦を支援していた。ソ連赤軍からの脅威が高まるなか、連隊は1950年代初頭、第20機甲旅団、第6機甲師団とともにドイツに再配置された。1950年代には、連隊はM44 155ミリ自走榴弾砲で武装していたが、このアメリカ設計の兵器はのちにM109に更新された。1989年、国産のAS90自走榴弾砲を再装備するのに先立ち、連隊は耐久性があり長く使用されているアボット105ミリ自走榴弾砲を装備した。

連隊（アボット105ミリ自走榴弾砲×24）

されることが多かった。ゼネラル・モーターズ8V71Tスーパーチャージド・ディーゼルエンジン（405馬力）を搭載し、行動距離は523キロにもおよんだ。

　標準的な105ミリ自走砲を求めるNATOの要求に応じて、イギリスでアボットが、1950年代初頭にヴィッカース社により設計された。アボットは、全周旋回式砲塔とリアハウジングを装備したFV430装甲兵員輸送車の改造シャーシに105ミリ榴弾砲を搭載していた。アボットは1965年に配備が開始され、20年以上へたのち、M109とヴィッカース社の別のシステム、AS90に更新

された。6名の乗員で運用し、行動距離は390キロ、最大速度は時速47.5キロで、近接歩兵支援にうってつけだった。

　フランスの初期の自走榴弾砲であるMK61は、密閉式砲塔を装備したAMX-13軽戦車の派生型で、主砲として105ミリ砲を搭載していた。空輸が可能で、場合によっては空挺部隊の支援にも利用できるように設計されていた。1970年代までにGCT 155ミリ自走榴弾砲に置きかえられ、GCTはサウジアラビアとイラクの軍隊にも売却された。

◀ **MK61自走榴弾砲**
フランス陸軍／ドイツ駐留第2軍団、1957年

MK61 105ミリ自走榴弾砲はAMX-13軽戦車の派生型で、AMX-13のシャーシに密閉式砲塔を装備していた。AMX-13と並行して開発されたが、最終的にGCT 155ミリ自走榴弾砲に置きかえられた。

MK61 SP howitzer

乗　　員：5名
重　　量：1万6500キログラム（推定）
全　　長：6.4メートル
全　　幅：2.65メートル
全　　高：2.7メートル
エンジン：SOFAM 8Gxb 8気筒ガソリン（250馬力）
速　　度：時速60キロメートル
航続距離：350キロメートル
武　　装：105ミリ榴弾砲×1、
　　　　　および7.5ミリ機関銃×2

Canon de 155mm Mk F3 Automoteur

乗　　員：2名
重　　量：1万7410キログラム
全　　長：6.22メートル
全　　幅：2.72メートル
全　　高：2.085メートル
エンジン：SOFAM 8Gxb 8気筒ガソリン（250馬力）
速　　度：時速60キロメートル
航続距離：300キロメートル
武　　装：155ミリ榴弾砲×1

▶ **155ミリ自走榴弾砲Mk F3**
フランス陸軍／ドイツ駐留第2軍団、1964年

AMX-13軽戦車の改造シャーシに搭載されたMk F3 155ミリ自走砲は、この種の兵器ではこれまで製造されたなかで最小である。旧式化したアメリカ製M41自走榴弾砲の後継として1950年代初頭に設計され、その10年後にフランス陸軍で配備が開始された。

西側のICBM 1946〜90年

西側の戦術的中距離および大陸間弾道ミサイルの開発は、ソ連の軍事侵略に対する抑止力として、またヨーロッパにおける力の均衡を維持するために着手された。

　第2次世界大戦終結後まもなく西側で明らかになったのは、ソ連の世界規模の領土拡大を阻止し、また西ヨーロッパを攻撃する構えのワルシャワ条約機構常備軍の数的優位に対抗するための戦略的防衛ドクトリンにとって、NATO同盟諸国を防御できる核兵器保有量が不可欠だということだった。

　ドイツが第2次世界大戦中、V2ロケットの発射に成功することになったロケットエンジンの研究と開発をとり入れ、アメリカはペーパークリップ計画の指揮のもと、その初期の研究を長距離弾道ミサイルへと前進させた。アメリカの国防機関は、アメリカ本土からソ連の都市をねらえる長距離核ミサイルの配備に全力を傾ける一方、核兵器を搭載できる戦術ミサイルシステムと重爆撃機の研究を続けた。やがてこれらのシステムに、数千キロ離れた目標に到達可能な長距離ミサイルもふくまれることになった。

戦略的核の傘

　半世紀にわたる冷戦中、アメリカの核ドクトリン——およびそれに当然付随するNATOの核ドクトリン——は、地上発射ICBM、核兵器を搭載できるB-52ストラトフォートレス戦略爆撃機のような長距離重爆撃機、潜水艦発射弾道ミサイルSLBMの3つからなる戦略核戦力「トライアド」に依存していた。この戦略ドクトリンは1950年代初頭に練りあげられ、アメリカで最初に実用化されたICBM「アトラスD」が1959年秋、カリフォルニア州ヴァンデンバーグ空軍基地に配備された。2年たたないうちにアメリカ空軍は、国内の少なくとも4つの基地に、改良型アトラスEミサイルの3個中隊を配備したことを公表した。

　1955年、アトラスICBMの後継としてタイタン計画が着手された。その結果生まれたタイタンIミサイルはただちにタイタンIIに改良され、1980年代までアメリカICBMの主力となった。タイタンIIは1961年12月に発射試験が行なわれ、2年後に配備された。当初は射程1万5000キロ、核出力9メガトンのW53核弾頭1個を搭載していた。一時は、50基以上がサイロに格納され、60秒以内に発射できるようになっていた。

　1960年代半ばまでに、アメリカは少なくとも1000基のアトラス、タイタン、ミニットマンIおよびミニットマンIIといったミサイルを、同数の核弾頭とともに配備していた。同時にイギリス政府はアメリカと協力し、進行中のアメリカのICBM計画を補完できる準中距離兵器、ブルーストリークミサイルの開発を短期間推し進めた。この試みは1955年に着手され、5年後に中止された。アメリカはスカイボルトという名の空中発射核ミサイルを開発しようとしたが、この計画は、

▲ **タイタンII ICBM**
アメリカ空軍／第308戦略ミサイル航空団、1962年
タイタンミサイル計画は1950年代半ばに着手され、ただちにタイタンI ICBMが開発された。ペイロードの重量が増え、遠距離での命中精度が向上したタイタンIIは、1961年に発射試験が行なわれ、1963年に運用が可能になった。数十基がアメリカ中西部のサイロに格納され、燃料を注入されていつでも発射できる状態で以後20年にわたり配備された。タイタンIIはまた、NASA（米航空宇宙局）の有人宇宙飛行計画で打ち上げロケットの役割をはたした。

Titan II ICBM	
推進方式	2段式、液体燃料
配備	サイロ
全長	29.9メートル
直径	3.05メートル
発射重量	9万9792キログラム
射程	1万5000キロメートル
発射準備時間	60秒

第1章　ヨーロッパの冷戦　1945〜91年

潜水艦発射弾道ミサイル（SLBM）の出現によって実用的ではなくなった。

初期のタイタンおよびミニットマンミサイルシステムは1960年代初期に同時運用され、1962年10月のキューバミサイル危機の際には警戒態勢におかれた。その年の終わりには、アメリカのICBMには合計200を超える弾頭が装備されていた。しかしこのほとんどはアトラスミサイルシステムに搭載されており、アメリカの科学技術もソ連の高まる能力も、このミサイルを急速に上まわりつつあった。

冷戦さなかのアメリカのミサイル開発の特徴をよく示しているのがミニットマン計画で、この計画は1950年代末期に着手された。ミニットマンIが実戦配備されたときには、すでにミニットマンIIへの近代化は進行中だった。ミニットマン戦力近代化計画のもと、近代化にはソ連の第一撃にそなえ、誘導システムの改良、2段目ロケットの重量化、長射程化と残存性の向上などがふくまれた。MIRV方式のミニットマンIIのペイロードは1.2メガトンのW56核弾頭に増加され、さらにこのミサイルは、1万3000キロも離れた目標に到達することが可能だった。

アメリカの戦略核保有量は現在、約50基だけ建造されたMXことピースキーパーミサイルが退役したあと、ミニットマンIIIミサイルのみで構成される。LGM-30GミニットマンIIIは1970年に配備され、冷戦後、核弾頭の最大積載量を3基から1基に減らす計画が検討されてきた。今日、アメリカの戦略ICBM全戦力は、ミニットマンIIIミサイル500基と推定される。

SSBS S3ミサイルは、フランスの第2世代中距離弾道ミサイルと目されている。その開発は1973年、老朽化したS2の後継として着手され、1980年代初期に配備がはじまった。1984年には、全部で18箇所の地下発射基地が、並行するMSBS潜水艦発射ミサイル計画を補完する目的で運用されていた。SSBS S3はそれぞれ1.2メガトンの核弾頭を搭載し、射程は3500キロだった。

SSBS S3

推進方式	2段式、固体燃料
配備	サイロ
全長	13.7メートル
直径	1.5メートル
発射重量	2万5800キログラム
射程	3500キロメートル
発射準備時間	不明

▲**SSBS S3**
フランス陸軍／第1戦略ミサイルグループ、1980年
より強力な2段目エンジンと最新式再突入体を搭載したSSBS S3ミサイルは、S2の設計に改良をくわえたもので、1980年にフランス軍で運用がはじまった。1.2メガトンの核弾頭を搭載し、フランスのプラトー・ダルビオン地方にある硬化サイロから発射された。1990年代半ばまでにフランス政府は、すべての地上発射核ミサイルを廃棄し、核抑止力を潜水艦と爆撃機に集約すると発表した。

LGM-30F Minuteman II

推進方式	3段式、固体燃料
配備	サイロ
全長	18.2メートル
直径	1.84メートル
発射重量	3万1746キログラム
射程	1万3000キロメートル
発射準備時間	30秒

▲**LGM-30F ミニットマンII**
アメリカ空軍／第447戦略ミサイル中隊、1965年
ミニットマンIミサイルの航法装置、射程、ペイロードに改良をほどこしたミニットマンIIは、1960年代初頭のミニットマン戦力近代化計画のたまものだった。複数の目標のデータを提供できる搭載コンピュータにより、命中精度が向上した。ミニットマンIIは1980年代、この設計の第3世代であるミニットマンIIIに置きかえられた。

西側の初期の防空ミサイル
1947～70年

ソ連による戦場での航空阻止と、核兵器を搭載するその長距離爆撃機の脅威から、NATOは最新技術をもちいてミサイルシステムを開発した。

防空ミサイル計画の初期段階では、米ソは自国の科学技術を活用する一方で、かつてナチ政権のもとで働いていたドイツ人科学者の進歩を盗用した。ミサイルシステム自体は、命中精度が低く運搬しづらい大口径高射砲に代わるものとして利用できそうだった。1949年にNATOが結成されたときには、米英は作戦用防空ミサイルをもう少しで配備するところまできていた。

NATOドクトリンには、西ヨーロッパと北米の主要都市を防御するためのミサイルシステムの配備がふくまれるようになり、さらにWTO軍機に対する攻撃には、縦深防御戦術がとられることになった。NATOの防空管制には、戦闘機、地対空ミサイルおよび対空砲が組みこまれ、航空機攻撃は、まず早期警戒レーダーによって位置を特定したあと、戦闘機と長距離ミサイルによって行なわれることになっていた。レーダーに探知されないように敵軍パイロットは低空飛行しなければ

▼試射
イギリス本土の某所で発射されるサンダーバードミサイル。サンダーバードは中距離防空用に設計された。

ならないため、低高度の航空機を迎撃可能な対空砲はもとより、移動式発射台や地下発射基地から発射される短距離ミサイルからの攻撃も受けやすくなるはずだった。

NATOの防空計画者は、冗長システムと縦深防御が、WTO軍パイロットの任務遂行能力を損なうだろうと確信していた。敵機が即座に破壊されなければ、パイロットは回避行動をとるための防衛準備態勢を任務中ずっと維持せざるをえなくなる。さらに、ある防御システムを避けたり、その弱点につけ込んだりして行動を起こそうものなら、敵機はおそらく別の防御システムにさらされることになるからだ。

大陸間警戒線

戦略爆撃の脅威にそなえ、主要都市の最後のとりでとしてミサイルが配備された。早くも1944年には、アメリカはナイキ計画に着手しており、1953年末までにナイキ・エイジャックスがこの種類の兵器でははじめて現役軍に配備された。同年12月、ナイキ・エイジャックス部隊が、何百

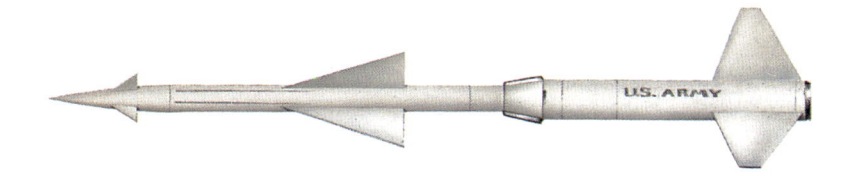

Nike Ajax

推 進 方 式	2段式、固体燃料のちに液体燃料
配　　　　備	発射場
全　　　　長	10.62メートル
直　　　　径	305ミリ
発 射 重 量	1114キログラム
射　　　　程	40キロメートル
発射準備時間	即時発射

▲MIM-3ナイキ・エイジャックス
アメリカ陸軍／第71防空砲兵隊第3大隊、1959年

現役陸軍に配備された最初の地対空誘導ミサイル、ナイキ・エイジャックスは、コンピュータで制御され、ふたつのレーダーシステム（誘導ビームレーダーと目標追跡レーダー）からのデータにもとづいてミサイルを誘導し爆発させた。エイジャックスの射程は比較的短く40キロだった。

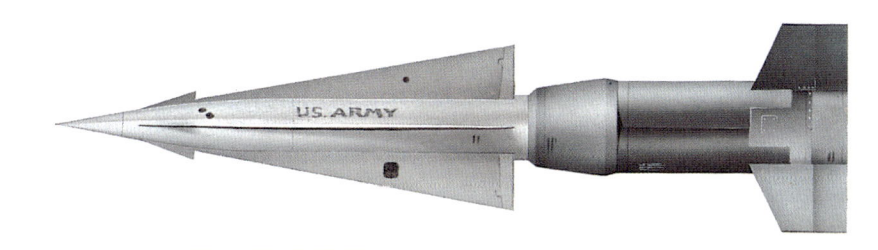

MIM-14 Nike Hercules

推 進 方 式	2段式、固体燃料
配　　　　備	発射場
全　　　　長	12.5メートル
直　　　　径	800ミリ
発 射 重 量	4720キログラム
射　　　　程	155キロメートル
発射準備時間	即時発射

▲MIM-14ナイキ・ハーキュリーズ
アメリカ陸軍／第52防空砲兵隊第2大隊、1965年

ある期間エイジャックスと連携して使用され、多数の部品を共有するMIM-14ハーキュリーズは、いちじるしい改良がほどこされ、速度はマッハ3.5に向上し、第1世代エイジャックスより射程も大幅に伸びた。核弾頭も搭載可能で、1958年に運用が開始され、エイジャックスの改良型としてNATO諸国に配備された。

基もの対空砲に代わってワシントンDC周辺に配置された。このミサイルは最大81キロまでの弾頭を搭載し、最大射程は40キロだった。エイジャックスの試射が最初に成功したのは1951年で、このときボーイングB-17フライング・フォートレス爆撃機の無人機が破壊された。エイジャックスは1960年代半ばまで、防空部隊で運用されつづけた。

エイジャックスシステムの部品は製造コストが高かったが、1958年春に配備が開始された次世代型ナイキプロジェクトミサイル、MIM-14ハーキュリーズにも採用されていた。アメリカの都市や大陸間弾道ミサイル発射基地を防御するための配備のほか、ハーキュリーズは西ヨーロッパや極東にも配備された。その有効射程はエイジャックスの2倍以上の155キロで、そのうえ最大20キロトンまでの核弾頭を搭載可能だった。ハーキュリーズは、1950年代初頭に開発されたMIM-23ホークシステムと連携することが多く、数十年にわたり使用された。

イギリス空軍のミサイル開発は1940年代、イングリッシュ・エレクトリック・サンダーバードにとり組んでおり、この兵器は早くも1949年には、高高度用迎撃システムとして開発が進められていた。イギリス陸軍向けに設計・生産された最初のミサイルであるサンダーバードは、1959年に運用がはじまり、イギリス陸軍重防空砲兵連隊やイギリス空軍の指定中隊に装備された。このミサイルは通常弾頭を搭載し、最大射程が75キロだった。イギリス軍およびNATO軍のもうひとつの主力防空ミサイルはブリストル・ブラッドハウンドで、射程は80キロだった。ブラッドハウンドは1958年に配備が開始され、1990年代まで現役だった。

Bristol Bloodhound Mark1	
推 進 方 式	外づけブースター
配　　　備	発射場
全　　　長	8.46メートル
直　　　径	546ミリ
発 射 重 量	2270キログラム
射　　　程	80キロメートル
発射準備時間	即時発射

▲ブリストル・ブラッドハウンドMark1
イギリス空軍／第242飛行中隊、1959

1958年に運用が開始されたブリストル・ブラッドハウンドは、固定発射基地から発射され、当初は国内8基地に配置されたイギリス空軍V爆撃機飛行中隊の防御を目的に開発された。ブラッドハウンドは幾度か改良され、その特徴的な4つの外づけブースターですぐにそれとわかる。このミサイルは通常弾頭を搭載し、近接信管で爆発させた。イギリス軍最後のブラッドハウンド中隊は1991年に退役した。

English Electric Thunderbird	
推 進 方 式	外づけブースター
配　　　備	発射場
全　　　長	6.35メートル
直　　　径	527ミリ
発 射 重 量	不明
射　　　程	75キロメートル
発射準備時間	即時発射

▲イングリッシュ・エレクトリック・サンダーバード
イギリス陸軍／第457重防空砲兵連隊、1963年

サンダーバード地対空ミサイルの開発は1949年、イングリッシュ・エレクトリック社によって着手され、1959年に英砲兵隊で運用がはじまった。サンダーバードは、第2次世界大戦中にイギリス軍部隊に普及していた94ミリ砲のような重対空砲の後継として設計された。大型の垂直安定板と短い翼がミサイルの安定性を高め、近接信管もしくは無線指令によって爆発させることができた。

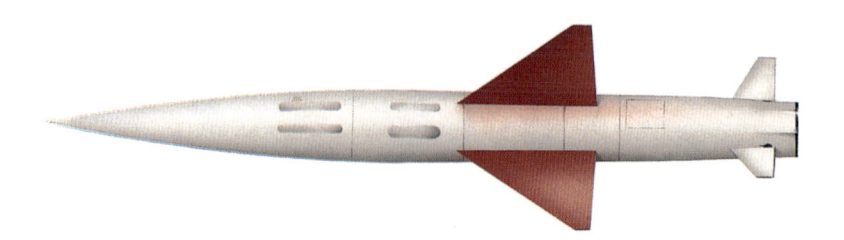

RSD 58 SAM	
推 進 方 式	2段式、固体燃料
配　　　備	発射場
全　　　長	6メートル
直　　　径	400ミリ
発 射 重 量	400キログラム
射　　　程	30キロメートル
発射準備時間	不明

▲RSD 58地対空ミサイル
スイス空軍／地上防空、1961年

1947年にエリコン社とコントラヴェス社によって開発された初期の地対空ミサイル、RSD 58は、1952年の発射試験の結果を受け、スイスとイタリアでは評価、日本の自衛隊で配備が開始された。スライド式垂直安定板がミサイルの飛翔を安定させるとともにその軌道を修正し、レーダービームがミサイルを目標にとって致命的な距離まで誘導したあと、無線式近接信管が弾頭を爆発させた。

ワルシャワ条約機構軍の後期の火砲 1970～89年

ヨーロッパにおける地上軍への直接火力支援の必要性から、進軍する歩兵に随伴し決定的火力を集中できるソ連製火砲が開発される一方で、ソ連の依存国は赤軍兵器の独自の派生型を生産していた。

西側アナリストが1970年代に理解していたソ連の諸兵科連合には、機動力と高い戦闘効率といった相互依存的な概念がいくつかふくまれていた。それには、主要努力の集中、部隊における優位性の創造、敵軍に対する臨機応変な攻撃手段、奇襲と安全、積極的戦闘、友軍の戦闘効率の維持、目標適合性、協調などがあった。とくに機動力と協調にかんしては、最新の火砲が、赤軍もしくはWTO軍の西ヨーロッパでの戦闘活動において重要な要素になっただろう。

第2次世界大戦中、赤軍は必要に応じて、自走砲、野砲、重砲を集中的に使用して、攻撃行動と協調させる能力を実証していた。冷戦が長引くにつれ、1960年代にはD-30 122ミリ榴弾砲のような重砲が配備され、広く輸出された。D-1 152ミリ榴弾砲をふくむ旧式の兵器は1980年代まで運用されていた。120ミリや160ミリの重迫撃砲は小規模な歩兵部隊に配備され、その曲射によって固定目標を排除、もしくは歩兵攻撃を中断することが期待された。6×6トラックに搭載されたBM-21システムのような移動式ロケット発射器もまた、1960年代にたびたび改良がくわえられた。戦術核兵器が登場すると、砲兵は発射システムを扱うというさらなる責任を負うことになり、くわえてフロッグ（FROG、無誘導地対地ロケット）シリーズのようなミサイルも配備された。

ハンマーを振りまわす

冷戦のさなか、ソ連砲兵元帥のG・E・ペレデルスキーはこう記している。「（前略）火砲は地上軍の基礎火力となっている。敵軍に対して優勢な力を生みだすうえで決定的な役割をはたし、戦闘の結果を左右することも多い」

これを受けて、ソ連の新世代兵器開発（後期には自走砲に重点がおかれた）は1960年代半ばに本格化した。西側にはM1973で知られる2S3アカーツィヤ（ロシア語でアカシアの意）152ミリ自走砲は、おもにアメリカ製M109自走榴弾砲の登場に対抗して設計されていた。

2S3の主砲は、2K11クルーグ地対空ミサイルシステム（SA-4）とほぼ同じ改造シャーシに搭

2S3 (M1973) 152mm SP gun-Howitzer

乗　員	6名
重　量	2万4945キログラム
全　長	8.4メートル
全　幅	3.2メートル
全　高	2.8メートル
エンジン	V12ディーゼル（520馬力）
速　度	時速55キロメートル
航続距離	300キロメートル
武　装	武装152ミリ榴弾砲×1、および7.62ミリ対空機銃×1
無線機	不明

▶ **2S3（M1973）**
152ミリ自走カノン榴弾砲
ソ連地上軍／第6親衛独立自動車化狙撃旅団、1981年

1973年に赤軍に導入された2S3（M1973）152ミリ自走カノン榴弾砲は、ソ連およびWTO軍の砲兵連隊で運用されていた旧式のD-20榴弾砲を更新し、戦車連隊と自動車化狙撃連隊に火力支援を与えた。

載されていた。開発は1967年に認可され、6年後に運用がはじまった。西側情報筋の推測によれば、1980年代には、東ドイツに駐留する最前線のソ連軍機甲および機械化歩兵師団は、所属の砲兵連隊に、合わせて18両を装備する2S3 1個大隊を有していたとされる。80年代終わり近くになると、この数は3個大隊と自走砲最大54両にまで増加していた。

2S4チュリパン（ロシア語でチューリップの意）は1975年、西側観測筋にはじめて確認された。この兵器は、要塞化された固定目標に対してとりわけ効果を発揮するように設計された240ミリ迫撃砲を搭載している。アフガニスタン侵攻時に赤軍部隊に配備された2S4は、これまで運用されたなかで世界最大の自走迫撃砲だ。発射速度はきわめて遅く毎分1発だが、有効な兵器である

▲2S4（M1975）自走迫撃砲
ソ連地上軍／第5高性能砲兵旅団、1979年

GMZ地雷敷設車のシャーシを採用した2S4チュリパン（チューリップ）は、240ミリ後装式迫撃砲を搭載し、現役の迫撃砲としては世界最大である。1975年にはじめてNATO観測筋に確認されたこの兵器は、レーザー誘導砲弾と核砲弾を発射することが可能だ。

2S4（M1975）self-propelled mortar
乗　　員	9名
重　　量	30,481キログラム
全　　長	8.5メートル
全　　幅	3.2メートル
全　　高	3.2メートル
エンジン	V-59ディーゼル（520馬力）
速　　度	時速62キロメートル
航続距離	420キロメートル
武　　装	240ミリ迫撃砲×1

SPM85 PRAM 120mm self-propelled mortar
乗　　員	4名
重　　量	1万3800キログラム
速　　度	時速63キロメートル
航続距離	550キロメートル
武　　装	120ミリ迫撃砲×1
発射速度	毎分8発

▲SPM85 PRAM 120ミリ自走迫撃砲
チェコスロヴァキア人民軍／第7砲兵団、1983年

ソ連設計の汎用性の高いBMP-1歩兵戦闘車のシャーシを採用したSPM85 PRAMは、1980年代初頭、チェコスロヴァキア人民軍に配備された。その120ミリ迫撃砲は5分間に最大40発、もしくは10分間に最大70発まで発射できる。この兵器は機動性にすぐれているといわれており、さらに対戦車誘導ミサイルが装備されている可能性もある。

ことは証明済みである。
　1980年代初頭にはチェコスロヴァキア軍が、ソ連設計のBMP-1歩兵戦闘車の改造シャーシに搭載したSPM85 PRAM120ミリ自走迫撃砲を配備した。毎分18-20発というみごとな発射速度を誇り機動性の高いSPM85は、機械化歩兵部隊に装備され、最大8000メートルの距離にある目標を正確に射撃した。

東ドイツ、ルードルシュタット駐留、赤軍第172砲兵連隊、1989年

ソ連赤軍第172砲兵連隊の編成は、冷戦後期に火力と機動力が重要視されたことを示している。BM-21多連装ロケット発射器とD-20 152ミリ榴弾砲を搭載した2S3アカーツィヤの組み合わせは、敵陣地に集中砲火を浴びせ、さらに直接支援を行なえる自走砲で追いうちをかけることが可能だった。いずれの場合も、これらの兵器システムは機動力が高く、前進する機械化歩兵隊に随伴するため、比較的短時間で移動させることができた。

連隊（2S3自走砲×48、BM-21多連装ロケット発射器×18）

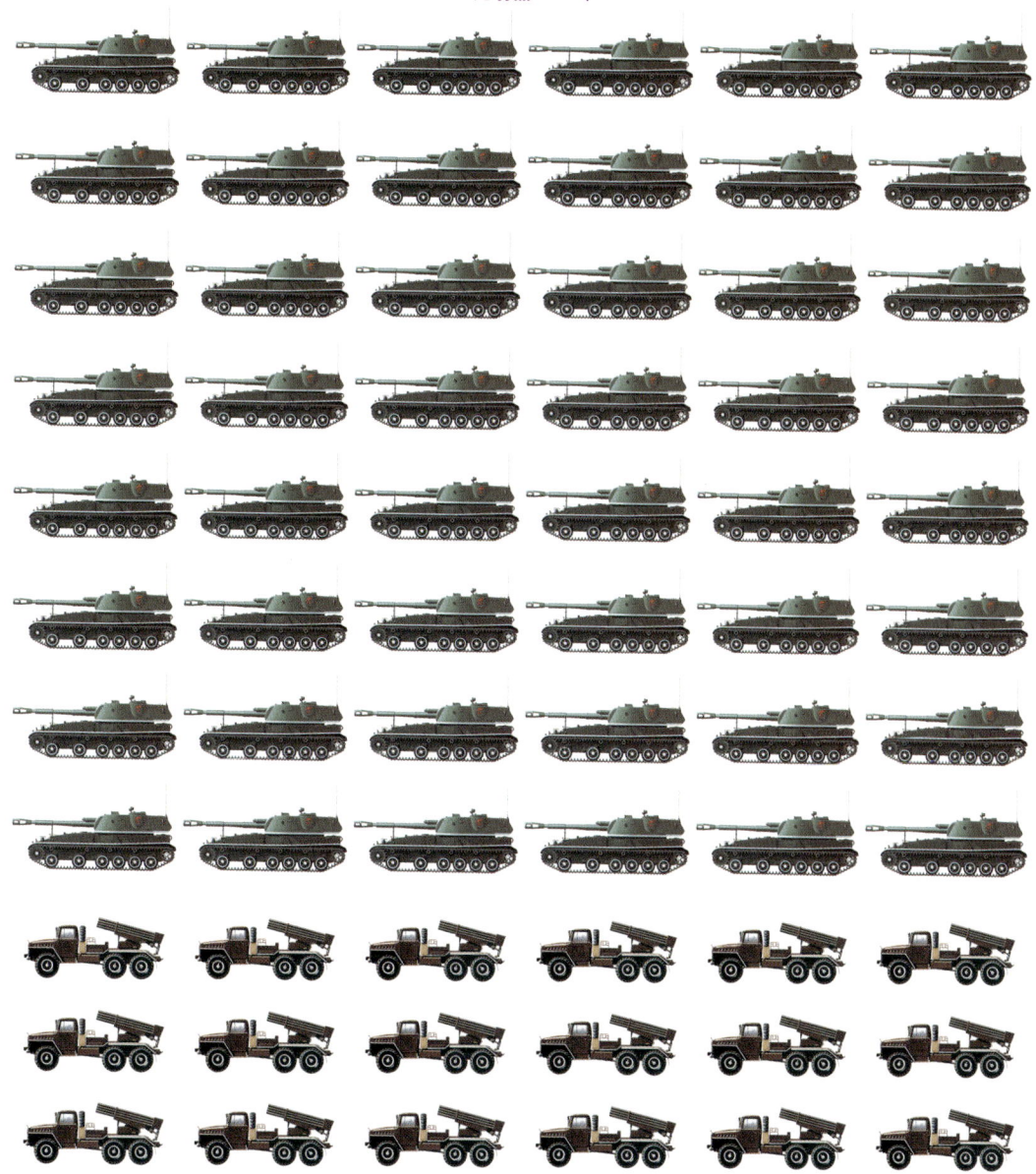

ソ連の戦域ミサイル 1950～89年

西側情報筋は1940年代末期からソ連のミサイル技術開発を監視し、達成された進展は主として、第2次世界大戦後ソ連に連れてこられたドイツ人科学者の研究によるものだと見抜いていた。

ソ連はドイツのV1飛行爆弾の設計にもとづいて、巡航ミサイル能力を積極的に追求した。1950年代半ばには、ソ連の核兵器の大半が片道任務の重爆撃機に搭載されていると信じられていた。ところが、のちに中距離ミサイルのスカッドシリーズとして知られることになる4種類もの開発計画が同時に探知されたのだった。

スカッド班

小型の核兵器は、第2次世界大戦末期に生産されたIS-3重戦車のシャーシの派生型である、ISU-152牽引式シャーシに搭載されることが多かった。ソ連で製造された最初の核兵器搭載可能な移動発射式ミサイルはR-11からR-17までの制式名称を与えられ、NATOにはスカッドシリーズとして知られていた。R-17エルブルース（SS-1CスカッドB）は、1950年代から1960年代にかけてのソ連の能力を象徴していた。R-17計画は1958年にR-11の改良型として着手され、ケロシンと硝酸を燃料とする、より強力な単段式液体燃料ロケットを採用した。R-17の試射は1961年に成功し、ミサイルは1964年までに配備が開始された。この兵器は通常弾頭や化学弾頭、または50キロトンを超える核弾頭を搭載することが可能だった。

スカッドの技術は多くの国々に輸出され、コピー、ライセンス生産された。イラクの改良型スカッドミサイルはイスラエルに発射されたほか、1991年の湾岸戦争では多国籍軍に最大の人的損害を与えた。多国籍軍司令官はスカッドの脅威をきわめて深刻に受けとめていたため、特殊部隊が移動式発射台の捜索と破壊のために敵地に投入された。

戦術的飛躍

WTO軍によって広く配備された無誘導ロケットシステムのなかに、NATOがフロッグ（無誘導地対地ロケット）シリーズと呼んだ移動発射式ミサイルがあった。このシリーズの最終型がルナM（フロッグ-7）で、輸送車、起立機、発射装置をかねそなえた改造型ZIL-135 8X8トラックに搭載され、1965年に実戦配備がはじまった。フロッグ-7ロケットの弾頭は重さが550キロあり、70キロも離れた目標に到達することが可能だっ

▲R-17エルブルース（SS-1CスカッドB）
ソ連地上軍／第8親衛砲兵旅団、1970年

ソ連の戦術弾道ミサイルのなかでもっともよく知られるR-17エルブルース（NATO名ではスカッドシリーズのひとつ）は、1960年代からソ連の兵器リストにくわわり、これまで30カ国以上に輸出されている。R-11ミサイルの改良型であるR-17は、大型化するとともに、誘導システムが改善された。

R-17 Elbrus (SS-1C Scud B)

推進方式：	単段式、液体燃料
配備：	移動式
全長：	11.25メートル
直径：	850ミリ
発射重量：	6300キログラム
射程：	280キロメートル
発射準備時間：	1時間

た。その機動力は戦場において絶対的な強みで、射撃後すみやかに退避できるため報復攻撃を避けられ、残存性を高めることができた。

フロッグ-7は30分以内に発射準備を整えることができ、通常、化学兵器または戦術核兵器を搭載可能だった。世界各国に輸出され、一部の国は改良をくわえて射程を延伸したり、ペイロードを増やしたりした。

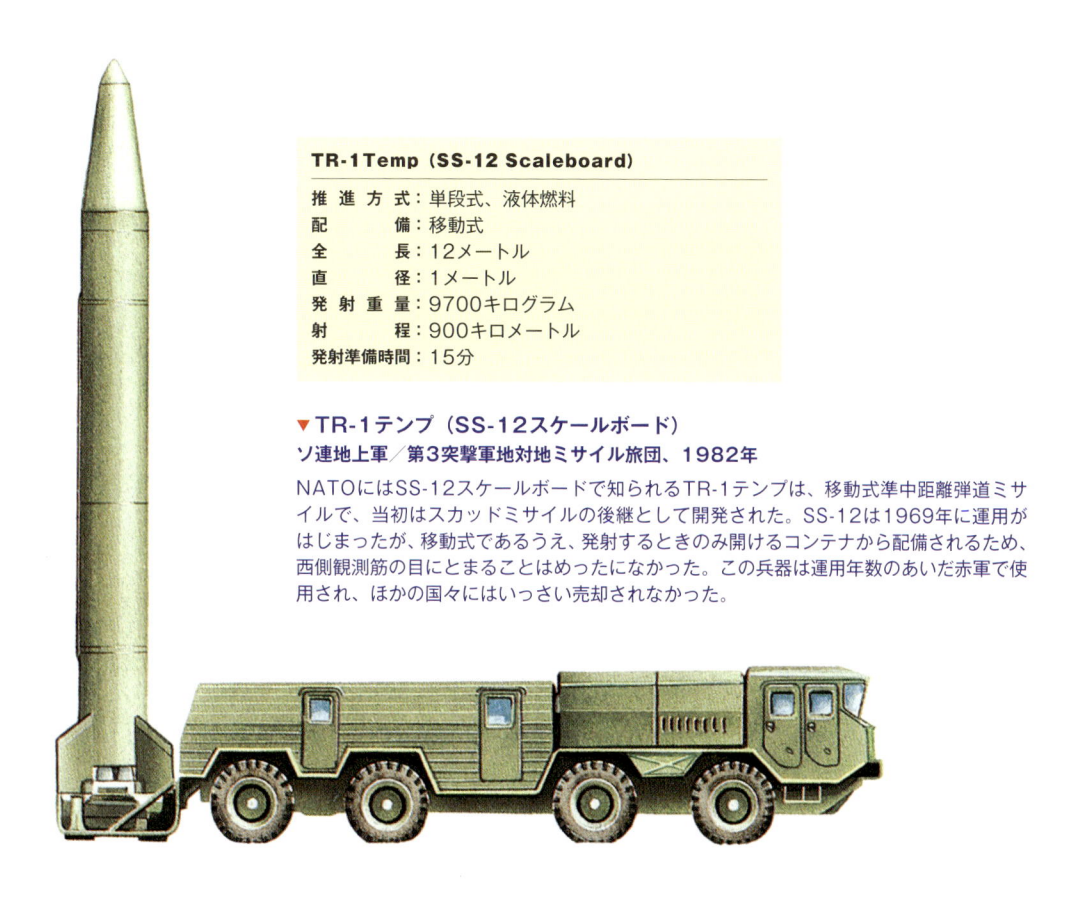

TR-1Temp（SS-12 Scaleboard）

推進方式	単段式、液体燃料
配備	移動式
全長	12メートル
直径	1メートル
発射重量	9700キログラム
射程	900キロメートル
発射準備時間	15分

▼TR-1テンプ（SS-12スケールボード）
ソ連地上軍／第3突撃軍地対地ミサイル旅団、1982年

NATOにはSS-12スケールボードで知られるTR-1テンプは、移動式準中距離弾道ミサイルで、当初はスカッドミサイルの後継として開発された。SS-12は1969年に運用がはじまったが、移動式であるうえ、発射するときのみ開けるコンテナから配備されるため、西側観測筋の目にとまることはめったになかった。この兵器は運用年数のあいだ赤軍で使用され、ほかの国々にはいっさい売却されなかった。

OTR-23 OKA（SS-23 Spider）

推進方式	単段式、固体燃料
配備	移動式
全長	7.5メートル
直径	900ミリ
発射重量	2万9465キログラム
射程	400キロメートル
発射準備時間	5分

▲OTR-23オカ（SS-23スパイダー）
ソ連地上軍／第6自動車化狙撃旅団、1981年

1970年代末期には、老朽化したSS-1CスカッドB移動式ミサイルは旧式化し、OTR-23オカ（NATO名SS-23）に更新された。SS-23は、NATOの戦術核兵器を阻止する目的で開発された。ソ連のアナリストは、NATOの戦術核兵器が西ヨーロッパにおける軍事衝突の早い段階で、数でまさるWTO軍の通常兵器および兵員を無力化するのに使用されると考えていた。OTR-23は装輪式発射台にのせて運搬され、およそ5分以内に発射することが可能だった。

Cold War Europe, 1945-91

Luna M (FROG-7)

乗員	4名
口径	550メートル
ロケット全長	9.11メートル
ロケット重量	2500キログラム
射程	70キロメートル
システム戦闘重量	2万3000キログラム
航続距離	500キロメートル
発射準備時間	15～30分

◂ ルナM（フロッグ-7）
ソ連地上軍／第11地対地ミサイル大隊、1980年

ソ連のフロッグ（無誘導地対地ロケット）システムは1950年代に最初に配備されたが、フロッグ-7は1965年に登場し、25年後も赤軍で運用されていた。フロッグ-7は8X8輸送車兼用起立式発射器にのせて運搬され、その単段式固体燃料ロケットは無誘導で、核、化学または通常弾頭を搭載可能である。

東ドイツ、エアフルト駐留、赤軍第4地対地ミサイル大隊、1989年

冷戦時代末期の標準的な赤軍フロッグ-7砲兵大隊は、1個本部中隊と、輸送車兼用起立式発射器2両および長距離気象レーダーをそれぞれ装備する2個射撃中隊からなっていた。フロッグ-7bは、子弾や対人地雷を散布できるカーゴ弾頭を搭載できる改良型だった。無誘導という性質は、フロッグシリーズの命中精度をいちじるしく低下させることになったものの、その長命さが、戦場において重要な戦術的役割をはたしていることを証明している。

大隊（フロッグ-7×4）

東ドイツ、ノイブランデンブルク駐留、赤軍西部軍集団（WGF）西部TVD地対地ミサイル旅団、1989年

1980年代の赤軍中距離弾道ミサイル旅団は、OTR-23オカ移動式ミサイル発射器18両で構成された。オカは8X8トラックに搭載され、行動距離は500キロで、通常の破片弾頭、化学または核弾頭が発射可能だった。5分以内に発射準備が整うオカは、NATOの通信指令センターやほかの最重要戦域目標を無力化する目的で設計された。

旅団（SS-23×18）

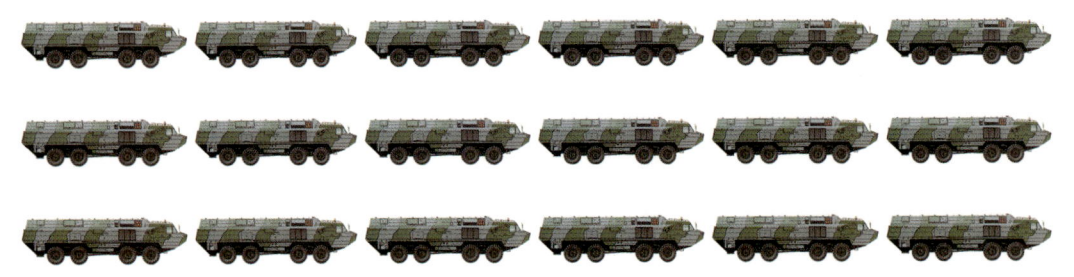

ワルシャワ条約機構の防空 1965～90年

ソ連およびWTO軍の防空は、敵の攻撃に対し包括的な縦深防御を行なうため、航空機、地対空ミサイル、対空砲の協調対処を重視した。

周辺空域を低高度から高高度まで飽和攻撃することが、冷戦期におけるソ連の地対空防衛の目標であり、機動性が高く、いかなる脅威にも数分以内に反撃できる地対空ミサイルに大きく依存していた。遠距離で戦闘機が敵機と交戦する一方、効果的な移動式対空砲で近距離から弾幕を張れば、理論的には、空からの攻撃に対して赤軍およびWTO軍の陸上部隊は防御の壁を築くことが可能だった。軍事計画者はさらに、低空飛行の固定翼機やヘリコプターの攻撃用として、歩兵部隊に9K32ストレラ（SA-7グレイル）のような肩撃ち式ミサイルを装備させた。

鉄のカーテン

防空による早期警戒と緊急介入は、空域統制を維持するうえで不可欠と考えられていた。冷戦中には大規模なWTO軍、すなわち戦線（軍集団）は、敵機と長距離から交戦できるS-75ドヴィナ（SA-2ガイドライン）やSA-4ガーネフ・ミサイルシステムによって航空攻撃から防御されていた。

赤軍の戦車師団や自動車化歩兵師団は、対空砲か地対空ミサイルのいずれかを装備した所属の1個防空連隊を擁していた。これらのシステムが併用されることはまずなかったので、標準的な防空連隊は、S-60 57ミリ対空機関砲6門を装備した4個中隊（全24門）、または移動式の2K12クープ地対空ミサイル（NATO名SA-6ゲインフル）4両を装備した5個中隊（全20両）、もしくは移動式の9K33オサー地対空ミサイル（SA-8ゲッコー）4両を装備した5個中隊（全20両）を展開できたと考えられる。SA-6は1970年に配備がはじまり、中低高度防空を目的とし、最大射程は24キロだった。一方SA-8は、低高度短距離ミサイルによる防空を提供した。ゲッコーは1972年に配備され、最大射程は15キロと推定されてい

9K33 Osa (SA-8 Gecko)

推進方式：単段式、固体燃料
配　　備：移動式
全　　長：3.15メートル
直　　径：210ミリ
発射重量：130キログラム
射　　程：15キロメートル
発射準備時間：再装填5分

▲9K33オサー（SA-8ゲッコー）
ソ連地上軍／第21自動車化狙撃師団、1983年

1976年にはじめて西側に確認されたSA-8ゲッコー自走対空ミサイルは、搭載車両である6×6 9K33輸送車兼用起立式発射器に交戦レーダーを装備した、この種類では最初の兵器だった。SA-8は19キロの破片弾頭、もしくは近接信管で爆発する弾頭を発射する。1980年までに、改良型のSA-8B Mod1がミサイルを最大6基搭載できるようになった。

▲2K12クープ（SA-6ゲインフル）
ソ連地上軍／第30親衛自動車化狙撃師団、1988年

WTO軍地上部隊を航空攻撃から守ることを意図して設計されたSA-6ゲインフルは、固体燃料ロケットブースターを採用しマッハ1.5を超える速度を実現している。近接信管で爆発させるその弾頭は、1973年の第4次中東戦争中、驚くべき数のイスラエル軍機を撃墜し、SA-6はその種では世界でもっとも広く使用されるシステムのひとつになった。現在も、少なくとも20カ国がこのシステムを実戦配備している。

2K12 Kub（SA-6 Gainful）	
推 進 方 式	単段式、固体燃料
配　　　　備	移動式
全　　　　長	5.7メートル
直　　　　径	335ミリ
発 射 重 量	600キログラム
射　　　　程	20キロメートル
発射準備時間	15分

東ドイツ、ツァイテン駐留、赤軍第7防空連隊、1989年

冷戦末期、東ドイツに駐留していた赤軍の第7防空連隊は、SA-6ゲインフル自走対空ミサイルシステムを装備していた。ミサイルを装備していた第7のような連隊はさらに、対空砲を運用する部隊によって補完され、これらが合わさって縦深防空システムを構成していた。ミサイル発射車両はそれぞれ、発射態勢にあるミサイル4基を搭載し、捜索レーダーの探知距離は20キロだった。

連隊（SA-6×20）

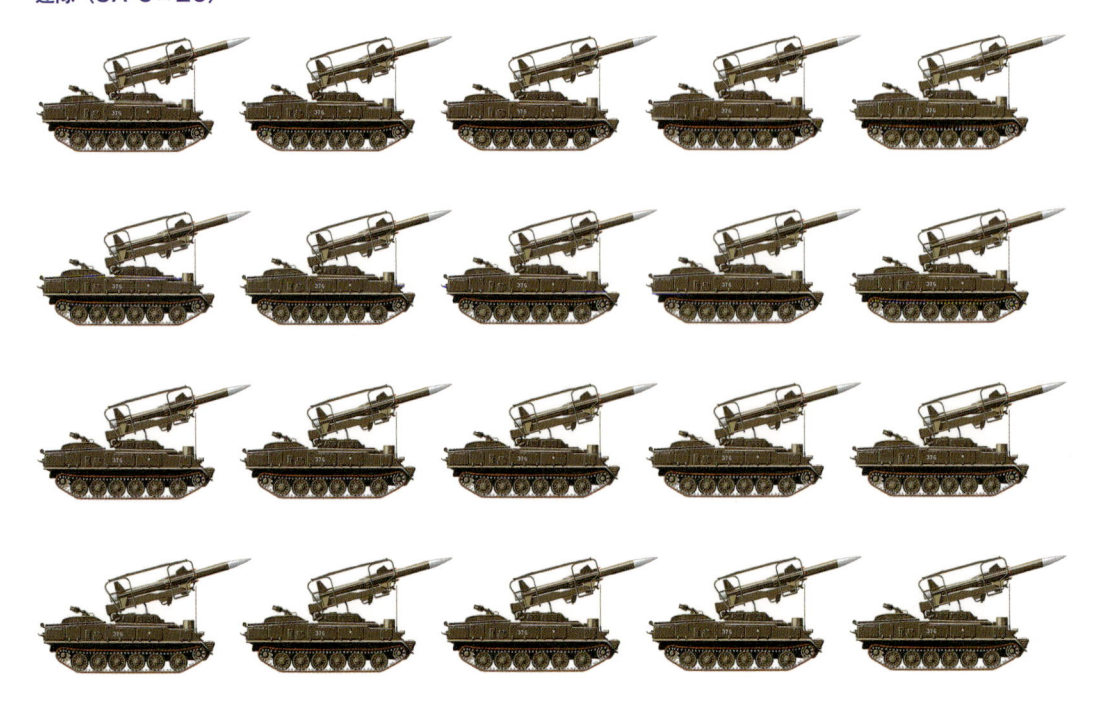

た。SA-6もSA-8も現在も広く使用されている。

各防空連隊にはさらに、ZSU-23-4対空機関砲1個小隊が追加された。ZSU-23-4はヴェトナム戦争と、1967年および1973年のアラブ・イスラエル戦争で、その有効性が証明された。このシステムは23ミリ機関砲4門を搭載し、各砲の有効発射速度は毎分1000発で、SA-6およびSA-8発射器の防御用に配備されることが多かっ

た。くわえて、9K31ストレラ1近接防空システム（SA-9）が防御の最終段階としてもちいられた。SA-9は、BRDM-2水陸両用偵察車に赤外線ホーミング誘導ミサイル4基を搭載していた。空挺部隊はSA-7グレイルを使用し、軽量かつ空輸可能なZU-23-2索引対空機関砲は6個中隊で編成され、1師団あたり最大36基配備された。

西側の後期の火砲 1970～91年

西ヨーロッパのNATO軍砲兵部隊は、地上戦でWTO軍の前進を阻止し、核兵器の使用を検討する時間をかせぐことが期待された。

ヨーロッパにおけるソ連軍とWTO軍の数的優勢は承知していたが、それでもNATOは、地上戦が起こったあかつきに敵軍の前進を阻止するための協調防衛計画を案出した。NATO軍が地上戦で絶対的に有利な結果を得るには、少なくとも戦術的規模で核兵器を使用する必要があることはほぼ疑う余地がなかった。このため冷戦初期には、M28/29デビー・クロケットシステムのような低威力核兵器が配備され、このシステムは、23キロの核弾頭を搭載した砲弾を発射する102ミリもしくは155ミリ無反動砲を採用していた。

ソ連の報復がほぼ確実であるため、核に代わるものは検討することさえ困難ではあったが、それは現実味をもちつづけていた。そこへもってきて、従来型火砲の改良が1970年代までに本格的に着手され、いくつかの改良型システムが西ヨーロッパのNATO軍のみならず、世界中の陸軍に配備されることになった。

NATO軍を構成するさまざまな軍においても、組織改編が行なわれていた。冷戦時代初期から中期にかけてのアメリカ陸軍師団の標準的な編成では、4個砲兵大隊からなる師団所属の1個砲兵隊がふくまれていた。そして4個砲兵大隊のうち3つは通常、105ミリ榴弾砲3個中隊からなり、それぞれが4門、合計36門を装備していた。残るひとつの大隊は155ミリ榴弾砲3個中隊からなり、それぞれが4門、合計12門を装備

◀ **LARS訓練**
冬季演習中、LARS多連装ロケットシステムに乗りこむ西ドイツ軍兵士。36基のロケット弾を搭載したこの兵器は、指定目標に即応集中砲撃を行なう目的で設計された。

Cold War Europe, 1945-91

▲ **ゲパルト自走対空砲**
ドイツ陸軍／第11対空砲連隊、1988年
おもに防空を提供するため機甲部隊に配備されたゲパルトは、35ミリ機関砲2門から榴弾と徹甲弾を発射する。機関砲は、ガスが車内の密閉空間に流れこまないように兵員室の外側に装備されている。また捜索レーダーと追跡レーダーを別個にそなえ、それらから搭載型射撃統制コンピュータシステムにデータが送られる。

Flugabwehrkanonenpanzer (Flakpanzer) Gepard	
乗　　員	4名
重　　量	4万7300キロ
全　　長	7.68メートル
全　　幅	3.27メートル
全　　高	3.01メートル
エンジン	MTU MB838CaM500 10気筒多燃料（830馬力）
速　　度	時速65キロメートル
行動距離	550キロメートル
武　　装	35ミリ機関砲×2

▶ **SIDAM25自走対空砲**
イタリア陸軍／第4防空連隊、1987年
イタリアのオート・メラーラ社が開発したSIDAM25は、M113装甲兵員輸送車のシャシに全周旋回式砲塔を装備し、レーザー測距装置と射撃統制コンピュータによって誘導されるエリコン25ミリ機関砲4門を搭載する。SIDAM25はさらに、フランスのミストラル地対空ミサイルを発射できるよう改良がくわえられた。

SIDAM25 self-propelled anti-aircraft gun	
乗　　員	3名
重　　量	1万4500キログラム
全　　長	4.86メートル
全　　幅	2.69メートル
全　　高	1.83メートル
エンジン	6気筒デトロイト・ディーゼル（215馬力）
速　　度	時速65キロメートル
行動距離	500キロメートル
武　　装	エリコン25ミリ機関砲×4

していた。

シュート・アンド・スクート

　1990年代までにアメリカ陸軍は何度か再編成され、緊急展開できるように師団の自動車化と装備の軽量化が進められたが、相当数の装甲戦力をふくめ、敵編成を打破するのに十分な火力も装備された。アメリカ軍師団は現在、独立した1個防空砲兵大隊とともに、1個砲兵隊も有している。戦闘の緊急性からより高い機動力を求められるようになるにつれ、地上支援と対空防御の双方で、軽量かつ空輸可能な野砲や自走式システムの開発が優先事項となった。最新の機動火力支援システムの必要条件のひとつに、「シュート・アンド・スクート」能力がある。これは、兵器を配置し、目標を捕捉し、砲弾を発射し、敵の対抗砲撃などの反撃が向けられる前に退避し、そのあと好適な発射陣地につくことをいう。

　1990年代までに、アメリカ陸軍の直接火力支援大隊、とくに旅団戦闘団内で軍務についている大隊に配備された主力兵器には、ロイヤル・オードナンス社によって実際にはL118/L119軽量砲として設計された牽引兵器、M119 105ミリ榴弾砲がふくまれることが多かった。M119は最大発射速度が3分間毎分8発で、持続発射速度は最

西ドイツ、ドイツ陸軍第1対空砲連隊、1989年

ドイツ陸軍対空砲連隊は、敵の固定翼機やヘリコプターに対し近接防空を提供する特別任務につくことが多かった。ゲパルト自走対空砲は防空ミサイルやほかの砲と連携し、レーダー誘導式35ミリ機関砲から合計毎分1100発の砲弾を発射することが可能だった。砲塔はレオパルト1主力戦車のシャーシに搭載されている。ゲパルトは何度も近代化されてきたが、今後数年のうちに新たなシステムに置きかえられる予定である。

連隊（ゲパルト自走対空砲×36）

M113A1G PzMrs（Panzermörser）

- 乗　　員：5名
- 重　　量：2万キログラム
- 全　　長：4.86メートル
- 全　　幅：2.69メートル
- 全　　高：2.16メートル
- エンジン：6気筒デトロイト・ディーゼル（212馬力）
- 速　　度：時速66キロメートル
- 行動距離：483キロメートル
- 武　　装：120ミリ迫撃砲×1、7.62ミリ機関銃×1

▲M113A1G PzMrs
ドイツ陸軍／第7機甲砲兵連隊、1988年

ドイツ陸軍が軽偵察車として採用したM113A1Gは、アメリカのM113装甲兵員輸送車を改造して兵員室に120ミリ迫撃砲を搭載できるようにしたものである。迫撃砲は車体後部ルーフのオープンスペースから直接射撃できる。特殊型は、前線航空管制や射弾観測に使用されることが多い。

Cold War Europe, 1945-91

大30分間毎分3発だ。軽量のため、空輸や動きの速い歩兵編成といっしょの作戦に最適な兵器である。空挺部隊のような軽装備編成は、L118/L119を6門ずつ装備した中隊を配置している。

M198 155ミリカノン榴弾砲は、全般用支援砲兵大隊の主力兵器だ。1970年代後期に第2次世界大戦時代のM114の後継として導入されたM198は、ロケット補助推進弾では最大射程が3万メートル以上、通常の榴弾では1万7800メートルになる。さらに、M198は核弾頭が搭載可能

▲LARS II 多連装ロケットシステム
ドイツ陸軍／第11ロケット砲兵大隊、1988年

1970年にドイツ陸軍に配備されたLARS（軽砲兵ロケットシステム）は、NATOでより一般的に使用されているMLRSやMARS（多連装ロケットシステム）に大部分が置きかえられた。LARS IIは1980年に運用がはじまり、破片榴弾のほか、対戦車地雷を散布するカーゴ弾頭も発射可能である。このシステムは操縦室内から発射される。

LARS II MLRS	
乗　　　　員	3名
ロケット弾直径	110ミリ
ロケット弾全長	2.263メートル
ロケット弾重量	35キログラム
システム戦闘重量	1万7480キログラム
射　　　　程	1万4000メートル
発　射　速　度	18秒間に36発

西ドイツ、ドイツ陸軍第12ロケット砲兵大隊、1989年

LARS II 多連装ロケットシステムは、マン6×6高機動装輪トラックのシャーシに搭載された移動式で、NATO地上軍に重火力支援を与える目的で設計された。18秒間に36基のロケット弾、もしくは対戦車地雷を散布するカーゴ弾頭を発射できた。ドイツ陸軍のロケット砲兵大隊はそれぞれ、初期型を近代化したLARS IIシステムを16両、合計209両を運用していた。1988年までにドイツ陸軍からは退役したが、いまなお多数の国々で使用されている。

大隊（LARS II × 16）

第1章　ヨーロッパの冷戦 1945〜91年

で、1世代前の冷戦開始時に優先事項となっていた最新の戦術核戦力をNATO軍に与える目的で設計されたものだった。持続発射速度は毎分2発、最大発射速度は毎分4発に達し、要員9名で運用する。

1990年代初頭、イギリスのBAEランド・システムズ社がさらに別の改良型155ミリ榴弾砲の研究を開始した。制式名称M777は、カナダ軍などに装備、イギリス軍でも試験中であるほか、アメリカ陸軍および海兵隊のM198中隊も更新する予定である。重量約4200キログラムで、部品に軽量のチタンを使用しており、こ

れが本来の名称——超軽量野戦榴弾砲（UFH、Ultralightweight Field Howitzer）——の由来になっている。M777はトラックやヘリコプターで容易に輸送でき、毎分5発という発射速度で強大な火力を提供する。ロケット補助推進弾を使用した場合、射程は30キロに達する。

NATO軍の主力自走砲は、長らくアメリカ製のM109 155ミリ榴弾砲だった。この初期型は1950年代に設計され、幾度も改良がくわえられてきた。M109の最新型はM109A6パラディンで、これは旧式化したシステムを改良するため長期にわたり実施された計画のたまものである。パ

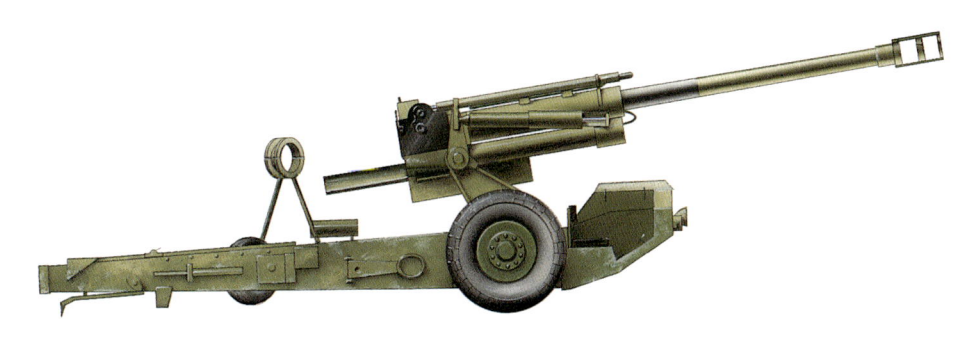

155mm SB155/39 towed howitzer
乗　　　員：8名
口　　　径：155ミリ
俯　仰　角：−3度〜+70度
重　　　量：9500キログラム
射　　　程：2万4700メートル
砲口初速：毎秒800メートル

▲**SB155/39 155ミリ牽引迫撃砲**
スペイン陸軍／第17砲兵連隊、1983年

「エンプレッサ・ナショネール・サンタ・バルバラ」で知られるスペインの国営兵器工場は、1970年代後期にSB155/39 155ミリ牽引迫撃砲を開発し、以後10年間で一部の砲兵部隊に装備した。SB155は開脚式砲架をもつ迫撃砲で、射撃時は車輪をとりはずし砲架を展開して使用することでより安定した射撃が行なえる。

ヨーロッパ駐留、アメリカ陸軍第94野戦砲兵大隊C中隊、1989年

西ヨーロッパでNATOの任務についていたアメリカ陸軍の標準的な野戦砲兵大隊は、M109A3自走榴弾砲8両を装備していた。M109A3は、1950年代に開発がはじまった原型M109の一連の改良型のひとつだった。27もの改良がくわえられており、それには主砲の架枠と反動システムの改良、予備砲弾22発を搭載するための砲塔後部の変更、またハッチの変更と油圧システムの改良などがふくまれた。

中隊（M109A3自走榴弾砲×8）

Cold War Europe, 1945-91

▲ **M548搭載型MGM-52ランスミサイル**
アメリカ陸軍／第44防空大隊、1970年

アメリカ陸軍は改造型M548装軌貨物輸送車（制式名称M752）を、MGM-52ランスミサイルの輸送および発射器のプラットフォームとして採用した。ランスミサイルは通常弾頭および核出力最大100キロトンの核弾頭を搭載することが可能だった。化学兵器弾頭オプションも検討されたが、1970年に断念された。このシステムは1987年の中距離核戦力全廃条約を受けて、西ヨーロッパから撤去された

M548 with MGM-52 Lance missile

推 進 方 式	単段式、液体燃料
配　　　備	移動式
全　　　長	6.1メートル
直　　　径	560ミリ
発 射 重 量	1290キログラム
射　　　程	120キロメートル
発射準備時間	不明

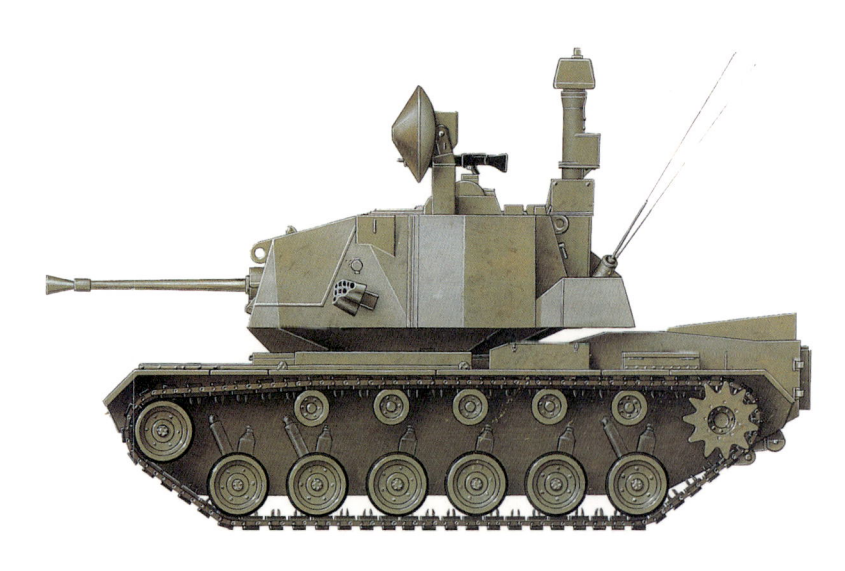

M247 Sergeny York SPAAG

乗　　員	3名
重　　量	5万4430キログラム
全　　長	7.674メートル
全　　幅	3.632メートル
全　　高	4.611メートル
エンジン	コンチネンタルAVDS-1790-2Dディーゼル（750馬力）
速　　度	時速48キロメートル
行動距離	500キロメートル
武　　装	ボフォースL/70 40ミリ対空機関砲×2

▲ **M247サージャント・ヨーク自走対空砲**
アメリカ陸軍／試作型

ソ連の自走対空砲の成功を受けて、アメリカ陸軍は1970年代半ば、M42ダスターおよびMIM-72チャパラル防空システムの後継の開発に乗りだした。M247サージャント・ヨーク自走対空砲は、M48主力戦車のシャーシにボフォースL/70 40ミリ対空機関砲2門を搭載していた。M247は多くの問題に悩まされ、わずか50両しか生産されなかった。その大半は訓練の目標に使用され、開発計画は1985年に中止された。

ラディンは、装甲防御がケブラーベースのもので強化され、主砲の射程と命中精度が向上し、動力装置が改良された。1990年代末期には、アメリカ軍は1000両を超えるM109A6を保有するか、もしくは納入待ちの状態だった。

しかしM109の派生型が実戦配備される一方で、イギリスとドイツの設計者は独自の開発計画に乗りだした。1970年代にイギリス、ドイツ、イタリアが共同でたがいに納得のいく自走砲（制式名称SP70）を開発しようととり組んでいた計画は、諸般の事情から中止になっていた。そこで

イギリスは1980年代半ば、イギリス砲兵連隊および騎馬砲兵連隊で使用されているM109システム、老朽化したFV433アボット、それに場合によってはFH70 155ミリ牽引榴弾砲を更新する自走兵器の開発を認可した。その結果生まれたのがAS90で、L31 155ミリ榴弾砲を搭載し、8気筒カミンズ・ディーゼルエンジン（660馬力）で駆動した。1993年に運用がはじまったAS-90は、既存の戦車車体に砲塔と砲を搭載するのではなく、完全な新設の車両として設計され、最新のチョバム対ミサイル装甲防御を採用している。

イギリス陸軍野戦砲兵連隊、1989年

西ヨーロッパに配備されたイギリス陸軍ライン軍団の標準的な野戦砲兵連隊は、FH70 155ミリ牽引榴弾砲3門をそれぞれ装備する3個中隊から構成された。FH70はイギリス、ドイツ、イタリアが共同で設計し、中規模砲兵連隊用という当初の計画が変更されたのち、最終的に直接歩兵支援用榴弾砲として配備された。

中隊（ランドローヴァー［偵察用］×1、FH70 155ミリ榴弾砲×3）

中隊（ランドローヴァー［偵察用］×1、FH70 155ミリ榴弾砲×3）

中隊（ランドローヴァー［偵察用］×1、FH70 155ミリ榴弾砲×3）

FH70 towed howitzer

乗　　員：8名
口　　径：155ミリ
俯仰角：－4.5度～＋70度
重　　量：9300キログラム
射　　程：2万4700メートル
砲口初速：毎秒827メートル

▲**FH70 155ミリ牽引榴弾砲**
イギリス陸軍／第101ノーサンブリア砲兵連隊、1991年
1960年代後期、イギリス、ドイツ、イタリアは共同で近接歩兵支援用牽引榴弾砲の設計に乗りだした。FH70の開脚式砲架は戦闘時に安定したプラットフォームとなる一方、この砲はさまざまな榴弾やロケット補助推進弾を発射することが可能だった。FH70は1978年に運用がはじまり、短距離の移動には補助動力装置を利用する。持続発射速度は毎分3～6発である。

一方、ドイツの技術者はPzH2000自走榴弾砲の開発にとり組んでいた。PzH2000は、レオパルト1主力戦車のシャーシにラインメタル社のL52 155ミリ榴弾砲を搭載し、製造はクラウス・マッファイ・ヴェックマン社が請け負った。PzH2000は12分間に最大60発の砲弾を発射でき、行動距離は420キロである。エンジンとトランスミッション（変速機）を兵員室の前方に配置することで成形炸薬弾に対する防御を高めているほか、最新の装甲がほどこされている。

NATO軍の火砲で、とくにアメリカ陸軍軍団レベルの重野戦砲兵旅団にとって不可欠なのが、M270多連装ロケットシステム（MLRS）だ。M270は1983年に配備がはじまり、1分間足らずで最大12基のロケット弾を発射できる。ドイツ陸軍は、MLRSをもとにしたMARSと呼ばれるロケットシステムを運用している。またアメリカの改良型戦場ロケットシステム、HIMARS（高機動砲兵ロケットシステム）は、1996年に開発がはじまった。

防空はNATO軍のさらなる優先事項であり、1960年代、アメリカは防空砲を野砲とは別個の

▲ GDF-CO3
スイス陸軍／砲兵大隊54、1992年

エリコン・ビューレ社はGDF-CO3を、生産工場、鉄道の操車場、通信指令センターをふくむ後方地域を防護するための機動防空システムとして製造した。このシステムは装軌または装輪車両に、エリコン35ミリ機関砲2門を搭載する。装軌型はM113装甲兵員輸送車の改造シャーシをベースとし、装輪型はHYKA 4X4車両を採用している。

GDF-CO3
乗　　員	3名
重　　量	1万8000キログラム
全　　長	6.7メートル
全　　幅	2.813メートル
全　　高	4メートル
エンジン	6気筒GMC 6V-53Tディーゼル（215馬力）
速　　度	時速45キロメートル
航続距離	480キロメートル
武　　装	エリコン35ミリ機関砲×2

Oerikon GAI-BO1
乗　　員	3名
口　　径	20ミリ
俯仰角	－5度〜＋85度
重　　量	405キログラム
射　　程	1500メートル
砲口初速	毎秒1100メートル

▶ エリコンGAI-BO1
スイス陸軍／機械化歩兵大隊29、1995年

3脚式砲架に設置されたGAI-BO1 20ミリ対空砲は、エリコン20ミリ機関砲を搭載し、地上防衛兵器としても使用可能だ。配備と運用が簡単で、駆動装置に油圧をもちいない。俯仰角はハンドルで手動操作し、砲口の旋回は砲手が足で制御する。トラックやトレーラーで容易に運搬できるため、世界中の軍隊で運用されている。

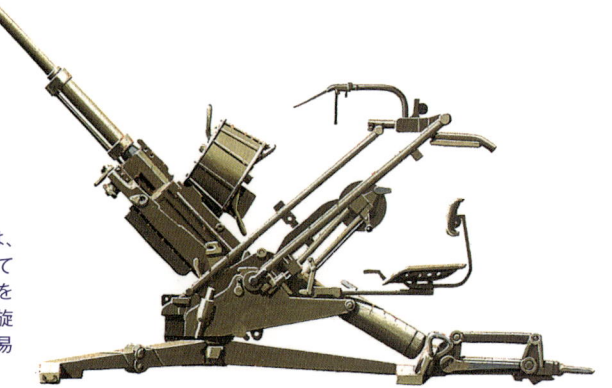

コマンドとして区別した。さまざまな自走対空砲が、NATOの装甲車、部隊、通信指令センターに近接防空を提供した。このなかでもっとも広く使われているのがドイツのゲパルト（ドイツ語でチーターの意）自走対空砲で、1960年代に開発され、1970年までに配備された。ゲパルトは、レオパルト1主力戦車のシャーシに35ミリ対空機関砲2門を搭載している。そのレーダー制御された砲は、肩撃ち式のスティンガー対空ミサイルを装備した歩兵チームと連携し、低空飛行の固定翼機やヘリコプターを迎撃するように設計されていた。

イタリアのオート・メラーラ社は、さらなる効果的な近接防空兵器、SIDAM25を製造した。SIDAM25は、広く普及しているM113装甲兵員輸送車の改造シャーシにエリコン25ミリ機関砲4門を搭載し、各砲の最大発射速度は毎分570発だった。ただしSIDAM25はレーダーを装備していないため、能力は限られており、そのレーザー測距機は好天時のみ有効である。

▲バンドカノン
スウェーデン陸軍／南スカニア連隊、1981年

バンドカノン155ミリ自走砲は1960年代初頭にボフォース社によって開発され、Strv.103主力戦車のシャーシに重砲を搭載していた。このシステムは1967年にスウェーデン陸軍で配備がはじまった。

Bandkanon

乗　　員	5名
重　　量	5万3000キログラム
全　　長	11メートル
全　　幅	3.37メートル
全　　高	3.85メートル
エンジン	ロールス・ロイス・ディーゼル（240馬力）×1、ボーイング・ガスタービン（300馬力）×1
速　　度	時速28キロ
行動距離	230キロメートル
武　　装	155ミリ機関砲×1、および7.62ミリ対空機関銃×1

スウェーデン軍自走砲大隊、1985年

スウェーデンの基本的な自走砲兵編成は当初、12両ずつの2個大隊で編成されたが、のちに8両ずつの3個大隊に改編された。バンドカノンは当時世界でもっとも重い自走砲のひとつだったが、わずか26両しか生産されなかった。開発は1960年に着手され、その10年間の半ばに配備がはじまった。世界初の全自動自走砲である点でも注目に値する。砲弾は14発が弾倉に収納されていた。

大隊（バンドカノン自走砲×8）

西側の戦域ミサイル 1970〜90年

西側の軍備リストにあるもっとも卓越した戦域核ミサイルのひとつが、BGM-109トマホーク巡航ミサイルだ。

機動力があり、核弾頭を搭載できるトマホークは最終的に、地上、水上、水中、空中で発射できるように設計されたが、現在も現役なのは潜水艦発射型のみである。地上発射型核搭載トマホークとその発射装置は、1980年代末期の米ソ間の条約合意を受けて廃棄されることになり、これにより、1992年までに核出力200キロトンのW80核弾頭すべての廃棄が達成された。454キロの通常弾頭を搭載したトマホークは最近起きた紛争中に使用され、きわめて汎用性と命中精度の高い兵器であることを証明した。

MGM-31パーシング中距離弾道ミサイルもまた、冷戦期の核軍縮に向けた動きの一要素だった。1950年代末期に開発され、すぐさま西ヨーロッパと朝鮮半島に配備されたパーシングⅠは、装軌式のM474輸送車兼用起立式発射器（TEL）に装備され、通常弾頭または核出力が最大400キロトンのW50核弾頭を搭載できた。

原型パーシングの改良型（制式名称パーシングⅠA）に続いて、1973年、さらに別の改良型ミサイルの仕様書が発行された。パーシングⅡは、核搭載可能なトマホーク巡航ミサイルとともに、ソ連のRSD-10ピオネール中距離弾道ミサイル（SS-20セイバー）の配備に対抗することを目

西ドイツ、シュヴェービッシュ-グミュント駐留、アメリカ陸軍第56パーシングⅡ旅団、1989年

西ヨーロッパ駐留アメリカ陸軍ミサイル軍団隷下の代表的な野戦砲兵隊は、合計100基を超える移動式パーシングⅡ中距離弾道ミサイルを装備する第56パーシングⅡ旅団だった。パーシングⅡはHEMTT牽引車を発射台に採用し、これにはミサイル組み立て用クレーンと、起立機および発射器に電力を供給する発電機がそなわっていた。

第1-9野戦砲兵大隊（パーシングⅡ×36）

第2-9野戦砲兵大隊（パーシングⅡ×36）

第4-9野戦砲兵大隊（パーシングⅡ×36）

的としていた。パーシングⅡは、HEMTT牽引車に搭載され、これにはミサイルの組み立てを容易にするクレーンがついていた。1987年に中距離核戦力全廃条約が締結され、パーシングシリーズとSS-20は1990年代初頭までに廃棄されることになった。

フランスのミサイル開発は、SSBSやプルトンのような短中距離システムに全力が注がれた。AMX-30戦車のシャーシに搭載された移動式発射システム、プルトンは、通常弾頭と最大25キロトンの核弾頭を投射できた。これは短距離兵器で、120キロという短い行動距離は、フランスや西ドイツ国内の目標を想定していた。アメリカのオネスト・ジョンシステムの後継として開発されたプルトンは、軽量で機動性がきわめて高かった。1974年に配備が開始され、20年近く運用されたが、1990年代半ばに退役し、アデスシステムに置きかえられることになった。

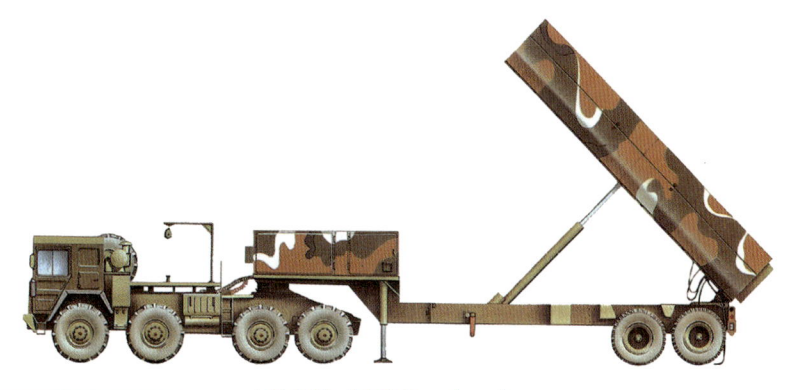

▲ BGM-109トマホーク
アメリカ空軍／第11爆撃飛行中隊、1982年

もともとアメリカ海軍向けに設計されたトマホーク巡航ミサイルの派生型であるBGM-109Gグリフォンは、GLCM（地上発射巡航ミサイル）として知られ、西ヨーロッパのNATO軍の主力地上発射核兵器となったが、中距離核戦力全廃条約の規制対象となり、1992年までに核出力200キロトンのW80核弾頭が撤去された。トマホークは以後、454キロの通常弾頭を搭載して配備され、現在も傑出した海上発射システムでありつづけている。搭載された誘導システム能力が、トマホークの命中精度を高めている。

BGM-109 Tomahawk
推進方式	固体燃料ブースター、ターボファン
配備	移動式
全長	6.4メートル
直径	530ミリ
発射重量	1443キログラム
射程	2500キロメートル
発射準備時間	20分

▲ MGM-31パーシングⅡ
アメリカ陸軍／第41野戦砲兵連隊、1983年

西ヨーロッパで1983年に実用化されたパーシングⅡ中距離弾道ミサイルは、5〜50キロトンの核弾頭を搭載し、万一WTO軍との武力衝突が生じた場合に軍事目標を攻撃することを目的として設計されていた。しかしその延伸された射程は、理論上はソ連の首都モスクワを、西ドイツに配備した高機動の発射器の射程内にとらえることが可能だった。パーシングⅠとⅠAに続き、第3世代のパーシングⅡミサイルはソ連のSS-20中距離ミサイルとともに、1987年の中距離核戦力全廃条約を受けて廃棄された。

MGM-31 Persing Ⅱ
推進方式	2段式、固体燃料
配備	移動式
全長	10.61メートル
直径	1メートル
発射重量	4600キログラム
射程	1800キロメートル
発射準備時間	15分

Pluton

推　進　方　式：2段式、固体燃料
配　　　　　備：移動式
全　　　　　長：7.64メートル
直　　　　　径：650ミリ
発　射　重　量：2423キログラム
射　　　　　程：120キロメートル
発射準備時間：不明

▲プルトン
フランス陸軍／第3歩兵連隊、1976年
AMX-30戦車のシャーシに搭載されたプルトン戦術核ミサイルは、1974年にフランス陸軍で運用がはじまった。全部で42基の発射器が生産され、各砲兵連隊に6両ずつ配備された。その15キロトン核弾頭は戦場での使用が想定され、一方25キロトン核弾頭はより遠距離の目標を想定しており、無人飛行機が目標指示を支援した。

西側の防空ミサイル 1970～90年

調整防空は、NATOの軍事計画者に加盟国間の協調という難題を突きつけていたが、それは最先端の科学技術とシステムによってなし遂げられた。

　西側諸国がそれぞれ独自に、対空砲やミサイル、航空機の配備にもとづく近代的防空システムを追求していくにつれ、NATOの指導者たちに明らかになったのは、たがいに協調しなければ、そのような努力はより高くつき、やがては西ヨーロッパの軍事態勢が弱体化するということだった。1949年に同盟が結ばれたとき、地対空ミサイル防衛能力を開発するための研究が進行中だったが、こうした努力が冗長なシステムや、意志疎通不能なミサイル指揮統制システムを生みだすこともあった。

　1970年代までにNATO加盟国は、このような状態がきわめて重要な空域を支配しつづければ、WTO軍が攻撃をしかけてきたあかつきには、危機的状況におちいるだろうとはっきり認識していた。そこで、統合防空システムが開始され、最終的に、加盟国間の協力を促進する責任を負うNATO防空委員会の管理下におかれた。

　ミサイル技術が進歩しつづける一方で、同盟は、地中海東部のトルコからスカンディナヴィア半島に広がる基地を管理する包括的システムの一環として、NATO防空管制組織を構築した。早期警戒追跡レーダーが、航空機や地対空ミサイル、対空砲による敵機の調整迎撃を可能にするはずだった。こうしたシナリオは情報の迅速なやりとりと、通信障害や互換性のない装備に制約を受けることなく、航空資産を国境を越えてはるか遠くまで運ぶ能力をよりどころとしている。

　機動力、即応能力、射程と信頼性が、NATO諸国によって配備された防空ミサイルの開発において重要な位置を占めていた。こうした防空ミサイルのなかで冷戦時代にもっとも一般的だったの

が、アメリカ製のMIM-23ホークとMIM-72チャパラルミサイルである。

ホークの開発は1952年、アメリカ陸軍が中距離地対空ミサイルのオプションを検討したことからはじまった。5年たたないうちに試射と評価が完了し、システムは50年代の終わりまでに配備された。移動式ホークはM192牽引式発射器で運搬され、射撃陣地から発射される。一方、自走式ホークとなるM727は、改造したM548装軌貨物輸送車を流用してつくられていた。この派生型は1969年に試験されたが、非実用的であることがわかり、開発は1971年夏に中止された。

ホークは長年にわたり改良が重ねられ、航法装置や命中精度、全天候能力などが向上した。基本

M727 HAWK

推進方式	2段式、固体燃料
配備	移動式
全長	5.12メートル
直径	356ミリ
発射重量	626キログラム
射程	40キロメートル
発射準備時間	5分

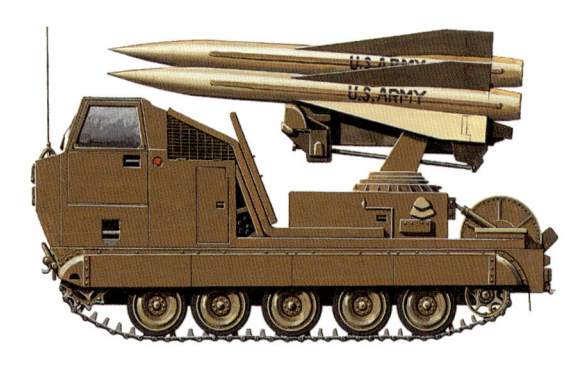

▲M727ホーク
アメリカ陸軍／テキサス州フォートブリス、テスト小隊、1969年

M727ホーク（HAWK、Homing All the Way Killer：誘導経路飛翔弾）は、短命に終わったホークシステムの自走型で、改造型M548装軌貨物輸送車にMIM-23ホーク地対空ミサイルを搭載していた。通称「SPホーク」は1971年8月に開発が中止されたが、ミサイル自体は2002年以降、アメリカ陸軍および海兵隊で段階的に退役している。幾度か近代化されたホークは、おもにM192 3連装ミサイル発射器で運搬・発射された。ホーク中隊は、多くの国々の軍隊でいまなお現役である。

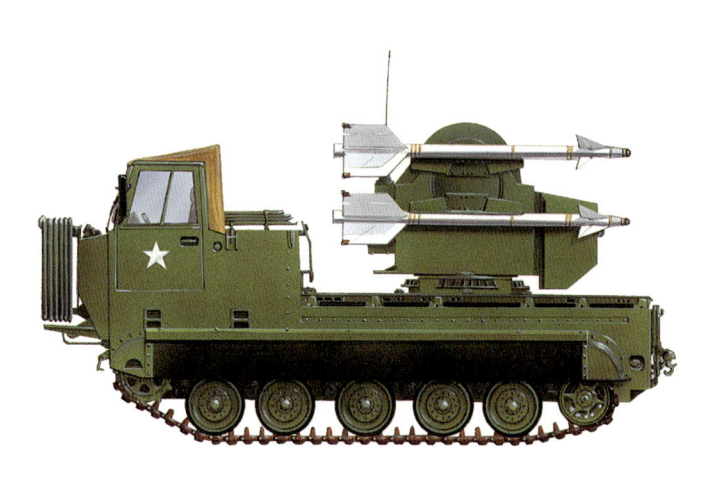

▲M48チャパラル FAADS（前線戦域防空システム）
アメリカ陸軍／第44防空大隊、1988年

M48チャパラル自走地対空ミサイルは、M548装軌式発射車両とAIM-9サイドワインダー空対空ミサイルの派生型とを組みあわせたものだった。イギリスと共同のモーラー計画が失敗したことから、アメリカはチャパラルを開発し、1969年に配備をはじめ、この兵器は以後30年にわたり就役した。それを可能にしたのが何度か行なわれた近代化で、そのひとつが、FIM-92スティンガー対空ミサイルから流用した目標捜索装置（シーカー）だった。チャパラルシステムは当初、たんに発射器を目標の方向に向け、ミサイルがロックオンできるようにしていた。この兵器はのちに全天候での運用が可能になった。

M48 Chaparral FAADS

推進方式	単段式、固体燃料
配備	移動式
全長	2.87メートル
直径	127ミリ
発射重量	88.5キログラム
射程	4000メートル
発射準備時間	5分

Cold War Europe, 1945-91

型の54キロ通常弾頭は、とくに1967年と1973年のアラブ・イスラエル戦争で、ソ連製航空機に対して有効であることが証明されたが、その一方でより強力な弾頭が順調に搭載されてきた。破片弾頭も同様に、弾道ミサイルを迎撃できるように改良された。

ホークは2002年までにアメリカ陸軍および海兵隊では現役から退いたが、いまなお20カ国以上の軍隊で主力防空兵器として使用されつづけており、その適応性と半世紀近い運用年数はまさに驚異的である。これまでに4万基以上が製造されたと考えられている。

MIM-72チャパラルは、成功をおさめたAIM-9サイドワインダー空対空ミサイルをもとに開発され、1969年にアメリカ陸軍で運用がはじまった。自走式チャパラルは、M113装甲兵員輸送車の直系で、M548装軌貨物輸送車の改造型であるM730輸送車を採用している。システム全体の制式名称はM48である。M163バルカン対空砲との併用を目的に開発された原型チャパラルは、手動で発射され、ミサイルが排気熱を感知して目標にロックオンするまで一定の時間が必要だった。

1970年代末期、このミサイルにふたつの重大な改良がくわえられた。ひとつは、悪天候での能力向上を目的としたFLIR（前方赤外線監視カメラ）の追加、もうひとつは無煙ロケットモーターで、発射直後の可視性を向上させるとともに、発

Roland surface-to-air missile

推進方式	2段式、固体燃料
配備	移動式
全長	2.4メートル
直径	1160ミリ
発射重量	63キロ
射程	6.2キロ
発射準備時間	不明

▲ローランド地対空ミサイル
ドイツ陸軍／第54砲兵連隊、1978年

フランスとドイツが共同開発したローランド地対空ミサイルシリーズには、好天下で運用するローランドⅠ、全天候型のローランドⅡ、そして改良型の熱線映像装置とレーザー測距機をそなえたローランドⅢがあった。ローランドの派生型は、フランスのAMX-30主力戦車またはドイツのマルダー歩兵戦闘車、もしくは装輪車両のシャーシに搭載された。ローランドは1977年にフランス陸軍、1978年にはドイツ陸軍でそれぞれ運用が開始された。

▲ボフォースRBS70携帯式防空システム（MANPADS）
スウェーデン陸軍／ライフ擲弾兵連隊、1979年

低コストの携帯式短距離防空ミサイルとして開発されたボフォースRBS70は、1977年にスウェーデン軍で運用がはじまり、現在も配備されている。RBS70発射システムには兵器を操作する兵士用の操縦席があり、目標捕捉にかんする指示はレーダー信号を通じて受信し、戦闘統制端末コンピュータで処理する。RBS70は、レーザー式近接信管を使って目標を破壊する。

Bofors RBS70 MANPADS

推進方式	2段式、固体燃料
配備	携帯式
全長	1.32メートル
直径	106ミリ
発射重量	15キログラム
射程	5キロメートル
発射準備時間	即時発射

射器の場所を隠すのにも役立った。また、肩撃ち式FIM-92スティンガー対空ミサイルから流用した目標捜索装置（シーカー）の改良型もとりつけられた。チャパラルの運用年数は1990年代末まで延長された。

固定発射場やM548装軌貨物輸送車から発射されるイギリスのレイピアシステムも、この種では世界最長の運用年数を誇る兵器のひとつだ。レイピアは1971年に運用がはじまり、2010年時点で有効な防空システムとみなされていた。イギリス陸軍の主力防空兵器であり、イギリスが保有するほかのミサイルや大半の対空砲に実質的にとって代わっている。

1960年代初頭、フランスとドイツが共同でローランド地対空ミサイルを製造した。これはのちに全天候型に改良されたが、試験期間が長らく続き、1977年までどの国の軍隊にも配備されなかった。ローランドと改良型ローランドⅡは、評価の遅れとコストの高騰のため大量生産されることはなかったものの、アメリカは1975年にXMIM-115Aとしてこのシステムを購入した。改良型ローランドを前線防空砲兵部隊に配備しようというこの試みは、技術移転の問題と経費の増加により失敗に終わった。生産された改良型ローランドミサイルは30基にも満たなかった。

Crotale EDIR

推進方式	単段式、固体燃料
配備	移動式
全長	2.93メートル
直径	156ミリ
発射重量	85キログラム
射程	8.5キロメートル
発射準備時間	5分

▲ クロタルEDIR
フランス陸軍／第3防空飛行中隊、1991年

もともとはフランスで1950年代に南アフリカ軍向けに開発され、現地では「カクタス」と呼ばれたクロタルEDIR（Infrared Differential Ecartometry）短距離防空ミサイルは、AMX-30主力戦車だけでなく、装輪車両のシャーシにも搭載される。クロタル発射器はミサイルを最大8基まで搭載でき、ミサイルはレーダー、電子光学および赤外線装置をもちいて、目標の捜索と追跡を行なう。最新型のクロタルNGの生産は1990年にはじまり、このヴァージョンは発射器とレーダーがひとつの車両に組みこまれている。

イギリス陸軍軽防空砲兵中隊（装軌式レイピア）、1989年

イギリス陸軍軽防空砲兵中隊は、FV430歩兵戦闘車の派生型であるFV432指揮車と、合計6両の装軌式レイピア地対空ミサイル発射器から構成された。レイピアの開発は、アメリカと共同で進めていたモーラー計画が失敗した結果、はじめられた。レイピアは1971年に配備が開始され、今日も現役でありつづけている。その長命はおもに、M548移動式発射器や固定発射場に配備されるレーダーおよびレーザー誘導ミサイルの即応性と汎用性によるものだろう。レイピアはイギリス陸軍の防空任務において、ほかのすべてのミサイルや砲に実質的にとって代わっている。

中隊（FV432［指揮］装甲兵員輸送車×1、装軌式レイピア地対空ミサイル×6）

ソ連・アフガン戦争 1979〜89年

ソ連の火砲の火力は、アフガニスタンの起伏の多い地形や、ゲリラ部隊がしかけるしぶとくローテクな軍事行動によって効果を失うことが多かった。

10年にわたり、ソ連はアフガニスタンのムスリム・ムジャヒディーンを相手に戦費のかさむ戦争を行ない、敗北を喫した。赤軍の機械化された力と重火器は、ゲリラ戦士の奇襲戦術にたびたび悩まされた。ゲリラは車列や軍事施設をすばやく攻撃すると、起伏の多い地帯に溶けこんで消えていった。山岳地帯、荒涼とした砂漠、それに対ゲリラ戦では効果のないことがわかった戦術が、追跡と断固たる行動をソ連軍に疑問視させていた。それでも、ゲリラが大挙して現れたり、開けた場所にいるのを見つけられたりすれば、赤軍のすぐれた火力と最新の科学技術がものをいった。

雌ジカ（ハインド）を苦しめる

ソ連軍がアフガニスタンに配備したもっともすぐれた兵器のひとつが、大型だが機動的なミルMi-24攻撃ヘリコプター（ハインド）で、戦争当初から作戦投入されていた。Mi-24はロケット弾と機関銃で重武装が施され、完全装備の戦闘歩兵を最大8名まで輸送することができた。Mi-24が支援する迅速な空中機動は、米政府がゲリラ武装計画のもと介入してくるまでに、ムジャヒディーン側に大きな打撃を与えた。

アフガンゲリラに適したもっとも重要な兵器は、肩撃ち式のFIM-92スティンガー対空ミサイルだった。ムジャヒディーンは有効な対空砲をほとんど保有しておらず、ソ連の制空権に対抗できたのがスティンガーだった。有効射高が約3000メートルのスティンガーは、熱追尾センサーを使って目標をロックオンすることで、最大5キロ先から発射することができた。おそらく最大の強みのひとつは、その携帯性と、操作するのにほとんど、あるいはまったく訓練が必要なかったことだろう。ある防衛アナリストはこうコメントしている。「このミサイルの複雑さは、ほとんどどんな潜在的ユーザー国でも、またグループでも順応することが可能である」

スティンガーミサイル300基の最初の積荷が1986年にアフガニスタンに到着し、翌年にはさらに700基がこれに続いた。はじめて使用された戦闘で、スティンガーは3機のMi-24を撃墜したと報告されている。赤軍が1989年に撤退するまでに、スティンガーはソ連の固定翼機とヘリコプターを少なくとも275機破壊したと考えられている。

このような事態の展開が際立つ一方で、注目すべきは、ゲリラの防空能力が向上したことによって、ソ連の戦争努力はいっそう費用がかさんだこ

▲ **FIM-92スティンガー**
ムジャヒディーン・ゲリラ部隊、1986年

長年におよぶ研究と開発の結果生みだされた、肩撃ち式のFIM-92スティンガー地対空ミサイルは、アメリカ陸軍の最初の同種の兵器、レッドアイにとって代わった。スティンガーは、目標の熱源にロックオンする赤外線追尾装置を採用しつづけているが、その能力はさらに紫外線探知によって強化されている。この兵器には重さ3キロの破片弾頭が搭載され、着発信管で爆発させる。アフガニスタンのムジャヒディーンにスティンガーが供給されたことで、ソ連の撤退が1989年に早まった。

FIM-92 Stinger	
推進方式	2段式、固体燃料
配備	携帯式
全長	1.52メートル
直径	70ミリ
発射重量	10.1キログラム
射程	5000メートル
発射準備時間	8秒

とである。おそらくこれが、ソ連がカブールの弱体化したマルクス主義政府を支える努力をやめたおもな理由だったのだろう。

赤軍の重火器

ソ連赤軍が1979年にアフガニスタンに侵攻した当時、その作戦ドクトリンは、西ヨーロッパの起伏の多い地形での宿敵NATO軍との戦争を想定して策定されていた。そのため軍事計画者は、集中砲撃と航空機による近接地上支援に依存するという慣例を維持した。伝統的に赤軍は火砲を、戦場における主たる決定的兵器とみなしてい

122mm D-30 2A18 howitzer	
要　　員	7名
口　　径	122ミリ
俯仰角	－7度～＋70度
重　　量	3150キログラム
射　　程	1万5400メートル
砲口初速	毎秒690メートル

▲D-30 2A18 122ミリ榴弾砲
ソ連地上軍／第108自動車化狙撃師団、1980年

1960年代初頭、老朽化したM1938榴弾砲の後継として開発されたD-30 122ミリ榴弾砲は、アフガニスタンで戦ったソ連軍部隊にはおなじみの兵器で、冷戦期にはヨーロッパにも配備された。その幅広の3脚式砲架は、兵器を配備する際に展開され、安定したプラットフォームになる。D-30は破片弾頭やレーザー誘導砲弾など、さまざまな砲弾を発射することが可能だ。

▲ZU-23-2牽引式対空機関砲
ソ連地上軍／第56独立空挺強襲旅団、1983年

2A14 23ミリ機関砲を2門搭載したZU-23-2は、1950年代後期に防空任務用14.5ミリ重機関銃の後継として開発され、現在も20カ国以上の軍隊で就役している。低空飛行の航空機の迎撃を意図して開発されたが、軽装甲車両にも有効である。配置する際には、砲架の車輪を折りたたんで接地させれば、ただちに射撃準備が整う。

ZU-23-2 towed anti-aircraft cannon	
要　　員	6名
口　　径	23ミリ
俯仰角	－10度～＋90度
重　　量	950キログラム
射　　程	2000メートル
砲口初速	毎秒970メートル

▲ **射撃訓練場**
D-30 122ミリ榴弾砲の射撃訓練をする赤軍兵士。1960年代初頭にはじめて配備されたD-30は、アメリカ製M114 155ミリ榴弾砲はもとより事実上すべての105ミリクラスの榴弾砲にまさることを証明し、冷戦時代、多くの陸軍の主力兵器となった。この砲は今日も一部の開発途上国で使用されているほか、アフガニスタン紛争ではアフガニスタン国民軍によって配備された。

た。しかし対ゲリラ戦の性質からすれば、高価値の目標を捕捉することはむずかしかった。

それでも砲兵隊の任務には、機動部隊への直接・間接支援だけでなく、捜索破壊任務中にゲリラの退路を断つことや、戦線離脱の決定が下された際にソ連軍の撤退を掩護することもふくまれた。そうした撤退行動中、ソ連軍は、ムジャヒディーンがいそうな場所のずっと遠くに砲火を向け、掩護射撃がゲリラの小火器を制圧するのに十分なくらい行なえたと確信するまで、砲撃を自軍方向に後退させる戦術を学んだ。たいていは砲兵隊将校が兵器を統制していたが、危機的状況ではまれに、歩兵部隊の将校が火力支援を命じる権限を与えられることもあった。

火砲の火力は、明確かつ継続的な戦線を守る敵駐屯軍には決定的効果を与えられるが、ムジャヒディーンゲリラはそれに当てはまらなかった。軍事アナリストは、ソ連軍が地上作戦や近接戦闘行動をとらなかったせいで、ゲリラ部隊は延命することになり、最終的に勝利したと指摘している。

戦争の全期間を通して、アフガニスタン駐留ソ連軍司令官はこうした方針の欠陥に気づいていて、なんとか埋め合わせをしようと試みていた。そこで赤軍が採用した効果的な戦術が、砲兵による待ち伏せだった。ゲリラグループやその車両が通りすぎる音を拾うために動作感知器が配置され、敵と接触しようものなら、たいていはD-30 122ミリ野戦榴弾砲から猛烈な砲火が浴びせられた。2S1 122ミリ自走榴弾砲や2S9 120ミリ榴弾砲が短時間作戦の支援に配備される一方、BM-21やBM-27のようなトラック搭載型多連装ロケット発射器が、敵の固定陣地に集中砲火を浴びせるのにたびたび使われた。それでもやはり、軽歩兵の欠如と、機械化歩兵の機動力に内在する問題が、地上作戦をさまたげた。その結果として火砲への依存は続き、戦争終結までに400門以上の火砲や迫撃砲が失われた。

主力兵器

　D-30 122ミリ榴弾砲は、赤軍がアフガニスタンで使用した牽引砲のなかで主力であることが証明された。D-30は1960年代半ば、1955年まで生産されていたM1938榴弾砲（M-30）の後継として運用がはじまった。この兵器は、チェコスロヴァキアのシュコダ社が第2次世界大戦中、ドイツ陸軍向けに製造した初期の榴弾砲の設計に類似している。興味深い特徴は3方に展開する開脚式砲架をもつことで、これが戦闘時の反動を吸収するのに役立つ。

　ソ連軍は迫撃砲と対戦車兵器を火砲とみなしており、当然のことながら、砲兵要員を機械化歩兵部隊に組み入れて火砲を運用させた。山岳地帯でムジャヒディーンと交戦した際、ソ連軍司令官は、大きく湾曲した曲射弾道をとる2B9ヴァシリョク82ミリ迫撃砲のほうが榴弾砲より効果的であることに気づくことが多かった。これはとくに、洞窟や峡谷で敵軍と交戦する際に顕著だった。

　とりわけ効果的な交戦方法が、レーザー誘導砲弾「スメルチャク」（ロシア語で向こう見ずの意）を、それ以外では歩兵による直接攻撃しか手がないゲリラ陣地に撃ちこむことだった。「スメルチャク」は、巨大な2S4 240ミリ自走迫撃砲チュリパン（M1975）から発射された。あるとき、1個2S4中隊が、2400メートル近く離れた深い峡谷にあるムジャヒディーンの拠点を攻撃した。通常の榴弾を標定用に発射したあと、1発の「スメルチャク」が目標に向かって放たれた。直撃を受けたゲリラ陣地はひとたまりもなかった。

　BM-21およびBM-27多連装ロケット発射器は、第2次世界大戦で悪名をとどろかせたBM-13カチューシャ・ロケット発射器の直系だ。BM-21はウラル375D 6×6トラックに搭載され、122ミリロケット弾40基を装備し、発射速度は毎秒2発である。1964年に配備が開始されたが、無誘導ロケットシステムにしては比較的命中精度が

82mm Vasilek Mortar

要　員	4名
口　径	82ミリ
俯仰角	−1度〜＋85度
重　量	632キログラム
射　程	4720メートル
砲口初速	毎秒270メートル

▲**2B9ヴァシリョク82ミリ迫撃砲**
ソ連地上軍／第5親衛自動車化狙撃師団、1981年
ヴァシリョク（ロシア語でヤグルマソウの意）82ミリ迫撃砲は、迫撃砲の曲射と野砲の平射の両方をそなえた兵器として考案された。1970年代初頭に開発され、アフガニスタンでソ連赤軍の機械化歩兵部隊に使用された。ヴァシリョクは砲尾と砲口どちらからでも装填可能で、ほとんどの場合牽引されるが、軽車両に搭載されているのを確認されたことがある。一部の空挺部隊でいまなお運用されているが、大部分は120ミリ迫撃砲に更新された。

高い。BM-21は現在も、50カ国以上の軍隊で前線火力支援兵器として運用されている。

BM-27多連装ロケット発射器は1970年代後期に登場し、ZIL-135 8×8発射車両のシャーシをベースに、16本のチューブから通常の破片弾頭や化学兵器弾頭などを搭載したさまざまな220ミリロケット弾を発射する。4名の乗員は3分以内に発射準備を整えることも、また移動することも可能である。BM-27はアフガニスタンで、歩兵部隊による掃討作戦中、ゲリラの活動を封じこめる目的で対人地雷を散布するのによく使用された。

2K11 Krug (SA-4 Ganef)

推進方式	2段式、ケロシン、固体燃料
配備	移動式
全長	9メートル
直径	800ミリ
発射重量	2500キログラム
射程	55キロメートル
発射準備時間	10分

▲2K11クルーグ（SA-4ガーネフ）
ソ連地上軍／第8親衛地対空ミサイル旅団、1988年

固体燃料とケロシンを動力とするラムジェットエンジン搭載の大型ミサイル、SA-4ガーネフ長距離防空ミサイルは、1960年代初頭に赤軍に配備された。GM-123輸送車兼用起立式発射器に搭載されたSA-4は、アフガニスタンで短期間ソ連軍に運用された。ミサイルはまず捜索レーダーと無線信号によって誘導され、続いて搭載されたレーダーが目標にロックオンし、距離が十分に近づいたら近接信管で起爆する。このシステムはチェコ共和国、ハンガリー、ブルガリアなど数カ国で現在も運用されている。

▲BM-27ウラガン多連装ロケット発射器
ソ連地上軍／第201自動車化狙撃師団、1983年

1970年代に赤軍で運用がはじまったBM-27ウラガン多連装ロケットシステムは、220ミリロケット弾を発射する16本のチューブを、ZIL-135 8X8移動式発射器に搭載する。この兵器は機動性が高く、3分で移動準備が完了する。ミサイルを全弾再装填するのに要する時間は20分である。

BM-27 Uragan multiple rocket launcher

乗員	4名
口径	220ミリ
ロケット弾全長	4.83メートル
ロケット弾重量	260キログラム
システム戦闘重量	1万8144キログラム
射程	2万5000メートル
発射速度	毎秒1発

フォークランド紛争－イギリス軍 1982年

イギリス軍が遠く離れたフォークランド諸島をアルゼンチンから奪い返すために進軍したとき、火砲に掩護された軽歩兵が作戦成功において中心的役割をはたした。

1982年春、イギリス軍は、イギリスから数千キロ離れたへんぴな岩だらけのフォークランド諸島に対する主権を再び主張して、アルゼンチン軍と交戦した。まずは兵站が差し迫った課題だったが、当然、対峙するアルゼンチン軍の陸海空軍力はいうまでもなかった。イギリスの輸送船がほぼ地球を半周航海して、サンカルロス入江の海岸に上陸拠点を確保した。

距離、地形、利用できる支援部隊をふくめた紛争の性質から、比較的少ない軽装甲車とともに機動的な野砲および防空砲に掩護された軽歩兵が、任務遂行のためのしかるべき力を発揮できることは明白だった。しかし地上戦の成功は、航空資産と補給を提供できるイギリス空軍の制空と支援にかかっていた。海軍が配置についていられるのが短期間であることもあり、迅速さが不可欠だった。

長い行軍

サンカルロス入江に上陸したイギリス軍には、第3コマンドー旅団、海兵隊、陸軍第5歩兵旅団がふくまれていた。配備された火砲と地対空兵器には、L118 105ミリ軽量砲6門を装備した3個中隊（第7、第8、第70）をふくむ第29コマンドー軽砲兵連隊と、第148コマンドー前方観測砲兵中隊がいた。コマンドー防空部隊がショート・ブローパイプ地対空ミサイル12基を携行する一方、第12防空連隊T中隊はレイピア地対空ミサイルで武装していた。さらに、第4野戦砲兵連隊のL118 105ミリ軽量砲と、第43防空砲兵中隊ブローパイプ部隊の地対空ミサイルも配備されていた。

軽量砲はフォークランド紛争で、機動力と汎用性の高さが証明されたが、ぬかるむ湿地では兵器を移動したり再配置したりするのは大仕事だった。長時間にわたる火力支援任務中には、反動で榴弾砲がもとの位置から2.5メートル以上動くこともめずらしくなかった。そこで、兵器をさらにいっそう正しい位置に固定しておくための画期的対策がとられた。フォークランドではイギリス軍によって、30門のL118をふくめ、合わせて5個中隊

▲ **発射準備**
L118軽量砲の発射準備をするイギリス陸軍兵士。大きな打撃力には欠けるものの、L118は、とくにイギリス軍がフォークランド諸島で遭遇した湿地のような悪条件下で重宝する、順応性の高い砲であることが証明された。

が配置された。これら部隊の正確な射撃が、島の首都スタンリーへの行軍中に起こった激しい戦闘での勝利に不可欠だった。

「姉妹の尾根」の戦いに参加したあるイギリス軍兵士はこう振り返る。「3挺の［アルゼンチン軍の］機関銃から攻撃を受けたので、われわれもすぐさま持続的かつ効果的な一斉砲撃で反撃し、一度に15発お見舞いしてやった。敵は一瞬沈黙したが、また攻撃してきたので、こっちも再度、敵陣地全体に一斉砲撃しなければならなかった」

ワイヤレス尾根への2個落下傘部隊による強襲にそなえ、軽量砲が105ミリ砲弾を6000発発射した。スタンリー周辺で戦闘が激化するにつれ、1日あたり最大400発が地上軍の掩護のために発射されたといわれている。

軽量砲は1970年代初頭に開発され、1976年までにイタリア製オート・メラーラMod 56榴弾砲（山砲）の後継としてイギリス陸軍で運用がはじまった。Mod 56はすばやく分解でき、軽歩兵や空挺部隊に随伴することが可能だった。旧式の25ポンド砲の設計をもとにしたL118はMod 56より重かったが、新設計の必須条件を満たして長射程であるうえ、輸送航空機の改良によりそれまでどおり空輸も可能だった。L118はさらにバルカン諸国や中東にも配備されている。

フォークランド諸島でのブローパイプおよびレイピア防空ミサイルの実績は非難の的になっていた。ブローパイプは1970年代初頭に開発され、1975年に配備がはじまった。たいてい2名のチームで運用されたが、兵士ひとりでも操作が可能で、目標に照準を合わせ発射するまで約20秒かかった。この軍事作戦中、100基近くのミサイルが発射され、戦闘にかんする公式報告によれば、このうち目標に命中したのはわずか9基だけだったという。しかしさらなる調査によってこの主張

▼L118軽量砲
イギリス陸軍／第29コマンドー砲兵連隊、1982年

L118軽量砲は1976年、イタリアのオート・メラーラMod 56 105ミリ榴弾砲（山砲）の後継としてイギリス陸軍に導入され、同陸軍の標準的な軽砲になった。軽量砲は6名の要員で運用され、発射速度は毎分6～8発だ。Mod 56より重いものの、空輸またはランドローヴァーの1トントラックによる牽引で陸路を輸送可能である。

L118 Light Gun
- 要　　員：6名
- 口　　径：105ミリ
- 俯仰角：－5.5度～＋70度
- 重　　量：1860キログラム
- 射　　程：1万5070メートル
- 砲口初速：毎秒617メートル

フォークランド諸島駐留、イギリス陸軍第97砲兵中隊、1982年

1982年のフォークランド紛争中、第97砲兵中隊はL118 105ミリ軽量砲を6門装備していた。この中隊は、サンカルロス入江からスタンリーで最終的に勝利をおさめるまでのイギリス軍の地上作戦を支援した5個中隊のひとつだった。L118はヘリコプターにつり下げて空輸するか、ランドローヴァー101で牽引された。ランドローヴァー101は、L118およびレイピア防空ミサイルの牽引車として設計されたものである。L118はいくつかの戦闘で、高台の陣地に陣どるアルゼンチン軍に対し正確かつ持続的な砲火を浴びせ、勝利を決定づけた。

中隊（L118 105ミリ軽量砲×6）

さえ異議が唱えられ、結局、命中した航空機はわずか2機で、そのうち1機はイギリス軍のハリアー攻撃機だったと報告された。

レイピアミサイルは1971年に運用がはじまり、その後改良が重ねられ、イギリス陸軍のほかの大半の防空システムやミサイル、砲を更新してきた。

だがフォークランド紛争の事後報告書には、期待はずれの初期結果が示されていた。わずか14回の命中のうち推定撃墜機が6機と承認されていたが、のちの調査で、レイピアが撃墜したのはアルゼンチン軍のA-4スカイホーク戦闘攻撃機1機だけだったことが確認されたのである。

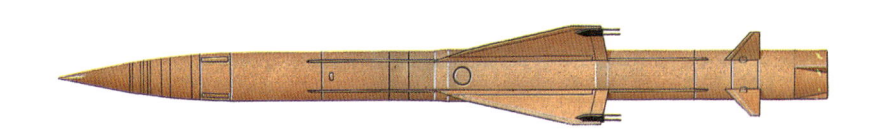

Rapier surface-to-air missile
- 推進方式：2段式、固体燃料
- 配　　備：固定式または移動式
- 全　　長：2.24メートル
- 直　　径：133ミリ
- 発射重量：42キログラム
- 射　　程：7.25キロメートル
- 発射準備時間：6秒

▲レイピア地対空ミサイル
イギリス陸軍／第12防空連隊、1982年

レイピア地対空ミサイルは1971年にイギリス陸軍で運用がはじまり、まず旧式のイングリッシュ・エレクトリック・サンダーバードを更新した。しかしNATO軍の防空要求の進化とともに、レイピアはより大きな役割をになうようになり、イギリス軍の主力防空兵器となった。好天下では、ミサイルは赤外線追跡装置により誘導され、一方ブラインドファイア追跡誘導レーダーが悪天候での使用を可能にしている。

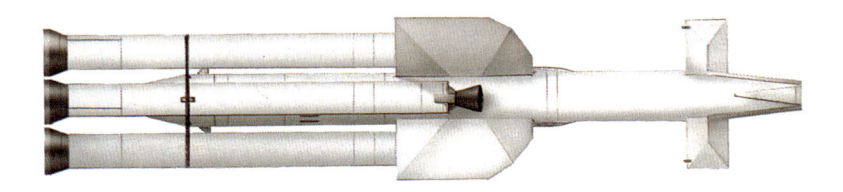

▲シースラグ艦対空ミサイル
イギリス海軍／アントリム（駆逐艦）、1982年

シースラグミサイルは1961年、艦載防空ミサイルとしてイギリス海軍に導入され、30年にわたり就役した。このミサイルはフォークランド紛争で配備され、少なくとも1度発射されたことが記録に残っている。シースラグは、推定命中率90パーセント以上を誇る命中精度の高いミサイルとして知られていた。レーダーで誘導され、135キロの弾頭を搭載した。

Seaslug surface-to-air missile
- 推進方式：2段式、固体燃料ブースターおよび液体燃料サステナー
- 配　　備：艦上
- 全　　長：6.1メートル
- 直　　径：409ミリ
- 発射重量：2384キログラム
- 射　　程：58キロメートル

Blowpipe MANPADS
- 推進方式：2段式、固体燃料
- 配　　備：携帯式
- 全　　長：1.4メートル
- 直　　径：76.2ミリ
- 発射重量：11キログラム
- 射　　程：3500メートル
- 発射準備時間：20秒

▲ブローパイプ携帯式防空システム（MANPADS）
イギリス陸軍／第3コマンドー旅団防空部隊、1982年

携帯式ブローパイプ防空ミサイルは、1975年にイギリス陸軍で配備が開始され、10年後に退役した。ミサイルを装填した発射筒とそれに装着された照準器からなり、装置全体を肩からかついで照準を合わせ発射する。赤外線光学装置が照準を支援する一方、射手は親指で操作するジョイスティックを使ってミサイルを目標に誘導する。その2.2キロの弾頭は近接信管によって起爆される。

フォークランド紛争 ― アルゼンチン軍 1982年

高台の有利な陣地から射撃できたアルゼンチン軍の火砲は、フォークランド諸島防衛でおおいに戦果をあげた。

1982年6月11日夜、イギリス軍の精鋭部隊、落下傘連隊第3大隊がロングドン山に強襲をかけると、アルゼンチン軍火砲から激しく正確な砲火を浴びせられた。2日間にわたり、落下傘部隊は苦労して手に入れた陣地に苦々しい思いでしがみついた。すでに19名が敵の火砲と小火器による攻撃で戦死しており、さらに4名が容赦なく続く砲撃のなか、命を落とした。ハリエット山と「姉妹の尾根」の防御部隊からの砲火も、その夜は同様に激しかった。次の夜には、タンブルダウン山でさらに2名のイギリス軍兵士がアルゼンチン軍砲兵隊に殺され、ワイヤレス尾根では暗闇のなか数時間ものあいだ砲撃が続き、イギリス軍を攻撃した。

火砲は、フォークランド諸島の支配をめぐる短期間だが過酷な戦争中、アルゼンチン軍とイギリス軍の双方にとって主要な役割をはたした。イギリス軍が兵站という大きな課題を克服し、大挙してへんぴな諸島に到達するまでに、アルゼンチン軍はかなりの軍事資産を、彼らがマルヴィナス諸島と呼ぶ小さな岩だらけの諸島に移していた。

アルゼンチン軍のもっとも激しい集中砲火は、第3砲兵群と第4空挺砲兵群によるもので、いずれも少なくとも18門のオート・メラーラMod 56榴弾砲を装備していた。Mod 56はイタリア製で、もともとはイタリア陸軍の山岳部隊に装備させる目的で設計されたものだった。さらに第3砲兵グループは、155ミリModel 1977榴弾砲4門も装備していた。こうした火砲の大半が、防御目的にくわえ、湿地で重砲を運搬するのは困難だという理由から、島の首都スタンリー市内やその周辺に配置されていた。第601対空砲兵群は、ローランドおよびタイガーキャット地対空ミサイル、エリコンGDF-001 35ミリ連装機関砲、イスパノ・スイザHS.831 30ミリ機関銃、そのほかの軽火器で武装していた。

閃光と轟音

アルゼンチン軍の火砲はたいてい、イギリス軍の行軍ルートを監視できる尾根づたいや高台にある強化陣地に配置されていた。軽迫撃砲や無反動砲が、ライフルや機関銃で武装して塹壕に陣どるアルゼンチン軍防御部隊の射線に、前進するイギリス軍を追いこむため配備された。グースグリーンでの激しい戦闘中、アルゼンチン軍第25独立自動車化歩兵連隊の将校は、3門の105ミリ砲と120ミリ迫撃砲で砲撃するよう命じて、ダーウィンリッジを攻略しようというイギリス軍の攻撃に数時間にわたり持ちこたえた。アルゼンチン軍の前進観測班は、イギリス軍の前進の進捗を把握できていたので、砲手のために正確な位置座標を伝えることができた。その結果もたらされた砲撃が、落下傘連隊第2大隊の空挺兵士に数名の犠牲者を出す一方、戦闘中のイギリス軍の火砲が1000発以上を発射して困難な前進を掩護し、ついにグースグリーンのアルゼンチン軍に陣地を明け渡し投

アルゼンチン軍：フォークランド諸島駐留砲兵部隊、1982年

部隊	司令官	装備	装備数
第3歩兵旅団、第3砲兵群（GA3）	マルティネス・A・バルツァ中佐	オート・メラーラMod 56 105ミリ榴弾砲 Model 1977 155ミリ榴弾砲	18 4
第4空挺旅団、第4空挺砲兵群（GA4）	ルロス・A・ケヴェード中佐	オート・メラーラMod 56 105ミリ榴弾砲	18

第1章　ヨーロッパの冷戦　1945～91年

降させることに成功した。
　アルゼンチン軍の持つオート・メラーラMod 56は長い歴史をもつ兵器だが、長期交戦向きではなかった。フォークランド諸島の岩だらけの地形を考えると、この105ミリ榴弾砲は、高台に配置し、準備万端のアルゼンチン軍陣地に直接攻撃をかけてくる敵軍部隊に砲火を浴びせるのに向いていた。前述したようにMod 56は、山岳部

▲ **オート・メラーラMod 56 105ミリ榴弾砲（山砲）**
アルゼンチン陸軍／第3砲兵群、1982年
オート・メラーラMod 56 105ミリ榴弾砲は、軽量で運搬しやすい山岳歩兵向けの兵器としてイタリア軍にはじめて納入されてから半世紀たった現在も現役である。Mod 56は起伏の多い国での移動を容易にするため、12の部品に分解し牛馬の背にのせて運ぶことができる。汎用性の高いMod 56は、高い弾道の曲射で歩兵移動を支援することも、あるいは前進してくる装甲車に対し防御陣地から平射で攻撃をくわえることも可能である。

OTO Melara 105mm Mod 56

要　　員	6名
口　　径	105ミリ
俯仰角	－7度～＋65度
重　　量	1273キログラム
射　　程	1万1100メートル
砲口初速	毎秒416メートル

フォークランド諸島駐留、第4空挺旅団第4空挺砲兵群（GA4）、1982年

おもにフォークランド諸島の首都スタンリー防衛のために参加した第4空挺砲兵群は、オート・メラーラMod 56 105ミリ榴弾砲を18門装備していた。Mod 56はフォークランド紛争中、アルゼンチン軍がもっとも多く配備していた野砲だった。1982年春のサンカルロスからの攻撃中には、前進するイギリス軍に直接砲撃を浴びせ、有能かつ汎用性の高い兵器であることを証明した。この105ミリ榴弾砲はグースグリーン、ロングドン山、ワイヤレス尾根、そのほかの場所で多用された。

空挺砲兵群（オート・メラーラMod 56 105ミリ榴弾砲×18）

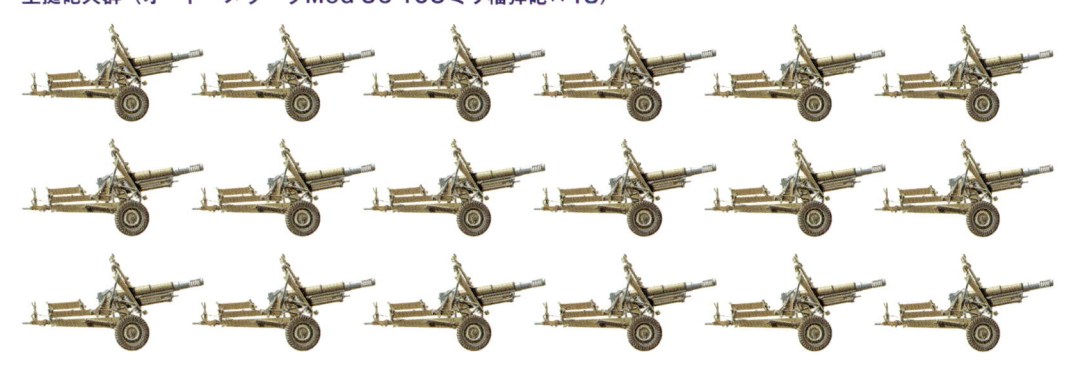

隊向けの山砲として30年前に開発されたものだった。この兵器はその歓迎すべき火力から、軽歩兵や空挺部隊に高く評価されていた。というのも、Mod 56はそうした部隊が利用できる最大口径の火砲である場合が多く、また、軽量であるため比較的容易に配置できたからだった。

　Mod 56は12の部品に分解でき、兵士みずから、もしくは牛馬の背にのせて運ぶことが可能だった。路外走行で輸送するには、軽車両で牽引するか、装甲兵員輸送車の兵員室を改造し、そこに収納して運ぶことが多かった。Mod 56はまた、そのままヘリコプターからつり下げて空輸できるほど軽量でもあった。Mod 56は中国やイギリスでライセンス生産されており、イギリスではL5として知られている。

　フォークランド紛争で作戦投入された最大口径の野砲は、L33榴弾砲（Model 1977）で、これはフランスのF3 155ミリ自走砲の設計をもとにしていた。アルゼンチン軍はこの砲を本来の装軌式自走砲架からとりはずし、開脚式砲架に設置した。1970年代半ば、アルゼンチン陸軍は老朽化した第2次世界大戦時代のM114 155ミリ榴弾砲を更新しようとしていた。かつてアルゼンチン政府を牛耳っていた軍事政権の後押しで、Model 1977をアルゼンチン陸軍仕様に改造するとともに、多くの国々からかなりの量の兵器や弾薬を購入した。

　Model 1977はおもにスタンリー周辺の山岳や尾根の防御に投入され、イギリス海軍の水上艦艇からの正確な砲撃に対抗する唯一の陸上発射火砲であることを証明した。フォークランド諸島で戦闘に投入されたModel 1977は10門に満たず、それらはイギリス軍が東フォークランド島を横断して着実に前進していたとき、航空機で諸島に空輸された。

ミサイルの脅威

　タイガーキャット地対空ミサイルは皮肉にもイギリスの兵器で、イギリス海軍のシーキャット防空ミサイルの地上発射型だった。シーキャットは1980年代初頭には旧式化しており、一部の艦艇ではシーダートおよびシーウルフ・システムに更新されていたが、それでもまだ広く使用されていた。タイガーキャットは移動式で、3連装発射器に搭載されていた。フォークランド紛争中、シーキャットによって死亡したのはわずかひとりだったといわれ、80基以上が発射されたと報告されている。タイガーキャットによる死者は確認されていない。

　アルゼンチン軍はローランドミサイルを、スタンリーの空港防衛のための固定発射点に配置した。少なくとも4基の発射器が1970年代後期に購入されており、これらはアルゼンチン軍守備隊の投降とともにイギリス軍に鹵獲された。配備された10発のローランドミサイルのうち8発が発射され、イギリス軍のホーカー・シーハリアー戦闘攻撃機1機が1982年6月1日に撃墜された。フランスとドイツが共同開発したローランドは、1977

▲ Model 1977 155ミリ榴弾砲
アルゼンチン陸軍／第3砲兵群、1982年

フランスのF3 155ミリ自走榴弾砲のアルゼンチン版であるModel 1977は、フランス製兵器の砲身が開脚式砲架に搭載されていた。発射準備をする際は、車輪をあげ、砲架を下げて展開すると、安定したプラットフォームになった。フォークランド紛争中、この兵器は湿地を容易に運ぶには重すぎることがわかったため、おもにスタンリー防衛に投入された。

155mm Model 1977 howitzer

要　員	6名
口　径	155ミリ
俯仰角	－10度～＋67度
重　量	8000キロ
射　程	2万2000キロ
砲口初速	毎秒765メートル

第1章　ヨーロッパの冷戦 1945～91年

年までに運用可能となり、フォークランド紛争では最新型のすぐれた兵器とみなされていた。

　ローランドとタイガーキャットミサイルにくわえ、アルゼンチン軍はエグゾセ対艦ミサイルも大量に購入していた。このミサイルは地上の移動式発射台からも、艦上からも、航空機からも発射可能だった。フォークランド紛争でイギリス海軍にかなりの損失を与えたのがエグゾセだった。1発のエグゾセが駆逐艦シェフィールドに命中し、のちにこの艦を沈没させることになる損害を与えたほか、駆逐艦グラモーガンにも被害をもたらした。また2発のエグゾセが、キュナード社のROROコンテナ船（1万5240トン）アトランティック・コンヴェアーを攻撃し、5日後に沈没させた。エグゾセはフォークランド紛争中、もっとも認められた兵器となり、今日も広く使用されている。エグゾセは1979年にフランス海軍で運用がはじまり、基本型は165キロの弾頭を搭載する。このミサイルは秒速315メートルの速さで海面すれすれを飛び、レーダーで目標にロックオンする。

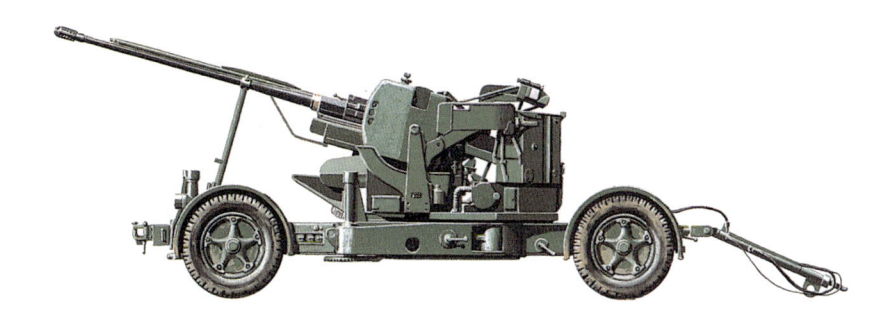

Oerlikon GDF-001 35mm twin cannon

要　　員：4名
口　　径：35ミリ
俯仰角：-5度～+92度
重　　量：6400キログラム
射　　程：4000メートル
砲口初速：毎秒1175メートル

▲エリコンGDF-001 35ミリ連装機関砲
アルゼンチン陸軍／第601対空砲兵群、1982年

スイス製のエリコンGDF-001 35ミリ中距離防空砲は、装輪砲架に搭載された連装機関砲で、この砲架は射撃時に展開して4脚式砲架になる。また給弾は、7発入り弾倉をもちいた自動装填装置で行なう。エリコンは長年にわたり就役しており、スパロー防空ミサイルと統合運用される場合には、スカイガード防空システムを形成する。

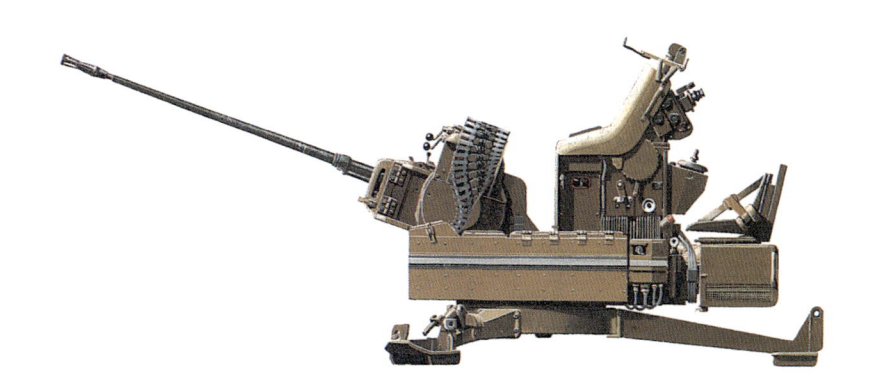

▲ラインメタルMK20 Rh202機関砲
アルゼンチン陸軍／第601対空砲兵群、1982年

2輪トレーラーで運搬されるRh202 20ミリ連装機関砲は、トレーラーから着脱可能な、基部が3脚に固定された電動式砲架に搭載されている。最大発射速度が毎分1000発で、その近接支援能力はフォークランド紛争中、スタンリーの空港周辺を防御するアルゼンチン軍にとってきわめて重要だった。

Rheinmetall MK20 Rh202 autocannon

要　　員：4名
口　　径：20ミリ
俯仰角：-5.5度～+83.5度
重　　量：1650キログラム
射　　程：2000メートル
砲口初速：毎秒1050メートル

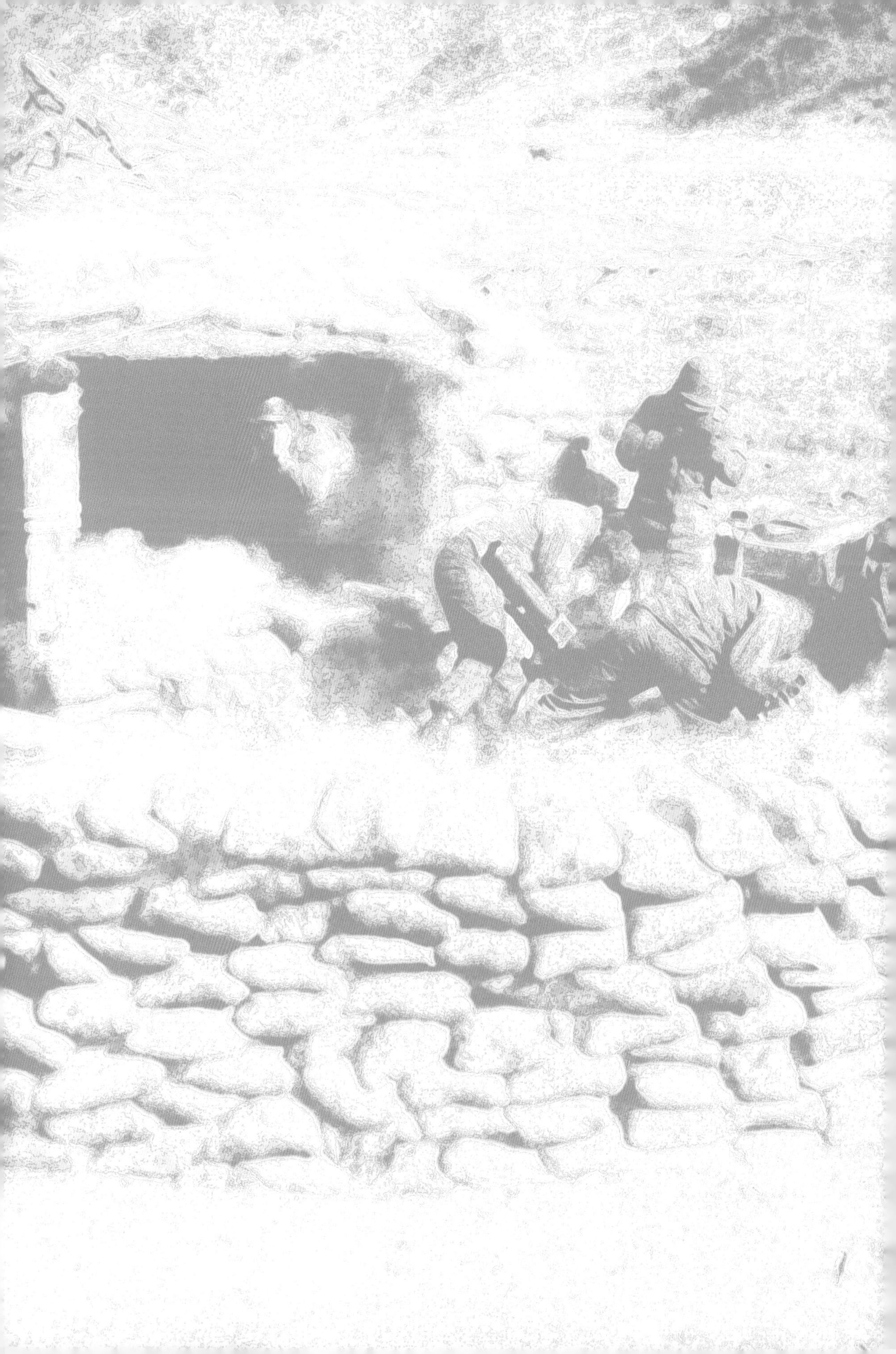

第2章
朝鮮戦争 1950～53年

1950年6月25日、北朝鮮軍が朝鮮半島を共産主義の支配のもと統一しようと北緯38度線を越えたとき、冷戦は今日もいまだ解決されない血なまぐさい紛争に突入した。戦争のうわさはいたるところで流れていたが、防御側の韓国軍は、北朝鮮が解き放った戦車と軍隊の群れをくい止める準備ができていなかった。介入を承認する国連決議を受けて、アメリカ率いる国連軍が戦前体制を維持するための困難な任務に乗りだした。当初、いずれの陣営も砲撃支援を随時要請することはできなかったが、戦争が長引くにつれ、重砲が大きな役割をはたすようになっていった。

▲ 発射！
1953年はじめ、第31重迫撃砲中隊の兵士が、朝鮮の鉄原（チョルウォン）西の敵陣地でM2 107ミリ迫撃砲を発射する。

概要

朝鮮戦争は最終的に、第1次世界大戦における西部戦線の塹壕戦をほうふつとさせる膠着状況におちいり、火砲の火力がその行き詰まりの一因となっていた。大砲の多用が、のちに「砲兵戦争」として知られるようになる紛争をもたらしたのである。

第2次世界大戦終結から5年たたないうちに、さらなる悲惨な紛争の可能性が現実のものとなった。北朝鮮と韓国は戦争状態にあり、多くの国々の軍隊が国連の委任によってか、もしくはみずからの国益を守るために戦いに参加した。しかし世界史におけるそれまでのどの紛争とも違って、朝鮮戦争は核の雲や、人類がみずからを滅ぼせるほど強力な兵器の黙示録的応酬という不吉な可能性のもとで遂行された。

世界は核時代を迎えており、核兵器の研究と開発が進展していた。米ソはともに原子爆弾を保有し、戦略的配慮とともに、戦術核兵器を発射できる火砲の実現可能性が実験されていた。1950年代半ばには、核搭載可能な火砲が現実のものとなっており、アメリカでは155ミリという小さな砲弾にまで、先端に核弾頭が搭載されていた。

しかし朝鮮では、第2次世界大戦時代の従来型火砲が依然として当たり前だった。北朝鮮軍はソ連に供与を受けていたが、保有する火砲や自走砲は比較的少なかった。中国人民解放軍が1950年秋に参戦したときも、事情は同じだった。ただ中国軍では、野砲や重砲は不足していたものの、兵員には事欠かなかった。かたや南では、韓国陸軍は兵員も装備も不足していた。国連の旗印のもと、日本の基地から朝鮮に急行したアメリカ軍の第1陣もやはり、お粗末なほど兵力不足だった。

ソウルに急行する

北朝鮮が攻撃をかけたとき、第2次世界大戦の東部戦線で不朽の名声を獲得した手強いソ連製

▲ **夜間任務**
1953年4月、海兵隊の前線区域の某所で、第11海兵連隊第1ロケット砲中隊による一斉射撃をとらえた夜間写真。

T-34中戦車150両をふくむ装甲前衛部隊が、伝統的な侵攻ルートを通って韓国の首都ソウルに向かって前進してきた。北朝鮮軍は攻撃のために、7個歩兵師団、総勢9万にのぼる戦闘部隊を招集しており、その前進は迅速だった。

北朝鮮軍に対する韓国軍は、おもにアメリカの兵器で武装していた。歩兵部隊が小火器と60ミリおよび81ミリ迫撃砲を数門装備する一方、砲兵隊は22個大隊で編成され、うち2個大隊はそれぞれ7個野戦砲兵群からなり、さらに8個独立大隊が付属していた。これらの部隊のひとつとして、105ミリ以上の重砲を装備していなかった。

朝鮮で最初に作戦投入されたアメリカ軍砲兵部隊は、X派遣部隊と呼ばれ、戦闘がはじまった4日後に到着した第507対空砲兵大隊の将校および兵士33名からなった。40ミリ砲を装備した機動部隊である第507は敵機2機をしとめ、6月30日、米政府は完全戦力の2個戦闘師団を朝鮮に展開することを承認した。

砲兵戦争

朝鮮戦争は、国連軍と共産軍、双方の砲兵と機械化作戦に重大な課題を突きつけた。岩だらけの山、起伏の激しい丘陵、流れの速い河川といった困難な地形が、夏は猛暑になり冬は氷点下まで下がる寒暖の激しい気候によってさらにやっかいなものになっていた。それでも、戦争が激しさを増し、投入される兵士の数が増えつづけるにつれ、両陣営の砲兵部隊は戦闘でさらに大きな役割をはたすようになっていった。

機動力をさまたげることになっても、重砲はしばしば敵の攻撃を粉砕するため集結された。また接近戦になった場合に、兵士が砲射撃を要請してくることもあった。

砲兵の運用が戦術レベルでは決め手になることが証明されたが、紛争の大勢を決することはできなかった。事実、国連軍の砲兵射撃の統制と精確さは、投入される中国軍と北朝鮮軍の絶対的な数の重みに打ち消されることも多かった。

戦費が増大し、いずれの陣営も通常兵器を超えて紛争を拡大する気がないなか、殺戮を止めるには交渉による停戦が必要なことが明白になった。板門店（パンムンジョム）での休戦会談は最終的に実体のない休戦をもたらし、戦場での火砲の存在がその結果の一因となっていた。

国連軍 1950～53年

アメリカ軍と英連邦軍に率いられた国連軍は、朝鮮における共産主義のうねりをくい止めるべく、かなりの数の火砲を配備した。

1953年夏に川の湾曲部で戦った、第11海兵連隊第1大隊A中隊所属のある米海兵隊砲手は、攻撃にさらされたアメリカ陸軍第25歩兵師団を掩護して、夜どおし砲撃しつづけたときのことを覚えている。その夜、A中隊は目標調整をときおり確認するだけで、一斉射撃というより集中砲火を浴びせた。ひっきりなしに飛来する敵の砲弾に、要員のほとんどが遮蔽物に身を隠して身動きがとれず、陣地は危機に瀕していた。1度にわずか2名の海兵隊員だけが砲を操作した。アメリカ陸軍の砲兵が後方に向けて発射した155ミリ砲弾は、ときどき距離が足りず、戦闘の危険と騒音に拍車をかけた。

1953年5月から6月にかけて、105ミリ砲と155ミリ砲合わせて72門で構成される第11連隊は、12万発以上を発射した。和平会談が進行する一方で、戦争ビジネスもまた進行していた。M2A1 105ミリ榴弾砲は、朝鮮戦争で軍務につ

いたアメリカ軍砲兵隊のバックボーンだった。第2次世界大戦中、8500門以上生産され、この兵器の強力な砲弾は、11キロを超える射程とあいまって、朝鮮での前線兵士にとって貴重な資産となった。105ミリ砲とともに、75ミリM1A1榴弾砲（山砲）も朝鮮の困難な地形によく適し、さらにM1（M114）155ミリ榴弾砲とM3榴弾砲、M2ロングトム155ミリカノン砲、M1 240ミリ榴弾砲とM115 203ミリ榴弾砲もまた、朝鮮に配備されたアメリカ軍のさまざまな火砲にふくまれていた。

3年にわたる戦闘で、アメリカ陸軍および海兵隊の60個を超える砲兵大隊が朝鮮で任務についた。標準的なアメリカ陸軍師団は、近接火力支援用の105ミリ軽榴弾砲を装備した3個大隊と、師団レベルの155ミリ砲を装備した1個大隊からなっていた。これらの兵器は、最大約15キロ離れた目標に到達することが可能だった。朝鮮戦争のさなかには、アメリカ軍のさらに4個歩兵師団が、155ミリ砲を装備した別の大隊を利用できたほか、諸兵科連合連隊隷下の2個戦闘団はそれぞれ、105ミリ砲を装備した1個大隊を擁した。

朝鮮では、軍団の砲兵隊はちょっとした大規模な消防隊で、支援が必要になれば、攻撃であれ防御であれ、どこにでも派遣された。こうした軍団の部隊はたいてい、第2次世界大戦中に説教壇に似た機関銃座から「プリースト（聖職者）」と愛称がつけられたM7 105ミリ自走砲を装備した1個大隊、自走式を一部ふくむ155ミリ砲を装備した4個大隊、203ミリ榴弾砲を装備した1個大隊、それに1個偵察大隊からなっていた。さらに、巨大な240ミリ榴弾砲が戦争末期に登場し、第4軍団と第10軍団の火砲装備に割り当てられた。1個中隊が有する砲の数は兵器の口径によって異なり、105ミリまたは155ミリ砲中隊は6門、203ミリ砲中隊は4門、そして240ミリ砲中隊は2門だった。

早い到着

朝鮮に最初に投入されたアメリカ軍野戦砲兵部隊は第52大隊の一部で、105ミリ榴弾砲6門と、大隊の本部および整備中隊の半分からなるA中隊だった。この部隊は、チャールズ・B・スミス中佐指揮下の小規模部隊の支援を命じられていた。スミス中佐の部隊は、3個にわずかに満たない歩兵中隊からなり、装備するなかでもっとも大口径の兵器は、M20 75ミリ無反動砲と化学兵器の撃てるM2 107ミリ重迫撃砲だった。

1950年7月5日の朝、北朝鮮の怪物がアメリカ軍に向かって進んできたとき、105ミリ砲が敵のT-34戦車の車列に砲撃を開始した。アメリカ軍の砲兵が利用できた徹甲弾は正確には何発だったのか、それについては諸説あるものの、10発に満たなかったことでは全員が一致している。迫りくる共産軍の装甲車両に向けて正確な射撃を行ないながら、第52大隊の砲手は、自分たちの榴

◀ **オードナンスML 3インチ迫撃砲**
第1英連邦師団／第29歩兵旅団、1951年

3インチ（実際は3.2インチ、口径81.2ミリ）迫撃砲の驚異的な長命は、戦場での耐久性の証しである。このイギリス軍歩兵の標準的な支援兵器は1920年代後期に開発され、より頑丈な砲身に改良して有効射程を延伸し、1960年代半ばに最新型のL16 81ミリ迫撃砲に更新されるまで40年にわたり就役した。

Ordnance ML3in Mortar

要　　員	2名
口　　径	81.2ミリ
俯仰角	＋45度〜＋80度
重　　量	50.8キログラム
射　　程	2560メートル
砲口初速	毎秒198メートル

弾が敵の戦車の鋼鉄製車体を無傷でかすめるのを見てがくぜんとした。砲手が徹甲弾を発射すると、先頭のT-34を直撃し、どうにか破壊することができた。2両目の戦車はシャーシに1発命中し、履帯が吹き飛ばされて使用不能になった。しかし北朝鮮軍は停止することなく、アメリカ軍陣地を蹂躙した。翌日、スミス中佐が招集できたのは、将校と兵士合わせてわずか250人ほどだった。第52野戦砲兵隊の15名をふくむ、少なくとも150名の兵士が戦死もしくは負傷、あるいは捕らえられていた。

スミス任務部隊(タスクフォース)の任務は実際のところ、北朝鮮軍の攻撃をその場で阻止したというより遅滞させたにすぎず、この敗北がもたらした戦訓は火を見

40mm Bofors L/60 anti-aircraft autocannon
要　員：3～4名
口　径：40ミリ
俯仰角：－5度～＋90度
重　量：1981キログラム
射　程：1525メートル
砲口初速：毎秒823メートル

▲ボフォース40ミリL/60対空機関砲
アメリカ陸軍／第507対空砲兵大隊、1950年

スウェーデン生まれのボフォース40ミリL/60は1929年に配備が開始され、しだいに外国にも売却されるようになった。しかしこれは現代戦史上もっとも有名な砲のひとつとなり、のちに飛ぶように売れた。1941年には、多くのヨーロッパ諸国とアメリカがこの兵器を制式採用していた。L/60は信頼性が高く汎用性もあり、牽引式、自走式、艦載式のいずれでも運用可能だった。

▲M114 155ミリ榴弾砲
米第8軍／第11野戦砲兵大隊、1952年

第2次世界大戦時にM1榴弾砲として最初に配備されたM114 155ミリ榴弾砲は、現在も運用されている。第2次世界大戦中に4000門以上が生産され、1953年に生産が中止されるまでにその数は1万門以上にのぼった。この兵器はM24チャフィー軽戦車のシャーシにも搭載され、それにはM41自走榴弾砲という制式名称を与えられている。

M114 155mm howitzer
要　員：11名
口　径：155ミリ
俯仰角：－2度～＋63度
重　量：5600キログラム
射　程：1万4600メートル
砲口初速：毎秒563メートル

るより明らかだった。あらゆる口径の火砲が、榴弾や徹甲弾の十分な供給とともにさらに多く必要とされていた。

よくあることだが、国連軍の砲兵は朝鮮戦争中、歩兵として戦うことを余儀なくされた。こうした状況はおもにふたつの理由によるものだった。ひとつは、共産軍、とりわけ中国軍に有機的な砲兵隊がなかったために、攻撃行動の早い段階で制圧しようと国連軍砲兵隊の陣地と観測所が目標にな

ったせいだった。もうひとつは、絶対的少数という状況が、砲兵をただちに自己防衛に走らせることが多かったせいである。共産軍の歩兵は、敵とすみやかに接近戦を交えるよう命令されていたので、砲兵は味方の兵士に命中することを恐れて破壊的な砲火をおさめざるをえなかった。

英連邦軍

第1英連邦師団の一部として、イギリス陸軍と

75mm M1A1 pack howitzer

要　員：6名
口　径：75ミリ
俯仰角：－5度～＋45度
重　量：607.4キログラム
射　程：8787メートル
砲口初速：毎秒381メートル

▲**M1A1 75ミリ榴弾砲（山砲）**
米第8軍／第5レンジャー歩兵中隊（空挺）、1952年
1920年代に開発されたM1A1 75ミリ榴弾砲（山砲）は、すばやく分解でき、ラバの背に積んで山岳地帯を運ぶことが可能だった。また落下傘投下が可能で、空挺部隊や軽歩兵部隊におおいに必要とされる火力を提供することができた。第2次世界大戦中に5000門近くが生産され、1960年代まで運用された。

▲**M7 105ミリ自走榴弾砲**
米第8軍／第300機甲野戦砲兵大隊、1952年
シャーシに搭載されたひときわ目立つ機関銃座が教会の説教壇に似ていることから、イギリス軍に「プリースト（聖職者）」と愛称がつけられたM7 105ミリ榴弾砲は、歩兵に機動砲撃支援を提供した。

105mm Howitzer Motor Carriage (HMC) M7

乗　員：7名
重　量：26.01トン
全　長：6.02メートル
全　幅：2.88メートル
全　高：2.54メートル
エンジン：コンチネンタルR975 C1（400馬力）
速　度：時速42キロメートル
航続距離：201キロメートル
武　装：M1A2 105ミリ榴弾砲×1、
　　　　および「説教壇」銃座に搭載した12.7ミリ重機関銃×1

第2章　朝鮮戦争　1950～53年

ほかの国々の砲兵隊もまた、朝鮮戦争で勇敢に戦った。ニュージーランド第16野戦砲兵連隊第162中隊の25ポンド砲数門は、加平（カピョン）の戦い中、たった一晩でそれぞれ300発の砲弾を発射した。1951年春の臨津江（イムジン川）の戦いでは、英第45野戦砲兵連隊の25ポンド砲と第170重迫撃砲兵中隊の107ミリ迫撃砲が、中国軍の攻撃を失速させるための最後の手段において、第29歩兵旅団と第8騎兵隊の戦車を掩護した。朝鮮戦争に作戦投入されたイギリス軍の火砲にはほかに、第2次世界大戦中に連合軍最高の対戦車砲として開発された17ポンド砲や、140ミリ榴弾砲などがあった。

ほかの多くの国々も国連による軍隊招集に応えて、朝鮮戦争に砲兵中隊を派遣した。あるアメリカ軍砲手は、トルコの105ミリ砲1個中隊が壊滅するのを目撃した。砲撃戦のさなか、トルコ軍の砲兵が使用済み装薬を安全に処理せず、戦闘中、

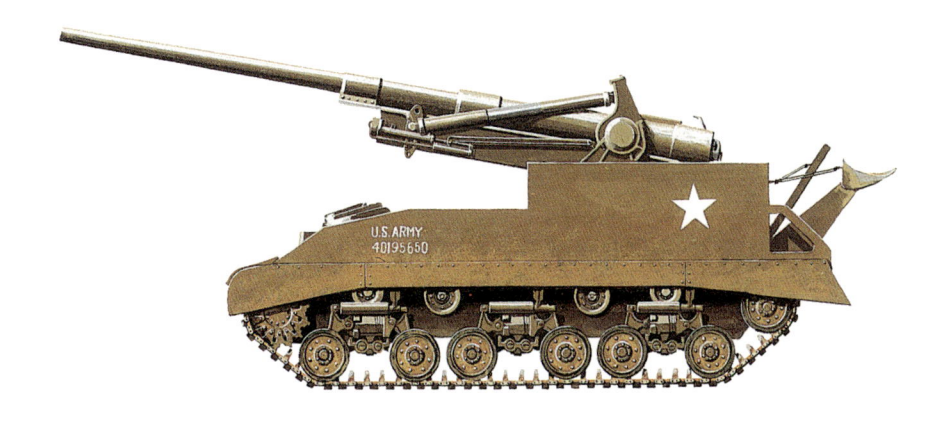

155mm Gun Motor Carriage (GMC) M40

乗　員：8名
重　量：40.64トン
全　長：9.04メートル
全　幅：3.15メートル
全　高：2.69メートル
エンジン：コンチネンタル9気筒星型ガソリン（395馬力）
速　度：時速39キロメートル
航続距離：161キロメートル
武　装：M1A1 155ミリ砲×1

▲M40 155ミリ自走カノン砲
米第8軍／第25歩兵師団第937野戦砲兵大隊、1951年

第2次世界大戦末期に導入されたアメリカのM40自走カノン砲は、M4A3シャーマン戦車の改造シャーシに搭載されていた。その155ミリカノン砲は、歩兵に機動重砲撃支援を与えた。

▲M65原子砲
米第8軍、1953年

「アトミック・アニー」の愛称をもつM65原子砲は、1953年に実射実験が行なわれ、冷戦時代にヨーロッパと極東に駐留するアメリカ軍に配備された。核砲弾を発射した最初で最後の実射実験では、15キロトンのW9型弾頭が11.3キロの距離で爆発した。

M65 Atomic Cannon

乗　員：7名
口　径：280ミリ
俯仰角：＋55度
重　量：7万7383キログラム
射　程：32キロメートル
砲口初速：毎秒762メートル

兵器のすぐ近くに積みあげていた。北朝鮮軍の砲弾の直撃を受けてトルコ軍の6門の砲がすべて破壊され、要員も死亡すると、廃棄された装薬に引火して、付属の輸送車と弾薬庫も消え失せたという。

　それまでの戦争と同様に、最大の人的損害を与えたのはたいてい火砲だった。朝鮮戦争では、国連軍砲兵隊の優位性が勝敗を分けることが多かった。米英の兵器が過酷な状況のなか、りっぱに任務をはたす一方で、前進観測員はしばしば無防備な陣地で、命を危険にさらしながら、大集結した敵軍に向けて正確な射撃を指示した。アメリカと英連邦の砲兵部隊はひょっとしたら、その技術にかけては世界でもっとも熟達していたかもしれない。アメリカ軍はとくに、ふたつの大戦のあいだに火砲の不備を認識していたため、自軍の戦術を完璧にするとともに、兵器をきわめて効果的なものに改良しようと力を尽くした。

朝鮮人民軍（NKPA）／人民解放軍（PLA）1950〜53年

北朝鮮の朝鮮人民軍と中国の人民解放軍はいずれも、重火器をソ連に依存していた。朝鮮戦争では、共産軍は第2次世界大戦後に遺棄された日本軍の砲も利用した。

　1950年10月29日と30日、第27英連邦旅団とオーストラリア連隊第3大隊は、手強い北朝鮮軍と清洲（チョンジュー）で熾烈な戦いをくりひろげた。国連軍を先導して北朝鮮に入り、鴨緑江（ヤールー川）河口に向かっていたイギリス軍とオーストラリア軍、そしてそれを支援するアメリカ軍第89戦車大隊のM4シャーマン戦車は、北朝鮮軍の歩兵隊、戦車、自走砲に減速させられた。

　しだいに日が暮れるなか、北朝鮮軍は76.2ミリ野砲を搭載したT-34中戦車と、同様に武装したSU-76自走砲で反撃に出た。国連軍は何度か、北朝鮮軍兵士が戦線を突破した際に蹂躙される危険にさらされたため、組織的に追跡して捕らえ、殺害しなければならなかった。しかし共産軍の戦車と自走砲はそれ以上にやっかいだった。イギリス軍とオーストラリア軍の兵士が肩撃ち式の88ミリバズーカ砲で装甲車両を何両か破壊することができたが、北朝鮮軍の一部の部隊が国連軍の防衛境界線の10メートル以内に到達したため、追撃砲と105ミリ砲で砲撃をくわえ、撤退を余儀なくさせた。北朝鮮軍の砲が放った6発が、オーストラリア連隊第3大隊本部近くに着弾し、部隊長が死亡した。

ソ連の余剰戦車

　努力は不首尾に終わったが、北朝鮮軍はソ連製の装甲車両をたくみに運用していた。装甲車両はいずれの型も、第2次世界大戦中に東部戦線の戦場で有効性が証明されていた。T-34は伝説になっており、一方SU-76は、ZiS-3 76.2ミリ野砲の頑丈なプラットフォームとして評判を得ていた。SU-76は、第2次世界大戦中に生産された車両数ではT-34に次いで第2位だった。朝鮮戦争が進展するにつれて、北朝鮮軍はどちらの装甲車両も大量に入手できるようになっていった。

　開戦にあたり、朝鮮人民軍は約9万の軍隊を南との国境近くに集結させていた。朝鮮戦争の全期間を通じて、少なくとも10個歩兵師団、1個機甲旅団、機械化歩兵1個旅団が戦闘に参加した。北朝鮮軍の標準的な歩兵師団は3単位編成で、アメリカ軍師団と同様の編成だった。その3個歩兵連隊はそれぞれ3個大隊からなり、122ミリ榴弾

砲1個大隊と、76.2ミリ野砲2個大隊に支援されていた。そしていずれの兵器もソ連製だった。対戦車砲や自走砲も臨機応変に割り当てられた。大口径の152ミリ榴弾砲は比較的少なかったが運用されていた。

　北朝鮮軍は戦争を通して火砲不足に悩まされ、戦闘能力がお粗末なことがときどきあった。その歩兵部隊と戦車が北緯38度線をすばやく越えたときでさえ、北朝鮮軍第2歩兵師団の砲兵隊は、射撃統制と命中精度においてあきらかに優位な韓国軍砲兵隊の対砲兵行動に翻弄された。第2師団の砲兵隊は当初の攻撃で歩兵部隊に随伴できず、その損失は翌年の春、訓練のために撤退し、新着の76.2ミリ砲を戦場で使用する準備を整えるまで埋められなかった。

　第4歩兵師団は、戦争の緒戦でアメリカ軍のスミス任務部隊を大量殺戮した張本人だったが、ソウルへ向かって前進を続け、韓国軍部隊とアメリカ陸軍第24歩兵師団の分隊を側面から包囲して孤立させたため、師団の戦闘能力は損害が増すにつれ見る見るうちに損なわれていった。師団が保有する火砲は、戦闘の最初の6週間でわずか12門にまで激減していた。

中国の動員

　1950年の秋から冬にかけて、鴨緑江（ヤールー川）に向かって前進する国連軍に脅威を感じた中国は、おびただしい数の歩兵を怒涛のごとく投入し、ときに人海戦術をもちいて攻撃をくわえ、敵軍を南方へ退散させた。人民解放軍は、朝鮮人民軍と同様に、朝鮮戦争の大半で有機的に運用できる強力な砲兵隊を欠いていた。共産中国軍が参戦したとき、中国政府は国民党に勝利宣言をしてからまだ数カ月しかたっていなかった。中国共産党と中国国民党は、第2次世界大戦時に侵略者の日本が共通の敵だった一時期をのぞいて、何年にもわたり戦っていた。

　中国軍の「軍」と呼ばれる編成単位は、兵員数ではアメリカ軍の軍団に匹敵し、兵力は最大8500名で、3個師団からなっていた。だがその

▲ **SU-76M自走砲**
朝鮮人民軍／第105機甲師団
第2次世界大戦中、生産数がT-34戦車に次いで第2位のSU-76Mは、広く使用された76.2ミリ自走砲の主要生産型だった。この攻撃砲は旧式化したT-70軽戦車のシャーシをベースに開発された。朝鮮戦争では、大量のSU-76Mが共産軍に使用された。

SU-76M SP assault gun

乗　員	4名
重　量	10.8トン
全　長	4.88メートル
全　幅	2.73メートル
全　高	2.17メートル
エンジン	GAZ 6気筒ガソリン（70馬力）
速　度	（路上）：時速45キロメートル
航続距離	450キロメートル
武　装	76.2ミリ砲×1、および7.62ミリ機関銃×1

装備はというと、粗悪品かまったくないかのいずれかだった。中国の標準的な軍隊が1950年に作戦投入できた火砲は、76ミリかそれより口径の大きなものを合わせて40門足らずだった。場合によっては、利用できる最大口径の兵器が、ソ連製の120ミリ迫撃砲M1938ということもあった。

中国の生産能力は朝鮮戦争中、並はずれて低く、20個師団を装備させられるほどの重火器——野砲と自走砲をふくむ——をソ連から購入したと推定される。同時に共産軍は火砲不足を、適合した戦術によって補おうとした。人海戦術や夜襲は、国連軍砲兵隊の効果を最小限におさえた。侵入者が敵戦線をすり抜け、所定の時間に現れて砲兵隊の陣地や通信指令センターを攻撃したのである。国連軍の砲撃を避けるためのトンネルや掩蔽壕が丘の斜面に掘られ、集中砲火が一時中断すると、共産軍兵士はそこから出てきて攻撃者に立ち向かった。そして優位に立てたら離脱し、ふたたび掩蔽壕にもどった。そのあと、努力が適切に調整されていれば、北朝鮮軍や中国軍の砲兵隊は無防備な陣地にいる国連軍兵士に砲撃をくわえ、撤退を余儀なくさせた。

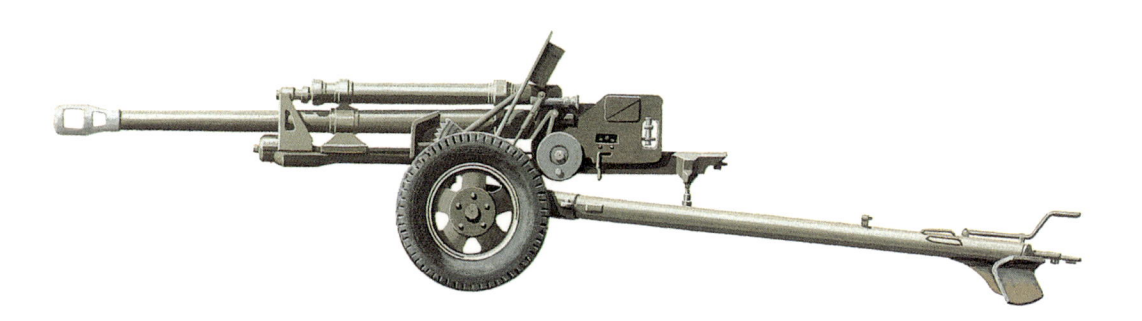

▲**76.2ミリ野砲M1942（ZiS-3）**
朝鮮人民軍／第2砲兵連隊、1950年
M1942は、第2次世界大戦中に登場したもっとも有名な野砲のひとつで、この76.2ミリ砲は1941年から1945年にかけてソ連で10万門以上が生産された。設計作業は1940年に着手され、赤軍のほかのどの野砲よりも大量に生産された。スターリンみずからが、76.2ミリ野砲M1942を最高傑作と呼んでいた。

76.2mm Field Gun M1942（ZiS-3）
要　員：7名
口　径：76.2ミリ
俯仰角：−5度〜＋37度
重　量：1116キログラム
射　程：1万3300メートル
砲口初速：毎秒680メートル

152mm Howitzer M1943（D-1）
要　員：8名
口　径：152.4ミリ
俯仰角：−3度〜＋63.5度
重　量：3600キログラム
射　程：1万2400メートル
砲口初速：毎秒508メートル

▲**152ミリ榴弾砲M1943（D-1）**
朝鮮人民軍／第5砲兵連隊、1951年
122ミリ榴弾砲M1938の砲架と152ミリ榴弾砲M1938の砲身を組みあわせることで、ソ連の兵器設計者は第2次世界大戦中、火砲生産を加速することに成功した。その成果が152ミリ榴弾砲M1943（D-1）で、砲架が射撃時に受ける反動を相殺するため、大型の砲口制退器が砲身に装着されているのが特徴だ。この兵器はソ連の依存国に広く輸出された。

今日も朝鮮半島は、南北が一触即発の状況にある。アメリカは韓国に約2万9000名の派遣部隊を駐留させており、それには、MLRS（多連装ロケットシステム）のような最新精密兵器を装備した防空および野戦砲兵大隊が最大6個ふくまれている。一方、朝鮮人民軍は、少なくとも牽引砲2500門、自走砲3500門、多連装ロケットシステム4400門を保有していると推定される。

▲ ZPU-2 58式対空砲
人民解放軍／第112機械化歩兵師団、1953年

中国人民解放軍は1950年代、ZPU-2 58式重機関銃を対空兵器として実戦投入した。これはソ連の14.5ミリ機関銃のコピーで、朝鮮戦争のほか、ヴェトナム戦争では北ヴェトナム軍とヴェトコンに配備された。2連装式のZPU-2は2輪式砲架にのせて牽引された。射撃位置につける際は車輪をとりはずし、3脚架にすえつけた。

ZPU-2 Type 58 anti-aircraft artillery
要　　員：5名
口　　径：14.5ミリ
俯仰角：－15度～＋90度
重　　量：621キログラム
射　　程：1400メートル
砲口初速：毎秒995メートル

120mm M1938 mortar
要　　員：4名
口　　径：120ミリ
俯仰角：＋45度～＋80度
重　　量：280キログラム
射　　程：6000メートル
砲口初速：毎秒272メートル

▲ 120ミリ迫撃砲M1938（PM-38）
朝鮮人民軍／第4歩兵師団、1950年

たいていは軽車両に牽引される120ミリ迫撃砲M1938はまた、歩兵が近接支援用に携行することも可能だった。この兵器は拉縄をもちいるか、もしくは砲口から砲弾を落としこむかのいずれかの方法で発射され、朝鮮戦争とヴェトナム戦争で実戦投入された。北朝鮮と中国の歩兵部隊の多くにとっては、これが最大口径の兵器だった。

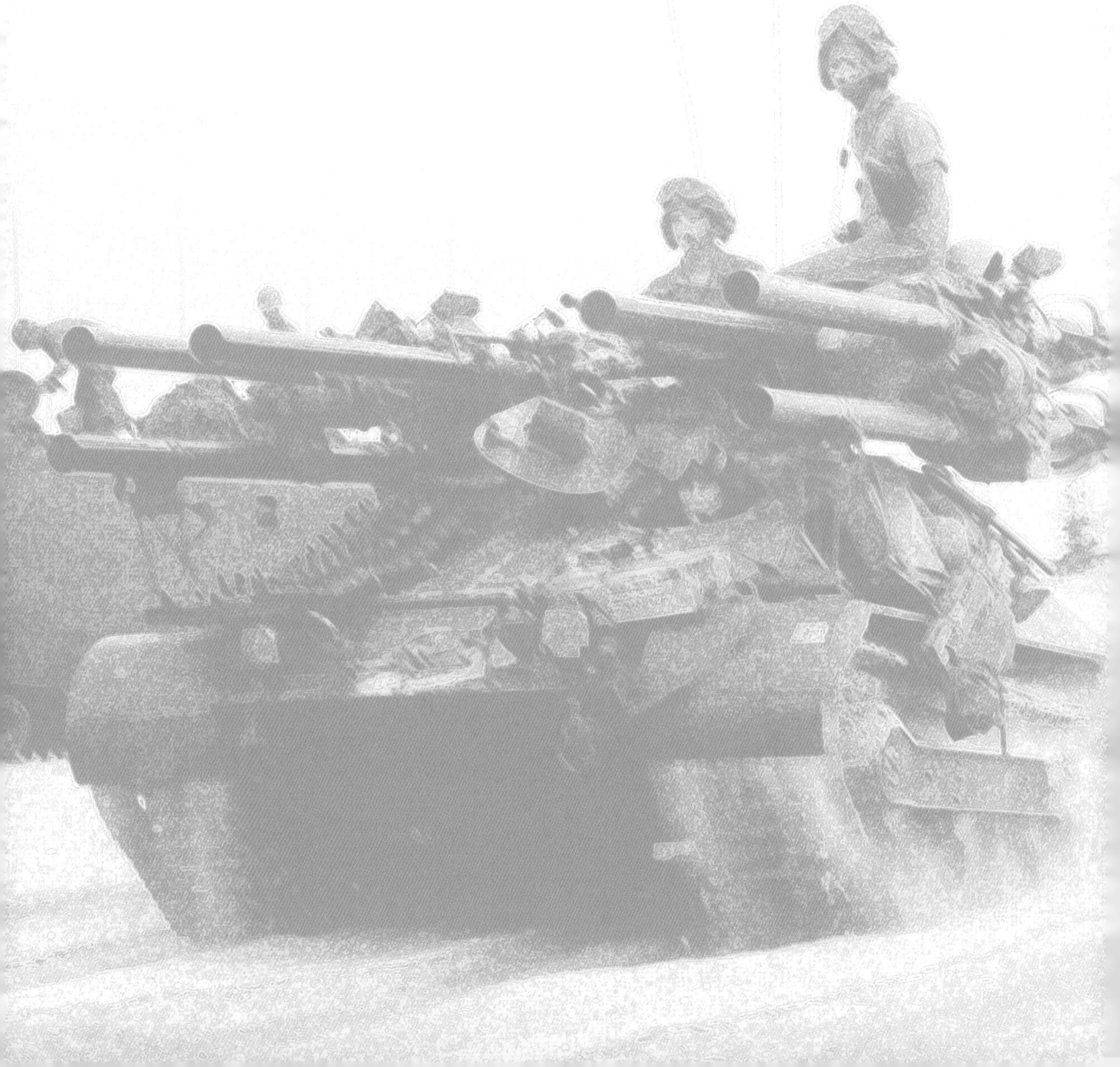

第3章
ヴェトナム戦争 1959〜75年

人類史上最長の戦争のひとつであるヴェトナム戦争は、カリスマ的指導者ホー・チ・ミンが擁護した、マルクス主義理論と熱烈な民族主義との奇妙な取り合わせにその起源をたどることができる。戦争の過程で、北ヴェトナム陸軍（ヴェトナム人民軍）は高度に熟練した戦闘部隊となり、ソ連製火砲の操作に習熟する一方で、南のヴェトコン（南ヴェトナム民族解放戦線）ゲリラは強襲をくりかえし、フランス軍、のちにアメリカ軍に揺さぶりをかけつづけた。こうした従来の大国の軍隊にしてみれば、直面していたのは新たな種類の戦争だった。戦略と戦術は修正され、火砲の役割もまた、決然とした敵を相手にした不正規戦の刻々と変化する状況に順応した。

▲「もの」
多連装速射対戦車砲として設計されたM50オントス（古代ギリシア語で「もの」の意）はヴェトナムで、米海兵隊にとってすぐれた近接火力支援兵器であることが証明された。M40 106ミリ無反動砲6門を搭載し、速射も可能だった。

概要

早くも1959年には、米政府は、東南アジアでの共産主義の拡散を封じこめなければならないと決意していた。フランスが、植民地だったインドシナ半島を明け渡したあと、アメリカの軍事的存在が強まりつつあった。

アメリカの軍事顧問団が南ヴェトナム軍と現地で合流するときまでに、北ヴェトナム陸軍とヴェトコンゲリラには、どんな犠牲をはらってでも祖国統一をなし遂げると決意した歴戦の元戦闘員がくわわっていた。ゲリラ戦法のエキスパートである共産ゲリラは、神出鬼没に待ち伏せ攻撃をかけるやいなや、猛烈な火力で応酬される前にジャングルのなかに姿を消した。北ヴェトナム軍兵士は、敵にすばやく接近して最前線の敵陣地にしがみつき、アメリカ軍砲兵隊が友軍からの誤爆による重大な人的損害を恐れて砲撃しないように仕向ける戦術を教えこまれていた。

機動力と火力

平坦な沿岸地域、メコンデルタ、中央高原地帯の深いジャングル、それに広く灌漑された水田と農地というヴェトナムの地形は、共産軍、アメリカ軍、南ヴェトナム軍のいずれにとっても、砲兵隊の自由な動きを妨げていた。牽引砲や自走砲はどの軍隊も使用していたが、こうした兵器は作戦地域で制約を受けることが多かった。たとえば牽引砲は、陸路を通って歩兵に随伴することができなかった。そこでアメリカの軍事計画者は、ヘリコプターで運べるほど軽量で空輸可能な火砲が、実行可能な選択肢だとみなした。75ミリ軽榴弾砲（山砲）とM2A1（またはM101）、それにM102 105ミリ榴弾砲が、歩兵作戦の支援のために空輸された。

アメリカ軍砲兵隊は第2次世界大戦でも、また朝鮮戦争でもみごとに任務をはたしていたが、伝統的な戦術もやはり、ゲリラ部隊や、フランスとの長年の戦いから火砲の重要性を学んでいた組織的な軍隊を相手にする戦争では効果がないとみなされた。ヴェトナムでは、明確な前線というものがいっさい存在しなかった。そのため攻勢作戦は、広範囲に分散する比較的小規模な部隊によって実施されることが多かった。

アメリカ軍の伝統的な軍事ドクトリンでは、通常3個中隊からなる大隊より小規模な部隊に直接砲撃支援を指示することはまれだった。ヴェトナムでは砲兵中隊はそれぞれ、ほかの砲兵中隊の射程内に配置され、万一このうちのどれかが脅威に

▲**20ミリ タラスク（53 T2）牽引対空砲**
フランス極東遠征軍団／第1植民地極東対空砲兵隊、1953年
F1 20ミリ機関砲を搭載したタラスクは、運搬と配備が容易な軽量砲としてフランス陸軍向けに開発された単砲身の牽引対空兵器である。牽引された状態から戦闘可能な状態にするまでの所要時間は、ベテランの要員であればわずか20秒だ。この兵器はまた、地上目標に対しても有効であることが証明されている。

20mm Tarasque (53 T2) towed anti-aircraft gun

要　　　員	3名
口　　　径	20ミリ
俯 仰 角	−8度〜＋83度
重　　　量	650キログラム
射　　　程	2000メートル
砲口初速	毎秒1050メートル

▲ 重榴弾砲
M107自走榴弾砲は、最長30キロの距離から長距離火力支援を行なうことができた。

さらされた場合に相互支援できるようにしていた。さらにまたこれらの中隊は、移動中の歩兵大隊と連携することにもなっていた。射撃統制も戦況に合わせ、大隊レベルから砲兵中隊長に意思決定が引き下げられた。1個の砲兵中隊を複数の班に分ける必要があるような場合にも、やはり先例にならって、射撃統制はもっとも低い作戦レベルの指令にもとづいた。

155ミリ砲や203ミリ砲といったアメリカ軍の師団砲はたいてい、もっとも支援が必要とされている状況で使われることが多かった。しかし掩護する距離の遠さや、分散した部隊を同時に支援する必要性が、師団規模の火砲の効果を潜在的に低下させていた。

未熟な部隊

1970年代初頭、アメリカ軍がヴェトナムから撤退する準備を整えていたとき、南ヴェトナム陸軍部隊を訓練し装備させ、自己防衛させるための「ヴェトナム化」という強引な計画が実施された。ヴェトナム化政策における火砲に関連した経験は、その大規模なとり組みの縮図といえるかもしれない。1970年末には、合わせて1116門の砲が南ヴェトナム陸軍に供与されていた。

大規模な訓練がすでに実施されていたが、時間が決定的に足りないことが、南ヴェトナム軍とアメリカ軍教官の足を引っぱっていた。南ヴェトナム軍の砲手には、実際に手とり足とり指導されるのではなく、アメリカ軍兵士が火砲を運用するようすを観察するのが、例外ではなく当たり前になっていた。未熟な南ヴェトナム軍兵士が火砲をうまく使えないことが何度かあり、1972年の共産軍によるイースター攻勢では、何十門もの火砲が遺棄され、敵に鹵獲された。

ヴェトナム戦争時、北ヴェトナム軍は、第2次世界大戦中に設計された折り紙つきのソ連製76.2ミリ砲や、より大口径の105ミリ砲、130ミリ砲、152ミリ砲といった野砲を保有し、それらは長射程と耐久性で知られていた。ソ連製の60ミリ、82ミリ、120ミリ迫撃砲は、57ミリおよび82ミリ無反動砲で補完されていた。戦争の後期には、122ミリロケット砲がよく使われた。

アメリカ／南ヴェトナム陸軍（ARVN）1959～75年

ヴェトナム戦争では、アメリカ軍および南ヴェトナム軍の砲兵配備において、火力と機動力がカギとなる要素だった。そして、歩兵部隊と野戦砲兵部隊の相互支援の重要性が証明されることになった。

かなりの数のアメリカ軍兵士がヴェトナムに到着しはじめて、まもなく明らかになったのは、これから戦おうとしているのが異なる種類の戦争だということだった。それは、容易に見分けがつき攻撃できる明確な戦線も、敵陣地も存在しない戦争だった。歩兵戦術は、空中機動の概念とそのほかの新機軸をとり入れて改善され、支援砲兵もそれにならった。

機動力は、とくに敵が資源豊富で、周縁地域に精通し、神出鬼没に攻撃してくる場合、反乱に勝利するためには重要な要素とみなされた。対反乱作戦には、はるかに多くの兵員が必要とされた。地域を偵察して反乱活動の証拠を探し、目標を発見して始末し、十分な治安をもたらすためには、ヴェトコンゲリラ1名に対しアメリカおよび南ヴェトナム軍兵士10名が望ましかった。移動砲は、神出鬼没の敵に砲撃をくわえるのに不可欠だったが、機動部隊もまた、待ち伏せや反撃にさらされる危険があった。

ヴェトナムに派遣されたアメリカ軍歩兵の各旅団は通常、野戦砲兵2個大隊と、直接火力支援の要請を受けた1個歩兵隊に支援されることになっていた。一方、歩兵旅団は地域全体を掩護したり、もしくは必要に応じてくわわり攻勢作戦を強化したり、あるいは敵の攻撃を粉砕したりした。戦争の過程で、南ヴェトナム軍兵士が火砲資産を適切に調整かつ利用できるようにするための大規模な訓練計画が実施された。ヴェトナム化計画の一環として実施されたこの計画の結果は、成功とも失敗ともいいがたいものだった。南ヴェトナム軍はうまく任務をはたすこともあったが、訓練不足がたたり実戦では役に立たなかった。そのためヴェトナム戦争中の戦闘では、火砲の大部分を経験豊かなアメリカ軍兵士が発射し維持した。

相互支援

アメリカ軍とARVN（Army of the Republic of Vietnam：南ヴェトナム陸軍）の歩兵は、掩護砲撃の射程外にあえて出ることはまずなかったが、その一方で砲兵は、共産軍が陣地を攻撃してきた場合にも、自己防御のための装備も対応も不十分だった。敵国にあっては、前線配置の砲兵と歩兵は、かなりの兵力を集結して事実上あらゆる方向から攻撃してくる敵には脆弱にならざるをえなかった。

空輸するにしても地上を輸送するにしても、砲兵と歩兵には相互支援が必要だった。そこで、歩兵と砲兵の双方を収容できる強化陣地がヴェトナ

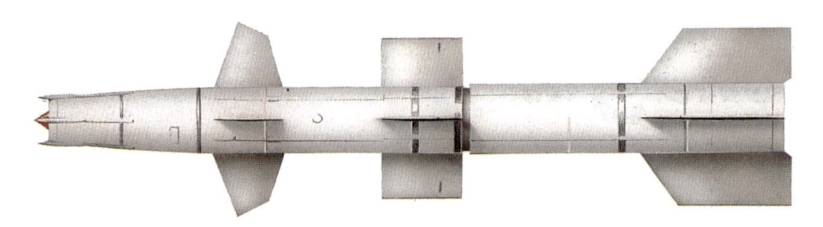

▲ **タロス艦対空ミサイル**
アメリカ海軍／ロングビーチ（巡洋艦）、1966年
タロスは、アメリカ海軍戦艦にはじめて装備された艦対空ミサイルシステムのひとつだった。その開発は1940年代後期に着手され、システムは1979年まで運用された。タロスミサイルはレーダービームに乗って目標に向かって飛び、そのあとレーダーホーミングシステムによって目標に到達する。派生型が、敵のSAM（地対空ミサイル）基地を攻撃する目的でヴェトナムに配備された。

Talos surface-to-air missile	
推進方式	2段式、ケロシン燃料
配備	アメリカ海軍巡洋艦
全長	6.78メートル
直径	762ミリ
発射重量	3450キログラム
射程	120キロメートル
発射準備時間	不明

第3章　ヴェトナム 1959～75年

ム中の戦闘区域につくられ、野砲陣地として知られるようになった。野砲陣地の立地選定にはいくつかの事柄が考慮され、それには、機動歩兵部隊を支援する砲兵隊の能力、また、ほかの野戦砲兵隊が対象立地の射程内の野砲陣地に駐屯しているか、あるいは、必要なら師団レベルの火力支援が受けられるかといったことがふくまれた。ヴェトナム戦争中もっとも熾烈な戦闘のいくつかは、こうした前進陣地の防御施設で発生していた。

周囲の地形と利用できる兵器によって、野砲陣

ヴェトナム駐留防空砲兵部隊、1967年

ダスター	付属部隊	基地	戦地域
第44砲兵連隊第1大隊	第65砲兵大隊G砲兵中隊（M55） 第29砲兵大隊G砲兵中隊（サーチライト）	ドンハ ダナン	南部のフバイから 北部のコンティエン および西部のケサンまで
第2砲兵連隊第5大隊	第71砲兵大隊D砲兵中隊（M55） 第29砲兵大隊I砲兵中隊（サーチライト）	ロンビン	サイゴン北部
第60砲兵連隊第4大隊	第41砲兵大隊E砲兵中隊（M55） 第29砲兵大隊B砲兵中隊（サーチライト）	クイニョン アンケ トゥイホア	

▲M2A1 105ミリ榴弾砲
アメリカ陸軍／第21野砲兵連隊第1大隊、1966年
ヴェトナム戦争中、アメリカのほかのどの火砲よりも数多く登場したM2A1 105ミリ榴弾砲は、第2次世界大戦と朝鮮戦争ですでに実戦テスト済みだった。高い発射速度と操作の容易さから砲兵に好まれ、現在も多数の国々の軍隊で現役である。

M2A1 105mm Howitzer
要　員：6名
口　径：105ミリ
俯仰角：−5度～＋66度
重　量：2030キログラム
射　程：1万1200メートル
砲口初速：毎秒472メートル

アメリカ陸軍野戦砲兵中隊、1969年

ヴェトナム戦争時代の標準的なアメリカ陸軍野戦砲兵中隊は、M2A1 105ミリ榴弾砲を4～6門装備していた。この榴弾砲は短砲身と急な発射角度で知られ、ヴェトナムでは、歩兵用の重要な直接火力支援として運用された。M2A1はまた空輸も可能で、歩兵部隊が敵地に侵入し前進野砲陣地を構築するのを助けた。ヴェトナム戦争のあいだに、M2A1はより軽量なM102 105ミリに段階的に更新されていった。

M2A1 105ミリ榴弾砲×5

地の編成は決定された。歩兵は大規模な攻撃や侵入者を防ぐため、砲撃陣地周辺に緊密な防御線をめぐらした。通常、105ミリ砲と155ミリ砲6門を装備した中隊が星型隊形に配置され、5門がそれぞれ星型の先端に、残る1門が中央に設置された。ほかにも、投入される砲の数や口径によって箱型やダイヤモンド型などの隊形がとられた。こうした隊形には通常、203ミリまたは175ミリ砲を4門装備した中隊が使われた。

前進基地の防御

1個大隊より規模の大きい司令部分隊を収容するほかの陣地は、前進基地として知られていた。前進基地は砲兵隊に守られ、砲兵隊は敵軍が司令部に接近しないように遠隔目標に砲撃することも多かった。共通の任務にはほかに、機動歩兵部隊の要請に応じて砲撃すること、敵の補給線および増援線を断つこと、攻撃してくる敵部隊に直接射撃を浴びせることなどがあった。

さまざまな火砲がアメリカ軍によってヴェトナムに配備され、105ミリM2A1榴弾砲(のちの制式名称M101)は30年にわたり運用されていたが、アメリカ軍野戦砲兵隊のバックボーンとして就役しつづけていた。第1次大戦でのアメリカ軍火砲の性能上の弱点と、フランスおよびイギリス製兵器への依存を指摘した審査委員会の勧告により、1930年代に開発がはじまったM101は、第2次世界大戦から外観が事実上変わっていなかった。高い発射速度による直接支援を歩兵移動に提供し、南ヴェトナム軍にも大量に供与された。歩兵が戦場を随伴できるほど軽量なM2A1／M101は、前線陣地に空輸することも可能だった。

1966年3月、アメリカ軍は改良型M102榴弾砲をヴェトナムの前線部隊に配備しはじめ、第21野戦砲兵隊の分隊が、老朽化したM101を更新して最初に配備された部隊となった。M101に愛着を覚えていたベテラン砲手には当初、疑念をもって受けとられたが、M102のほうが生産コストが低かった。重さが約1.52トンあり、前任よりもかなり軽量なうえ、輸送、とりわけ空輸がずっと容易だった。M102の最大発射速度は堂々の毎分10発で、持続発射速度は最大毎分3発、射程は1万1500メートルだった。

155ミリ榴弾砲は牽引式のM114A1か、自走式のM109として実戦投入された。牽引式は旧式化したと考えられていたが、効果的な支援射撃を行ない、ときどき要請されて敵編成に直接射撃をくわえた。意外にも、この兵器は空輸できるほど軽量でもあった。しかしその場でただちに強力な直接射撃支援を行なえる自走式のM109にくらべると、機動力ではるかに劣っていた。M109

▲**M107 175ミリ自走カノン砲**
アメリカ陸軍／第4野戦砲兵連隊第8大隊、1967年

M107 175ミリ自走カノン砲はヴェトナム戦争中、砲撃支援に投入されたなかで最大口径の砲である場合が多かった。その大口径と長射程は、地域火力支援任務と通信指令センター攻撃に利用された。この兵器は、射程が長くなると命中精度にむらが出ることから酷評されることもあった。

M107 175mm SP gun

乗　員	3名
重　量	2万8304キロ
全　長	6.46メートル
全　幅	3.15メートル
全　高	3.47メートル
エンジン	ゼネラル・モーターズ8V-71Tディーゼル(405馬力)
速　度	時速80キロ
航続距離	725キロ
武　装	175ミリ砲×1

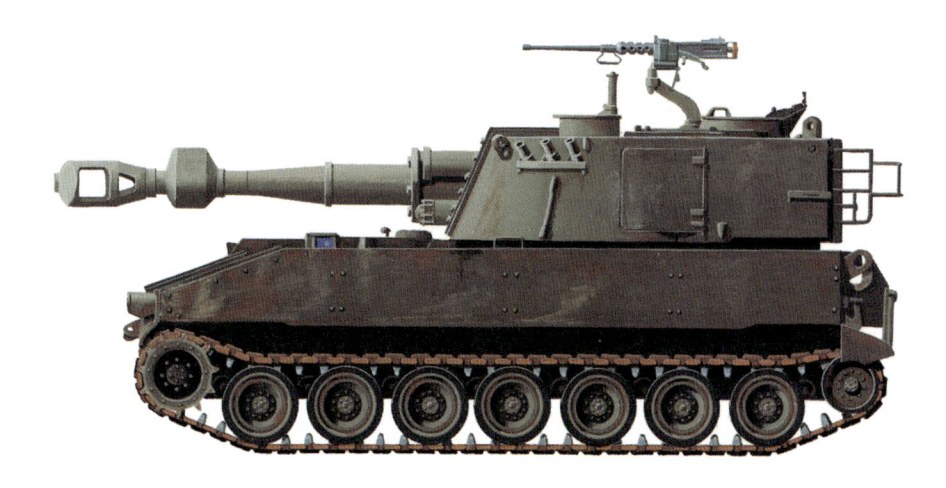

▲M109 155ミリ自走榴弾砲
第1歩兵師団／第4騎兵連隊第1大隊、
1967年

155ミリ榴弾砲を主砲として搭載したM109自走榴弾砲は、1962年にはじめてアメリカ陸軍に納入され、ヴェトナム戦争を通して数々の機甲編成で運用され、諸兵科連合作戦に重砲力を付加した。

M109 155mm SP howitzer

- 乗　員：6名
- 重　量：2万3723キログラム
- 全　長：6612メートル
- 全　幅：3.295メートル
- 全　高：3.289メートル
- エンジン：デトロイト・ディーゼル8V-71Tディーゼル（405馬力）
- 速　度：時速56キロメートル
- 航続距離：390キロメートル
- 武　装：155ミリ榴弾砲×1、および12.7ミリ対空重機関銃×1

「スチュアート」火力支援基地駐留、第13野戦砲兵連隊第3大隊、1969年6月

火力支援基地のような前進陣地に配置された野戦砲兵大隊は、合わせて18門のM109 155ミリ自走榴弾砲を装備する3個中隊と、牽引式のM2A1 105ミリ榴弾砲を装備する1個中隊とともに混成部隊を編成することがあった。自走式のM109は、歩兵に猛烈な直接火力支援を与えることが可能で、それに対し牽引式のM2A1は、射程内にいる部隊を掩護射撃した。同様に歩兵は、野砲陣地外辺部を地上攻撃から守った。

A中隊（M109 155ミリ自走榴弾砲）

B中隊（M109 155ミリ自走榴弾砲）

C中隊（M109 155ミリ自走榴弾砲）

D中隊（M2A1 105ミリ榴弾砲）

は乗員6名で、作戦行動距離は390キロだった。1960年代に世界でもっとも広く運用されていた自走榴弾砲であるM109 155ミリ榴弾砲は、重い砲弾を1万4600メートル飛ばすことができ、8V-71Tデトロイト・ディーゼルエンジン（405馬力）を搭載していた。

より大型のM107 175ミリ自走カノン砲とM110 203ミリ榴弾砲は、アメリカ軍がヴェトナムに配備した榴弾砲ではもっとも強力な兵器だった。M107の重砲の最大射程は3万3000メートルで、M110と共通のシャーシに搭載され、M110の有効射程は1万7000メートルだった。M107とM110はどちらも、8気筒ゼネラル・モーターズ・ディーゼルエンジン（405馬力）で駆動した。M108 105ミリ自走砲は1950年代初頭に開発され、ヴェトナムでは口径が小さすぎて効果的な歩兵支援が行なえないと考えられていた。それでも一部の部隊に支給され、通常地域での支援任務に使用された。

アメリカ軍防空砲兵隊は、いくつかの兵器システムから構成されていた。M42A1ダスター自走対空砲は、M41ウォーカー・ブルドッグ軽戦車のシャーシにボフォース40ミリ対空機関砲2門と7.62ミリ機関銃1挺を搭載していた。主砲の発射速度は毎分120発で、最大射高は5000メートルだった。M55クアド50は、友軍にも敵軍にも「ささやく死神」として知られ、発射速度が最大毎分1500発のブローニングM2 12.7ミリ4連装機関銃座を搭載していた。この兵器は要請を受けて、敵地上部隊に直接射撃を行なうこともあった。結果は予想どおり破壊的だった。

M168ガトリング砲はM113装甲兵員輸送車のシャーシに搭載され、M163バルカン防空システムの制式名称を与えられて、ヴェトナムに配備された。だがこのシステムは、ジャングルでは満足のいく働きができず、その高い姿勢は共産軍のロケット推進式グレネード（RPG）に対してとりわけ脆弱だった。

1950年代初頭に開発されたホーク対空ミサイルシステムは、4個中隊からなる大隊数個とともにヴェトナムに配備された。移動式は、3基のミサイルを固定するハードポイントがついたトレーラーに搭載されていた。野砲、重砲、防空砲にくわえ、歩兵部隊が迫撃砲と無反動砲で武装する一方、空中発射のロケット弾もまた、ヴェトナムで本領を発揮していた。70ミリロケット弾はポッドに48発収納されてヘリコプターに搭載され、強力な地上支援を行なった。

▲M110A2自走榴弾砲
第15野戦砲兵連隊／第7大隊A中隊、1969年

M110自走榴弾砲はヴェトナム戦争時代、アメリカ軍が保有する榴弾砲のなかで最大口径のものだった。M110A2が搭載する203ミリの主砲にはダブルバッフル式砲口制退器が追加され、これにより前型のM110A1と見分けがついた。

M110A2 SP howitzer

乗　員	5名
重　量	2万8350キログラム
全　長	5.72メートル
全　幅	3.14メートル
全　高	2.93メートル
エンジン	デトロイト・ディーゼル8V-71Tディーゼル（405馬力）
速　度	時速56キロメートル
航続距離	520キロメートル
武　装	武装：203ミリ榴弾砲×1
無線機	無線機：データなし

第3章　ヴェトナム　1959〜75年

　アメリカおよび南ヴェトナム軍の砲兵部隊は、何度となくきびしい試練にさらされた。ケサン包囲では、砲兵の増援が定期的に空輸された。戦闘がもっとも激しかったときには、すでにおなじみのM101 105ミリ砲からなる火砲約50門、また106ミリ無反動砲6門を搭載したオントスと106ミリ無反動砲単体が最大100門が投入された。ケサン東部では、キャンプ・キャロルの175ミリ砲もまた、11週間にわたりくりかえされていた共産軍の攻撃から基地を守る努力に投入され、その一方で基地そのものは、北ヴェトナム軍砲兵隊からの容赦ない砲撃にさらされていた。ケサンでの激しい戦闘中、米海兵隊の砲兵は、のちに放棄されることになる基地を防御して、15万9000発近くを発射した。

▲M56スコーピオン自走砲
アメリカ陸軍／第101空挺師団、1968年

戦車の攻撃火力をそなえた空輸可能な軽対戦車砲として設計されたM56は、1953年から1959年にかけてゼネラル・モーターズのキャデラック自動車部門によって製造された。ヴェトナムに導入され、第82および第101空挺師団に配備されたが、シャーシが主砲の90ミリ砲の反動に対し不十分であったことから、実戦では期待はずれに終わった。

M56 Scorpion SP gun

乗　　員	4名
重　　量	7000キログラム
全　　長	5.84メートル
全　　幅	2.577メートル
全　　高	2.067メートル
エンジン	コンチネンタル6気筒ガソリン（200馬力）
速　　度	時速45キロメートル
航続距離	225キロメートル
武　　装	90ミリ砲×1

Rifle, Multiple 106mm, Self-propelled, M50 Ontos

乗　　員	3名
重　　量	8640キロ
全　　長	3.82メートル
全　　幅	2.6メートル
全　　高	2.13メートル
エンジン	ゼネラル・モーターズ302ガソリン（145馬力）
速　　度	時速48キロ
航続距離	240キロ
武　　装	106ミリ無反動砲×6、およびM8C 12.7ミリスポッティングライフル×4

▲M50オントス106ミリ自走無反動砲
第1海兵師団／第1対戦車大隊、1969年

空輸可能な対戦車砲のM50オントスは、軽装甲ではあるが、106ミリ無反動砲6門から猛烈な火力を提供し、ヴェトナムではおもに歩兵支援兵器として利用されたが、1970年代半ばまでに退役した。

Vietnam, 1959-75

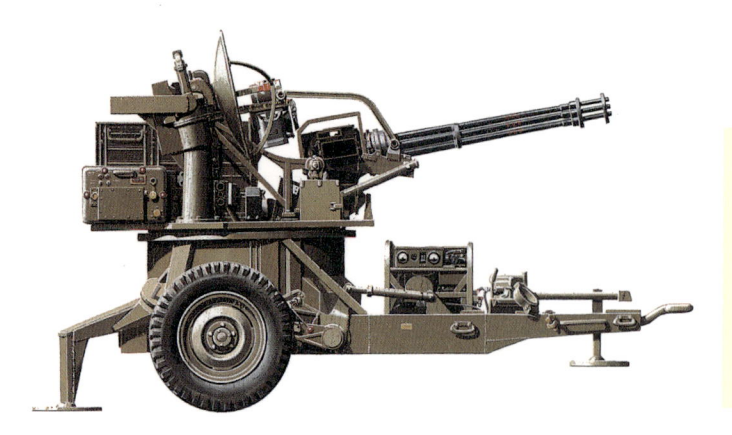

M167 Vulcan Air Defense System (VADS) towed short-range anti-aircraft gun

要　　員	4名
口　　径	20ミリ
俯仰角	−5度〜＋80度
重　　量	1569キログラム
射　　程	1200メートル
砲口初速	毎秒1030メートル

▲ M167バルカン防空システム（VADS）牽引対空砲
アメリカ陸軍／第82空挺師団、1970年

空路、陸路、鉄道での輸送がしやすいように設計されたM167バルカン防空システム（M163の牽引型）は、アメリカ軍にほぼ30年にわたり配備された。その6砲身のM168 20ミリガトリング砲は、低空飛行の敵機に対する防御に最適だった。このシステムはレーダー誘導式で、照準は射撃統制コンピュータを介して行なわれた。

▶ M163バルカン防空システム（VADS）
アメリカ陸軍／第2砲兵隊第5大隊、1969年

バルカン防空システムの自走型であるM163は、20ミリガトリング砲とM113装甲兵員輸送車を組みあわせたものだ。このユニットは対空任務と地上防衛任務の両方を意図して設計され、発射速度は目標の種類に応じて調節可能だった。

M163 Vulcan Air Defense System (VADS)

乗　　員	4名
重　　量	1万2310キログラム
全　　長	4.86メートル
全　　幅	2.85メートル
全　　高	2.736メートル
エンジン	デトロイト6V-53 6気筒ディーゼル（215馬力）
速　　度	時速67キロメートル
航続距離	482.8キロメートル
武　　装	M168 20ミリガトリング砲×1

M42 SP anti-aircraft gun

乗　　員	6名
重　　量	2万2452キログラム
全　　長	6.35メートル
全　　幅	3.225メートル
全　　高	2.847メートル
エンジン	コンチネンタルAOS-895-3 6気筒空冷ガソリン（500馬力）
速　　度	時速72.4キロメートル
航続距離	161キロメートル
武　　装	40ミリ対空砲×2、および7.62ミリ機関銃×1

▲ M42ダスター自走対空砲
第3海兵師団／第44砲兵連隊第1大隊

M42ダスター自走対空砲は1950年代に開発され、初期の対空ミサイルシステムの不本意な結果に応えてヴェトナムに配備された。M42の40ミリ砲は、歩兵支援任務で傑出していることを証明した。

北ヴェトナム陸軍（NVA）1964〜75年

ソ連と中国の双方から補給を受けていた北ヴェトナム軍首脳は、すぐれた火砲の能力を理解し、それを可能なかぎり最大限に活用した。

アメリカがヴェトナムへの軍事関与を強めていく一方で、ヴォー・グェン・ザップ将軍隷下の共産軍は何年にもわたり戦争状態にあった。ザップの古参兵は、ヴェトミン軍が1954年、ディエン・ビエン・フーの空挺堡でフランス軍にみごとな勝利をあげたことを覚えていた。勝因は、フランス軍の抵抗力を組織的に弱めたためであり、そしてそれはおもに、集中的かつ持続的な砲撃によってなし遂げられた。

フランス軍陣地周辺の高台を掌握した共産軍は、重砲を人力で周囲の丘に引きあげ、フランス軍に途切れることなく砲撃を浴びせた。自軍の砲にもはや効果的な反撃は不可能だと悟ると、フランス軍砲兵隊長はみずから命を絶った。

ソ連流

戦闘経験を通じて、北ヴェトナム軍は火砲がもつ力を十分に認識していたので、アメリカ軍の砲の破壊力には一目置いていた。そこで極力、自分たちの砲はアメリカ軍の兵器の射程外に配置していた。アメリカ製の105ミリ砲と155ミリ砲の射程はそれぞれ1万1200メートルと1万4600メートルだったのに対し、ソ連製の130ミリ砲と152ミリ砲はもっと長く、1万4995メートルと3万1000メートルだった。そのため北ヴェトナム軍は、アメリカ軍と南ヴェトナム軍の陣地に砲撃を浴びせ、対砲兵行動をほとんど気にかけることなく掌握できることが多かった。

1960年代半ばには、北ヴェトナム陸軍は迫撃砲や無反動砲といった歩兵兵器に大きく依存していた。こうした兵器は重要でありつづけたが、北ヴェトナム軍とヴェトコンの砲兵部隊が実際に保有できたのは限られた数だけだった。しかし、より大口径の火砲を入手する機会は増加していった。フランス植民地時代や第2次世界大戦の日本軍による占領時期にまで一部さかのぼる旧式の砲は、76.2ミリ野砲や、85ミリ、100ミリ、122ミリ、さらに大口径の砲に更新されるか、または増強された。北ヴェトナム軍砲兵連隊は通常、36門の砲を装備しており、それには最大105ミリまでの砲や榴弾砲が少なくとも24門、くわえて130ミリもしくは152ミリ砲が12門もふくまれていた。

鹵獲された兵器

北ヴェトナム軍とヴェトコンの訓練計画にもやはり、鹵獲したアメリカ軍火砲の操作についての講義があった。ロケット砲の使用は、戦争が長期化するとともに着実に増えていった。これにはソ連製122ミリ砲と140ミリ砲、それに中国製の107ミリ砲がふくまれていた。このそれぞれが大きな目標を攻撃するのにうってつけだったが、アメリカ軍観測員がロケット砲の排ガスの軌跡から位置を正確に特定し、報復射撃を要請する可能性があったため、砲手はただちに退避しなければならなかった。

北ヴェトナム軍の訓練用マニュアルにはこう説明してあった。「ロケット弾を発射する『主な目的』は、敵の拠点、飛行場、保管地域、町といった400メートル×400メートルくらいの広い地域にある目標を攻撃することと、歩兵支援、そして歩兵の戦闘任務に悪影響をおよぼしかねない遠隔目標を攻撃することである」

捕虜になったある北ヴェトナム軍将校は、尋問中にこう述べている。ロケット砲は「ゲリラ戦の原則に忠実に、奇襲戦術に使われることになっていた。3脚架に設置した発射器1基から5発以上発射してはならない（中略）射撃現場からの撤収は通常5分以内に達成された」

ケサン

ヴェトコンの侵入者がロケット砲で攻撃するのは、ダナン空軍基地や、ラオス国境近くのケサンにある前進戦闘基地のようなアメリカ軍の重要軍事施設がほとんどだった。1968年1月から4月までケサン基地を77日間にわたり包囲している

あいだ、北ヴェトナム軍の砲はアメリカ軍陣地をほぼ毎日砲撃していた。この砲撃は、ラオス国境をまたいで配置された共産軍の砲から行なわれることが多かった。北ヴェトナム軍はケサンで、ディエン・ビエン・フー規模の勝利が目前だと確信していた。火砲は14年前に戦いの決め手となっており、ケサンとその周囲の丘にある米海兵隊陣地への砲撃は容赦なかった。北ヴェトナム軍がケサンに浴びせたあらゆる口径の砲弾の推定数は、1万1000発を上まわっている。8時間にわたるある砲撃では1300発以上が、ほぼ130ミリ砲と152ミリ砲から発射された。

▲T-54-1自走122ミリ砲
北ヴェトナム陸軍／第304師団、1972年

YW-31装甲兵員輸送車の改造シャーシをベースに、1930年代に開発されたソ連製122ミリ榴弾砲の派生型を搭載したT-54-1自走122ミリ砲は、北ヴェトナム陸軍に限られた数だけ供与された。この兵器は歩兵攻撃の支援に使用され、機動的な直接射撃を提供した。

Type 54-1 SP 122mm gun

乗　　　員：7名
重　　　量：15.4トン
全　　　長：5.65メートル
全　　　幅：3.06メートル
全　　　高：2.68メートル
エンジン：ドイツ6150L 6気筒ディーゼル（257馬力）
速　　　度：時速56キロメートル
航続距離：500キロメートル
武　　　装：122ミリ榴弾砲×1

BM-13 Katyusha rocket launcher

乗　　　員：5名
口　　　径：132ミリ
ロケット弾全長：1.42メートル
ロケット弾重量：42.5キログラム
システム戦闘重量：プラットフォームにより異なる
射　　　程：8500メートル
発射速度：7〜10秒で全弾発射

▲BM-13 カチューシャ多連装ロケット発射器
北ヴェトナム軍／第4連隊ロケット大隊、1968年

第2次世界大戦時代のソ連製BM-13多連装ロケット発射器は、東部戦線で一躍有名になったカチューシャロケット砲のプラットフォームで、BM-13発射器の大半はZiS-6 6X4トラックに搭載されていた。この有名なシステムは、以後数十年にわたり複数の後継型が製造された。

北ヴェトナム陸軍対空砲兵中隊、1970年

標準的な北ヴェトナム陸軍自走対空砲兵中隊は、57ミリ機関砲2門を搭載したZSU-57-2自走対空砲4両を装備していた。この種類のソ連兵器としては、第2次世界大戦以来はじめて大規模に実戦投入されたZSU-57-2は、持続発射速度が毎分70発だった。のちにZSU-23-4に更新されたこのシステムは、ワルシャワ条約機構加盟国のほか、中東やアフリカのソ連の依存国に広く輸出された。

対空砲兵中隊（ZSU-57-2自走対空砲×4）

防空幕

西側メディアではSA-1およびSA-12が多くの注目を集めていたが、人目を引くミサイルよりも軽対空兵器のほうがはるかに多くのアメリカ軍機を撃墜していた。ケサンでは軽火器による砲撃があまりに激しかったため、補給機は物資をパラシュート投下するか、着陸の危険を避けて高度を維持するしかなかった。

北ヴェトナム軍の戦闘序列においてもっとも破壊的な対空兵器が、ZSU-57-2およびZSU-23-4自走砲だった。前者はT-54戦車のシャーシに57ミリ機関砲2門を搭載し、一方ZSU-23-4シルカは4連装23ミリ機関砲を搭載していた。旧式化したZSU-57-2の後継として開発されたシルカは、PT-76水陸両用戦車の改造シャーシを採用していた。

戦争中、北ヴェトナム軍とヴェトコンはまた、低空飛行のヘリコプターに有効なZPU-4 14.5ミリ重機関銃（対空用）とともに、ソ連製・中国製両方の37ミリ対空砲を大量に配備していた。

ヴェトコンはさらに、中国製の63式対空砲も供与されていた。T-34戦車の車体に37ミリ砲2門を搭載した63式は、手動で俯仰角調整と装填を行なわなければならず、これは低高度を高速で飛行する航空機に対し重大な欠点であったため、役に立たないことが明らかになった。

Type 63 SP anti-aircraft gun

乗　　員：6名
重　　量：不明
全　　長：5.9メートル
全　　幅：3メートル
全　　高：2.6メートル
エンジン：V-2 V12ディーゼル（493馬力）
速　　度：時速50キロメートル
航続距離：300キロメートル
武　　装：63式37ミリ対空砲×2、およびDT7.62ミリ機関銃×1

▲63式自走対空砲
北ヴェトナム陸軍／
第24ヴェトコン対空砲兵大隊、1966年

ソ連のT-34中戦車のシャーシと、37ミリ対空機関砲2門を装備した開放式砲塔とを組みあわせたこの中国製自走対空兵器は、よくいっても月並みだった。1960年代、63式は北ヴェトナム軍とヴェトコンゲリラ軍の双方に供与された。

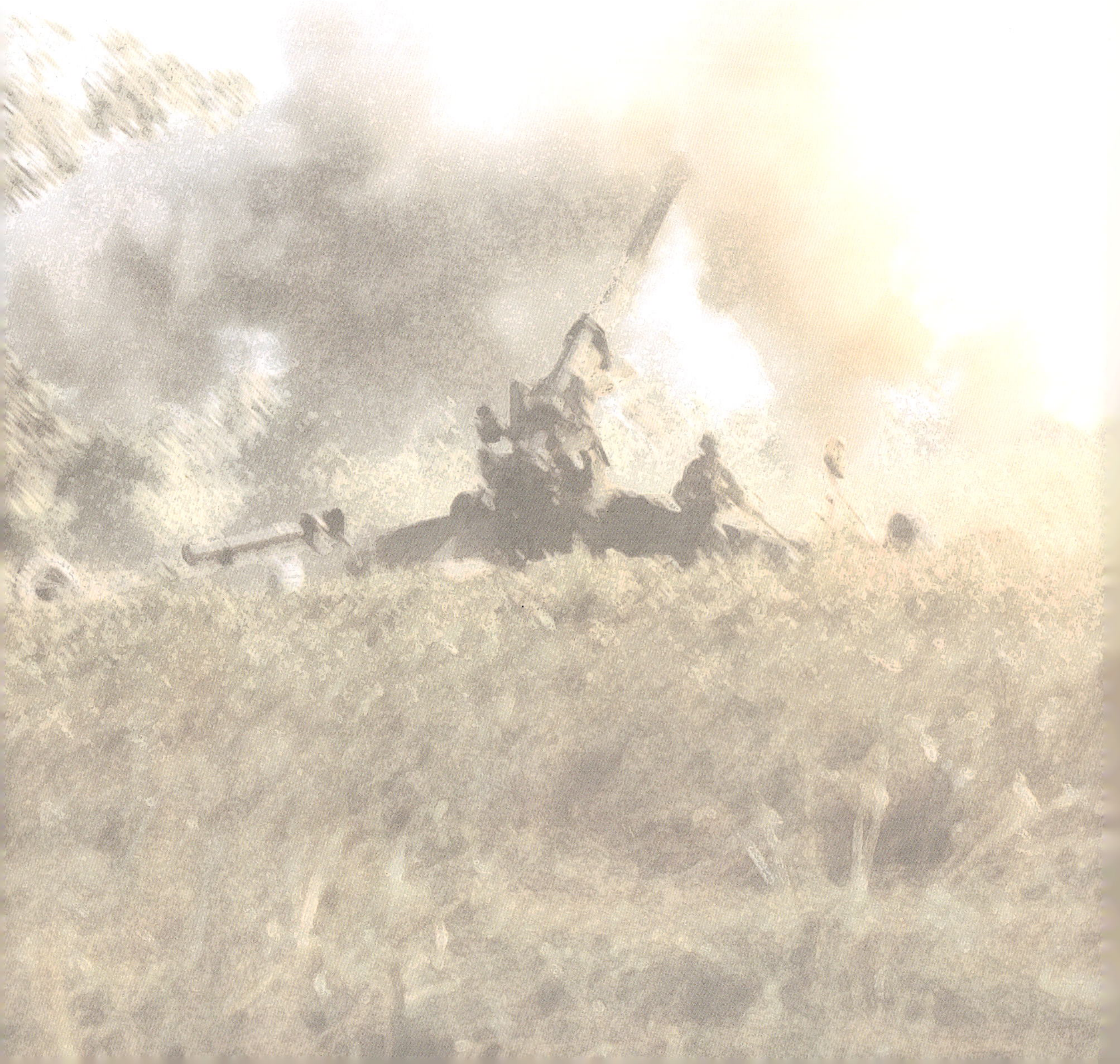

第4章
アジアの冷戦

冷戦という現象は、半世紀にわたり世界中の国々の構造と政府を形づくってきた。第2次世界大戦終結時に生じた力の真空状態は、民族自決運動を引き起こし、第三世界が生まれた。アジアやほかの地域の開発途上国は、多くの場合血みどろの長期にわたる軍事紛争によって、植民地支配のくびきをふりほどいた。そうして長年の恨みを晴らすと、今度は豊かな天然資源の所有をめぐって争った。国家軍やゲリラ部隊は超大国から補給を受けるとともに、第2次世界大戦後に連合国軍や日本軍に遺棄された兵器を利用した。このなかでめぼしいものといえば、野砲、重砲、それに防空兵器だった。

▲一斉砲火
45口径155ミリ砲の89式牽引砲は、人民解放軍と輸出市場の双方のニーズに応えるため中国で製造された。この兵器は欧米の科学技術にもとづいて開発され、オーストリアのGHN-45に類似し、西側標準の口径の砲弾を発射した。

概要

火砲はほかのどの兵器システムよりも、アジア諸国の軍隊に、戦局はおろか戦争全体をも変える能力を与えた。

20世紀後半、武力紛争の抗しがたい波がアジア大陸を襲った。民族主義、イデオロギー、宗教的熱情、そして米ソの世界規模の野望が、この地域の不安定さの一因となった。1949年に共産主義体制を樹立した中国もまた、アジア大陸の地政学的将来における重要な役割を手に入れた。

勢力圏、天然資源の支配、国境の安全保障、民族間の緊張、自由という抽象的理想対全体主義といったものが、アジアを一触即発の危険な地域にし、さらに超大国やほかの武器輸出国によって開発された最新兵器システムの性能試験場にした。この地域における核や化学兵器の拡散は、戦争状態を定期的に引き起こし、その一部は今日にいたるまで解決をみていない。

代理と砲弾

第2次世界大戦の残骸のなかには、何十万門という遺棄された火砲と何百万発という弾薬が残されていた。たいていは、アジア大陸を退く際に日本軍が連合国側当局や現地政府に引き渡すか、あるいはたんに遺棄したものだった。連合国軍の兵器もまた、いたるところに遺棄されていた。こうした兵器が、新たな国家軍やゲリラ部隊、民兵組織に砲兵隊を生むきっかけとなった。

すぐにこれらの兵器、とりわけ旧式の日本製90式野砲は、1950年代に朝鮮半島で、また日本がインドシナ半島から立ち退いたあと30年間続いたヴェトナム紛争でも実戦投入された。同時に、先端技術が重砲の機動性と命中精度を向上させる一方、レーダー制御された防空砲がきわめて破壊的であることが証明され、さまざまな種類の戦術ミサイルが導入された。

冷戦における緊急事態とばかりに、アメリカとソ連は抜け目なく、アジアの代理国および戦闘部

◀ **75式130ミリ自走多連装ロケット弾発射器**
75式多連装ロケット発射器は、73式装甲兵員輸送車の車体に130ミリロケット弾を30発搭載する。1970年代半ばに導入され、21世紀初頭になっても、日本の陸上自衛隊は依然として60車両を以上運用していた(2003年退役)。

▲インドの大量破壊兵器（WMD）
インドの共和国記念日にパレードする、トラック搭載プリットヴィーミサイル。プリットヴィーは、インド初の自国開発した弾道ミサイルだ。1988年に最初の試射が行なわれ、ソ連のS-75地対空ミサイル（SA-2）の推進技術を採用しているが、とりたてて高性能のミサイルではない。

隊への武器売却と支援計画に乗りだした。アメリカは共産主義の拡散を阻止しようとやっきになり、一方ソ連は、以前は抑圧されていた民族主義とマルクス哲学との不安定な取り合わせを利用して、その影響力の限界を広げようとしていた。第2次世界大戦中、ほかのどの火砲よりも大量に生産されたおなじみのソ連製76.2ミリ野砲は、現在も現役だが、ソ連の依存国に大量に供与され、152ミリカノン榴弾砲もまた、よく使われていた。アメリカのM2A1 105ミリ榴弾砲はアジアで数十年にわたり主力兵器でありつづけ、膨大な量が友好国の軍隊に輸出された。

1980年代までに、CIAが発行した報告書は、アジア大陸への武器売却をはじめとする、冷戦がらみの超大国の関与の大きさを暴露していた。報告書によれば、1980年だけでソ連は70億ドルの軍事援助を、とくに第三世界諸国への武器供与として行ない、その一方で5万人を超えるソ連の軍事顧問が世界中に派遣され、受け入れ国にこうした兵器の有効活用を指導していた。

報告書はCIAによって作成されたが、当のアメリカも、東西ヨーロッパのほとんどの先進国と同様に、世界規模の武器貿易に積極的にかかわっていた。武器の闇市場はアジアで、とくに反乱や内戦、革命の台頭とともに活況を呈していた。

アジアのほかの地域では、中国がソ連製火砲への依存をやめ、独自兵器を自国で開発・生産する計画に着手したが、その一部はソ連のオリジナルのほぼコピーだった。イスラム教国パキスタンと、ヒンズー教徒が優勢なインドとの領土問題は、冷戦中、2度の大きな紛争に発展し、アメリカとソ連の大量の兵器で戦われた。第2次世界大戦以来最大の地上戦のいくつかは、パキスタン軍とインド軍のあいだで起こった（第1次、第2次印パ戦争）。

その一方で、イランのシャーを退陣させ、国王の後を継いだイスラム原理主義者の権力機構は、イラクのサダム・フセインのバース党政権との血なまぐさい紛争に突入した（イラン・イラク戦争）。牽引式、自走式をふくめ大量の火砲が投入され、化学兵器の使用が、広範囲にわたる報道によって裏づけられた。こうした殺傷兵器は、改造した砲弾によって発射された。

中国 1950年〜現在

中国は世界最大の軍隊を配置し、さまざまな種類の独立砲兵連隊とともに、集団軍所属の砲兵師団を多数擁している。

　国際舞台において傑出した核保有国のひとつである中国は、冷戦中、東南アジアの軍事行動に積極的に関与した。悲惨な朝鮮戦争では北朝鮮のために介入し、隣国ヴェトナムとは国境紛争時と、南シナ海の南沙諸島および西沙諸島の領有をめぐってたびたび戦い、1960年代後半には北部国境でソ連と衝突した。

　冷戦時代、中国人民解放軍は、朝鮮戦争で人海戦術をもちいたローテク軍から、世界規模の武器取引で競合し、また火砲をはじめ、ほかの国々と同等の兵器システムを配備するハイテク機械化軍へと大変貌を遂げた。1948年、毛沢東の共産党軍が蔣介石の国民党軍に勝利したあと、中国はソ連の兵器と装備、とくに第2次世界大戦中に大量生産されたシステムに大きく依存した。

　しかし、しだいに中国の技術者は独自の設計で開発し、必要に応じて国産の兵器を改良・改造するようになっていった。たとえば63式自走対空砲は、有名なソ連のT-34中戦車のシャーシに、開放式砲塔と37ミリ対空機関砲2門とを組みあわせたものだった。1980年代には、以前は国営の674工場として知られていた中国ハルビン第1機械製造グループが、牽引式66式榴弾砲と321型距通のシャーシを結合した83式152ミリ自走榴弾砲のような兵器を生産していた。

　89式155ミリ野戦カノン榴弾砲は、PLL-01としても知られ、カナダ人科学者ジェラルド・ブルのスペース・リサーチ社によるGC-45の設計をもとに開発された。89式は1987年に導入され、ソ連標準122ミリ砲弾ではなく、西側標準の155ミリ砲弾を利用する中国初の野砲だった。その存在は、1999年の国慶節（建国記念日）の軍事パレードで西側観測筋がはじめて確認した。製造されたのは比較的少数であることはわかっているが、牽引型やトラック搭載型も運用されていることが知られている。

初期の火砲

　中国が製造した初期の軽砲システムのひとつが63式107ミリロケット発射器で、1963年に導入された。この牽引兵器は12本の発射筒で構成され、野戦砲兵大隊所属の6個部隊からなる中隊が、戦場の歩兵連隊に強力な直接火力支援を提供した。

　独自の兵器を生産する必要性にくわえ、他国への武器売却で有利になるために、中国政府は中国北方工業公司（欧米ではノリンコで知られる）のような私企業への投資を支援し、最新の兵器システムを開発・生産させた。1980年に設立され、中国の国防科学技術工業委員会に厳密に管理されたノリンコは、対空、対ミサイル、およびほかの火砲システムを製造した。

　人民解放軍は1980年代を通じて数と兵力を増し、1989年には、118個歩兵師団、13個機甲

▼63式107ミリ多連装ロケット発射器
人民解放軍／第121歩兵師団、1965年

30年以上にわたり人民解放軍で運用された63式107ミリ多連装ロケット発射器は、大量生産され、耐久性があり汎用性の高い兵器であることが証明されている。再装填に要する時間は3分で、発射速度は7〜9秒間に12発だった。

Type 63 107mm multiple rocket launcher

要　　員	5名
口　　径	107ミリ
発射筒	12本
重　　量	613キログラム
射　　程	8.5キロメートル

第4章　アジアの冷戦

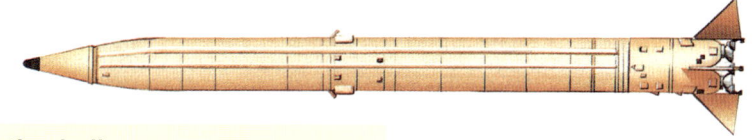

CSS-1 ballistic missile
推 進 方 式：単段式、液体燃料
配　　　　備：牽引による道路移動式（推定）
全　　　　長：20.61メートル
直　　　　径：1.65メートル
発 射 重 量：3万1900キログラム
射　　　　程：1250キロメートル（推定）
発射準備時間：120～180分

▲CSS-1弾道ミサイル（東風2号）
人民解放軍／第51基地／第806旅団、1965年

中国初の自国開発された弾道ミサイル、DF-2（東風2号、NATO名CSS-1）は、1950年代後期に中国キャリアロケット技術研究院が開発を請け負った。改良型のDF-2Aは1964年6月、打ち上げに成功した。この兵器は1980年代までに退役した。

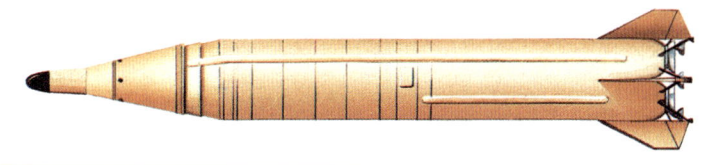

CSS-2 ballistic missile
推 進 方 式：単段式、液体燃料
配　　　　備：発射台または道路移動式
全　　　　長：21.2メートル
直　　　　径：2.25メートル
発 射 重 量：6万4000キロ
射　　　　程：2500キロ
発射準備時間：120～180分

▲CSS-2弾道ミサイル（東風3号）
人民解放軍／第51基地／第816旅団、1975年

単段式中距離弾道ミサイルCSS-2は、中国ではDF-3（東風3号）として知られる。とくに東南および東アジアのアメリカ軍基地を中国の核兵器の射程内におさめる目的で設計され、1971年に配備がはじまり、1980年代初頭に改良がくわえられた。このミサイルの一部には通常弾頭が搭載され、ミサイルのペイロードは最大3000キロである。

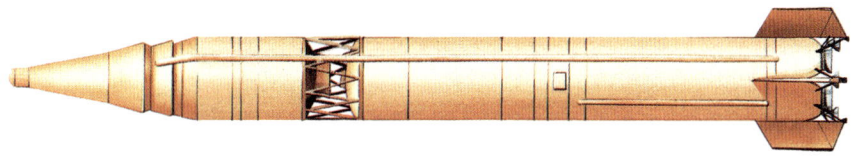

CSS-3 ballistic missile
推 進 方 式：2段式、液体燃料（推定）
配　　　　備：サイロまたは半移動式（トレーラー牽引）
全　　　　長：28メートル
直　　　　径：2.25メートル
発 射 重 量：8万2000キログラム
射　　　　程：4750キロメートル
発射準備時間：3～5時間（移動式）、2～3時間（サイロ）

▲CSS-3弾道ミサイル（東風4号）
人民解放軍／第55基地／第814旅団、1984年

CSS-3またはDF-4（東風4号）中距離弾道ミサイルは、1980年代初頭に人民解放軍の第2砲兵部隊で運用が開始された。このミサイルは最大3000キロトンの弾頭を搭載し、現在、最大20基が中国国内に配備されていると推定される。DF-4ロケットは1970年、中国初の人工衛星を軌道に乗せるのに使われた。

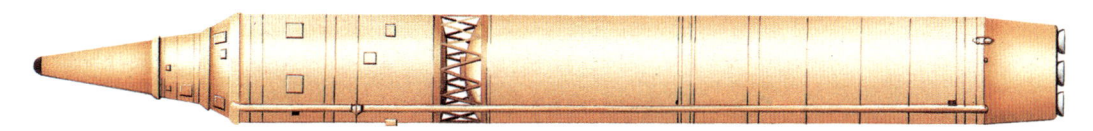

CSS-4 ballistic missile
推 進 方 式：2段式、液体燃料
配　　　　備：サイロまたは発射台
全　　　　長：33メートル
直　　　　径：3.4メートル
発 射 重 量：18万3000キログラム
射　　　　程：1万2000キロメートル
発射準備時間：3～5時間（発射台）、1～2時間（サイロ）

▲CSS-4弾道ミサイル（東風5号）
人民解放軍／第54基地／第801旅団、1980年

2段式大陸間弾道ミサイルCSS-4は、中国ではDF-5（東風5号）として知られる。1965年、北米の目標に到達可能なICBMの要求が中国政府により出され、最初の発射試験が1971年9月に行なわれた。この兵器は3000キロトンの単弾頭を搭載可能である。DF-5基地が3箇所知られており、それぞれ最大10基のミサイルが格納されている。

Cold war in Asia

45/155 NORINCO SP howitzer

乗　　員	：5名
重　　量	：3万2000キログラム
全　　長	：6.1メートル
全　　幅	：3.2メートル
全　　高	：2.59メートル
エンジン	：ディーゼル（525馬力）
速　　度	：時速56キロメートル
航続距離	：450キロメートル
武　　装	：WA021 155ミリ榴弾砲×1、および12.7ミリ対空機関銃×1
無 線 機	：不明

▼PLZ-45 155ミリ自走榴弾砲（88式155ミリ自走榴弾砲）
人民解放軍／第1機甲師団、1997年

中国北方工業公司（ノリンコ）設計のPLZ-45 155ミリ自走榴弾砲は、1990年代初頭、中国軍と輸出市場のために開発された。その155ミリ榴弾砲は、オーストリアの兵器を中国の設計者が改造したものである。搭載車両には、12.7ミリ対空機関銃1挺とグレネードランチャーも装備されている。

人民解放軍自走砲大隊、1997年

人民解放軍自走砲大隊はカノン榴弾砲18門で構成され、それぞれ6門ずつ装備する3個中隊からなる。おもな役割は歩兵支援だが、諸兵科連合戦略が浮上しつつある。155ミリ砲の火力は多数の独立機甲連隊でも提供可能だが、有機的な自動車化歩兵支援が不足しており、そのため戦場で装甲車両や火砲が必要以上に攻撃を受けやすくなると考えられている。

1中隊（PLZ-45 155ミリ自走榴弾砲×6）

2中隊（PLZ-45 155ミリ自走榴弾砲×6）

3中隊（PLZ-45 155ミリ自走榴弾砲×6）

師団、17個砲兵師団および16個対空砲師団からなる軍集団を最大35個有すると推定された。この軍集団を、野砲と対空砲を装備する多数の支援連隊および支援大隊が増強していた。機甲師団は多くの場合、自走対戦車砲も装備していた。

1990年代後期に軍隊は再編成され、多数の人民解放軍部隊が、1983年に設立された人民武装警察に改編するか、同等のカテゴリB（「国家警備隊」の地位）に格下げになった。同時に、諸兵科連合ドクトリンが定められ、それまでの体制が見直された。旧体制では、1個師団は約1万2000名の兵士からなり、1個機甲連隊、3個歩兵連隊とともに、有機的な1個砲兵連隊と1個対空砲兵大隊がふくまれた。新編成には、約18万にのぼる兵士を有する4個師団からなる「集団軍」と、レベルに応じた砲撃支援がふくまれた。新編成では、人民解放軍における砲兵師団の総数は33個から8個に削減された。

核防衛能力を手に入れる必要性を認識していた中国は、1956年に戦略ミサイルの開発をはじめ、翌年の終わりころには600名の軍人からなる中核グループが、核兵器配備の訓練と開発を開始した。1960年には早くも、中国の核計画はいくつかの組織的改正を経験していた。それにもかかわらず、1963年10月、核兵器搭載可能なミサイルの試射にはじめて成功し、続く1964年6月に

▶ 70式130ミリ多連装自走ロケット砲（WZ-303）
人民解放軍／第112機械化歩兵師団、1980年

19連装の70式130ミリ多連装自走ロケット砲は、63式（YW-531）装甲兵員輸送車に搭載され、かなりの広範囲にわたり人民解放軍歩兵隊に強力な近接支援を与える。兵員室上部の砲架を旋回・上昇させて目標地域を固定する。70式は1990年までに89式（PHZ-89）に更新された。

Type 70 multiple launch rocket system

乗　　　員	4名
口　　　径	130ミリ
重　　　量	1万4000キログラム
ロケット弾全長	1.063メートル
ロケット弾重量	32.80キログラム
弾　　　頭	破片弾、14.73キログラム
射　　　程	1万115メートル

▲ 89式155ミリ牽引榴弾砲
人民解放軍／第118砲兵師団、1996年

カナダ人科学者ジェラルド・ブルのスペース・リサーチ社によるオリジナル設計の派生型として、1980年代に開発された89式155ミリ牽引榴弾砲は、ワルシャワ条約機構の122ミリ砲弾ではなくNATO標準砲弾を採用し、西側との一時的な関係改善を裏づける証拠となった。補助動力装置を使用することで、限定的に自走化できる。

Type 89 155mm towed howitzer

要　　　員	5名
口　　　径	155ミリ
重　　　量	1万2000キログラム
射　　　程	39キロメートル
発射速度	毎分2～4発

102　Cold war in Asia

は、ソ連のR-2（NATO名SS-2シブリング）をライセンス生産したDF-1（東風1号）短距離弾道ミサイルの打ち上げに成功した。

1966年7月1日には中国の戦略核部隊が、いささか遠回しな名称をもつ第2砲兵部隊の管轄下におかれた。弾道ミサイルの後継世代は、射程とペイロードが向上した。DF-5（東風5号、NATO名CSS-4）は2段式の大陸弾道ミサイル

人民解放軍の徽章は、陸軍、海軍、空軍、第2砲兵部隊および予備軍をふくむ中国軍のすべての部門で使用されている。

▲ **95式25ミリ自走対空機関砲**
人民解放軍／第116機械化歩兵師団、2004年

95式25ミリ自走対空機関砲は、人民解放軍における師団レベルの機動対空防御のバックボーンとなっている。装備する25ミリ機関砲4門と携帯式ミサイルは、比較的単純なレーダー追尾装置によって制御されている。95式はもともとソ連のZSU-23-4シルカと同等性能の兵器を製作することを意図して開発され、1990年代後期に配備がはじまった。その装軌式シャーシはほかの多くの車両に流用されている。

Type 95 SPAAG
乗　　員：3名
重　　量：2万2861キログラム
全　　長：6.71メートル
武　　装：25ミリ機関砲×4、携帯式ミサイル
射　　程：機関砲2.5キロメートル、ミサイル6キロメートル
発射速度：機関砲毎分3200発

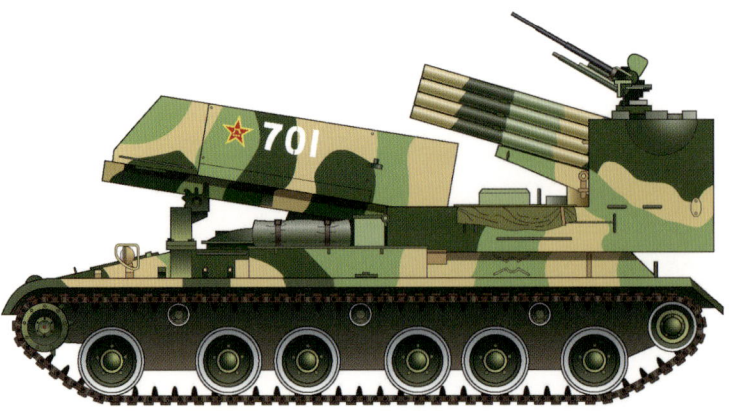

Type 89 multiple launch rocket system
乗　　　　員：5名
口　　　　径：122ミリ
チューブ数：40本
ロケット弾全長：2870ミリ
ロケット弾重量：67キログラム
システム戦闘重量：3万キログラム（推定）
射　　　　程：30キロメートル
発 射 速 度：20秒間に40発

▲ **89式122ミリ多連装自走ロケット砲**
人民解放軍／第124機械化歩兵師団、1998年

1990年に人民解放軍で配備が開始された、40本の発射筒を装備する89式122ミリ多連装自走ロケット砲は、ノリンコによって開発された。その多連装発射器は321型共通のシャーシに搭載されている。70式の後継でもある89式には、NBC（核・生物・化学兵器）防御や自動装填装置のような改良がほどこされた。この兵器は3分で再装填が可能である。

第4章 アジアの冷戦

で、3200キロの3メガトン熱核弾頭を搭載でき、最大射程1万～1万2000キロで、アメリカ西部と西ヨーロッパの大半を射程内におさめる。つい2008年まで、最大30基のDF-5ミサイルが、3個旅団にそれぞれ6～10基配備されていた。

中国が現在いくつの核弾頭を保有しているかは不明だが、おそらく数百基におよぶだろう。第2砲兵部隊は中国共産党中央軍事委員会の管轄下におかれ、首都北京近くの清河に司令部がある一方、核弾頭は、保安連隊、工兵連隊、通信連隊によって支援された6個ミサイル師団間で分散されている。これらの師団は広大な国土全域にわたり、瀋陽、祁門、昆明、洛陽、懐化、西寧、宝鶏といった軍管区に基地を置いている。第2砲兵部隊の総兵力は21万5000名を超えると考えられている。

▲81式122ミリ多連装自走ロケット砲
人民解放軍／第123歩兵師団、1997年

ソ連のBM-21グラードシステムから開発された81式多連装自走ロケット砲は、1982年に人民解放軍で運用がはじまった。この兵器は8分で再装填が可能で、40本の発射筒から18.3キログラムの弾頭を搭載したロケット弾を発射する。その卓越した性能から、81式は軍団レベルから師団レベル、さらには自動車化歩兵部隊所属の砲兵大隊にいたるまで配備され、旧式化した70式を更新した。

Type 81 122mm rocket launcher

乗　　　　　員	6～7名
口　　　　　径	122ミリ
チューブ数	40本
ロケット弾全長	2870ミリ
ロケット弾重量	66.8キログラム
システム戦闘重量	1万5532キログラム
射　　　　　程	20キロメートル
発　射　速　度	20秒間に40発

人民解放軍砲兵大隊、1997年

大成功をおさめたソ連のBM-21グラード多連装ロケット発射器の中国版である81式は、1980年代に人民解放軍の自動車化歩兵師団に配備された。グラードはその種のシステムでは世界でもっとも広く使用されていることで知られ、81式は40本の発射筒から122ミリロケット弾を発射して、固定目標や集結した歩兵に集中砲火を浴びせる。81式は1979年に北ヴェトナム軍から鹵獲したグラードをもとに開発された。

大隊（81式122ミリロケット発射器×18）

人民解放軍第2砲兵部隊（2009年）

部隊名	部隊識別子	省	市・地方	装備
第51基地	96101部隊	遼寧省	瀋陽	
第806旅団	96111部隊	陝西省	渭南（韓城）	DF-31A（CSS-9）
第810旅団	96113部隊	遼寧省	大連（錦州）	DF-3A（CSS-2）
第816旅団	96115部隊	吉林省	通化	DF-15（CSS-6）
第822旅団	96117部隊	山東省	萊蕪	DF-21C（CSS-5）
	96623部隊	山東省	萊蕪	支援
第52基地	96151部隊	安徽省	祁門（黄山）	
第807旅団	96161部隊	安徽省	池州	DF-21C（CSS-5）
第811旅団	96163部隊	安徽省	祁門（黄山）	DF-21C（CSS-5）
第815旅団	96165部隊	江西省	景徳鎮（楽平）	DF-15B（CSS-6）
第817旅団	96167部隊	福建省	永安	DF-15（CSS-6）
第818旅団	96169部隊	広東省	梅州	DF-15（CSS-6）
第819旅団	96162部隊	江西省	かん州	DF-15（CSS-6）
第820旅団	96164部隊	浙江省	金華	DF-15（CSS-6）
?	96172部隊	安徽省	祁門（黄山）	支援
信号連隊	96173部隊	江西省	景徳鎮	信号
工場	96174部隊	安徽省	黄山（休寧）	保全
第53基地	96201部隊	雲南省	昆明	
第802旅団	96211部隊	雲南省	建水	DF-21（CSS-5）
第808旅団	96213部隊	雲南省	楚雄	DF-21（CSS-5）
第821旅団	96215部隊	広西チワン族自治区	柳州	DH-10
?	96217部隊	貴州省	清鎮	?
?	96219部隊	雲南省	昆明	?
第54基地	96251部隊	河南省	洛陽	
第801旅団	96261部隊	河南省	霊宝	DF-5A（CSS-4）
第804旅団	96263部隊	河南省	欒川	DF-5A（CSS-4）
第813旅団	96265部隊	河南省	南陽	DF-31A（CSS-9）
第55基地	96301部隊	湖南省	懐化	
第803旅団	96311部隊	湖南省	懐化（荊州）	DF-5A（CSS-4）
第805旅団	96313部隊	湖南省	懐化（通道）	DF-4（CSS-3）
第814旅団	96315部隊	湖南省	懐化（会同）	DF-4（CSS-3）
第824旅団	96317部隊	湖南省	邵陽（洞口）	?
?	96321部隊	湖南省	邵陽（洞口）	支援
第56基地	96351部隊	青海省	西寧	
第809旅団	96361部隊	青海省	大通	DF-21（CSS-5）
第812旅団	96363部隊	甘粛省	天水	DF-31（CSS-9）
第823旅団	96365部隊	新疆ウイグル自治区	コルラ	DF-21（CSS-5）
訓練部隊	96367部隊	青海省	デリンハ	-
訓練部隊	96367部隊	新疆ウイグル自治区	ルオウ	-
第22基地	96401部隊	陝西省	宝鶏	兵站支援

▲ AR-1A多連装ロケット砲
人民解放軍／第113歩兵師団、2010年

2009年にはじめて一般公開されたAR-1A多連装ロケット砲は、人民解放軍に採用されなかった前型のA-100から開発された。その300ミリロケット弾は10本の発射筒に収納されており、60秒間で全弾が発射される。地上目標に飽和攻撃をかける目的で設計されたAR-1Aは、ロシアの9A52-2Tスメルチ多連装ロケット砲と同等の兵器である。8×8トラックのシャーシに搭載され、再装填は発射コンテナごと装填済みのものに交換する。

AR1A multiple launch rocket system

乗　　　　　員	4名
重　　　　　量	3万8555キログラム
ロケット弾重量	840キログラム
射　　　　　程	130キロメートル
再装填所要時間	20分

紛争中のインドとパキスタン 1965年〜現在

何十年にもわたり反目しあうこの南アジアのライバル国は、カシミール地方の支配をめぐって争い、反乱を扇動しテロリスト組織を支援しているとしてたがいを非難しあっている。

1965年と1971年のインド・パキスタン（印パ）戦争では、砲兵が戦場で重要な役割をはたした。アメリカの軍事顧問団の後押しを受け、パキスタン軍砲兵隊は1965年、グランドスラム作戦の支援に集結し、猛烈な集中砲火でパキスタン軍歩兵隊を掩護してインド戦線を突破させることに成功したが、いずれの陣営も決定的勝利に必要な火力を欠いていた。パキスタン軍砲兵隊はふたつの歩兵師団に分散され、2個重砲兵連隊と3個中砲兵連隊、さらに軽対空砲兵隊と野戦砲兵隊からなる1個独立旅団を擁していた。第7師団砲兵隊は1個位置決め砲兵中隊にくわえ、第27および第2の2個野戦砲兵連隊からなり、かたや第12師団砲兵隊は、3個付加連隊で構成されていた。

インド軍砲兵隊は比較的距離をおいて分散されていたため、集中砲火で応酬できなかった。インド地上軍が反撃に出たときには、パキスタン軍砲兵隊は戦況を掌握し、インド軍の前進を一度ならず阻止した。陸軍第4軍団所属の砲兵旅団の指揮官は、すぐれた砲術将校として名声を博したといわれている。

1971年に第3次印パ戦争が勃発するまでに、パキスタン陸軍は第1機甲師団の移動砲を、4個自走砲兵連隊と1個軽対空砲兵連隊に編成すると

ともに、多数の野戦砲兵大隊および対空砲兵大隊を必要に応じて配属した。第11歩兵師団は、2個野戦砲兵連隊と2個中砲兵連隊、1個重砲兵連隊に支援された。未来のパキスタン大統領パルヴェーズ・ムシャラフは、第1機甲師団第16自走野戦砲兵連隊の砲兵隊中尉として軍務についた。

1965年9月のアッサル・ウッタルの戦いでは、パキスタン軍の攻撃はインド軍によって鈍らされたが、これはひとつに、インド軍のすぐれた戦術的駆け引きと、パキスタン軍機甲部隊の運用のまずさによるものだった。パキスタン軍の火砲は、最大140門が集結することもあったが、インド軍が利用できた106ミリ無反動砲や75ミリ榴弾砲（山砲）、120ミリ迫撃砲よりも長射程で火力も大きかった。

緊張がくすぶりつづける一方で、インドとパキスタンは自軍の火砲の性能を着実に向上させている。今日のインド陸軍には、18個歩兵師団それぞれに2個砲兵師団と1個砲兵旅団が所属し、野戦砲兵連隊が合わせて200個近くある。主力牽引兵器には、105ミリ軽野戦砲、ソ連製122ミリD-30、130ミリM-46、改良型155ミリM-46にくわえ、155ミリ ボフォースFH77Bがあり、防空能力には、12個を超える地対空ミサイル連隊と、ZSU-23-4シルカのような定評のある砲を運用する高射砲連隊がふくまれる。

インドがロシア製9A52-2Tスメルチ多連装ロケットシステムを購入したのを受けて、パキスタンは中国製AR-1A300ミリ 10連装自走ロケット砲を少なくとも1個大隊分、合わせて36機の発射器を入手し、この最新の多連装ロケットシステムをライセンス生産することも検討している。そして両国ともに核ミサイルを保有している。

▶ ボフォースModel 29 75ミリ高射砲
インド陸軍／第312防空旅団、1965年

第2次世界大戦で多様な役割をはたしたドイツのFlak 18 88ミリ高射砲とほぼ同じ設計のスウェーデン製ボフォースModel 29高射砲は、Flak 18より数年前に製作されていた。しかしModel 29は、当時スウェーデンで働いていた数名のドイツ人技術者によって開発されたものだった。この兵器は多くの国々に輸出され、今日も限られた数が依然として運用されている。

▲ オードナンスBL 5.5インチ中砲Mk2
パキスタン陸軍／第12中砲兵連隊、1965年

1942年に、当時運用されていた60ポンドカノン砲の改良型としてはじめて製造された5.5インチ（140ミリ）砲は、砲身のわきにならぶ、砲の重さを支えるためのスプリングサポートである特徴的なホーン（つの）でそれとわかる。イギリス軍で40年以上にわたり運用され、1980年代初頭に退役したが、現在もパキスタン陸軍で現役である。

75mm Bofors Model 29

要　員：8名
口　径：75ミリ
俯仰角：－5度～＋85度
重　量：4000キログラム
射　程：8565メートル
砲口初速：毎秒840メートル

Ordnance BL 5.5in Medium Gun Mk2

要　員：10名
口　径：140ミリ
俯仰角：－5度～＋45度
重　量：6190キログラム
射　程：1万4813メートル
砲口初速：毎秒510メートル

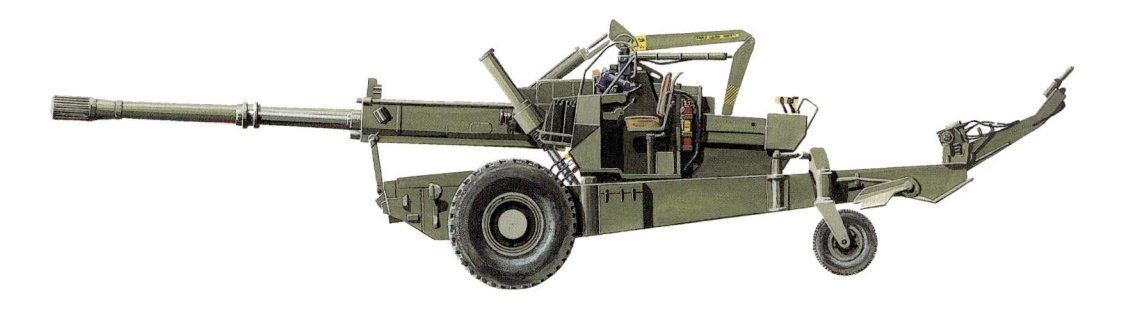

▲ **FH77 155ミリ野戦榴弾砲**
インド陸軍／第261砲兵旅団、1971年

スウェーデン製の最新型野戦榴弾砲であるFH77は、1980年代初頭に設計された。補助動力装置によって生成された油圧を利用して短距離を移動するほか、装填、俯仰角調整、従輪の下降といった多くの操作も行なう。400門以上が現在もインド陸軍で運用されているといわれる。

FH77 155mm field howitzer system

要員	5名
口径	155ミリ
俯仰角	－3度～＋50度
重量	1万1500キログラム
射程	2万2000メートル
砲口初速	毎秒774メートル

日本 1960年～現在

第2次世界大戦終結以来、日本の軍隊の活動範囲は制限され、万一長期にわたる戦争が起こった場合には、アメリカの支援に大きく依存している。

第2次世界大戦の直後に、日本国民は再武装することも重要な常備軍を招集することも禁じられた。しかしアジア大陸で戦争が勃発すると、アメリカにとって明白になったのは、日本は貴重な同盟国として役立つばかりか、共産主義の拡散を阻止するための作戦行動の基地として継続的に利用できるということだった。事実、アメリカは何十年にもわたり日本においた基地から、冷戦におけるソ連との力の均衡を保ち、北朝鮮の侵略行為をはばみ、ヴェトナムへの軍事支援を行なってきた。

日本の陸上自衛隊は制限された兵力と装備水準を維持しているが、その兵器は最新式で、また多くの場合、日本によって設計・製造されている。一連の防衛計画の大綱によって厳格に統制された配備兵器の数と種類は、定期的に変更されている。1976年時点で、日本は総計1000門の火砲を保有していた。この数はそれ以来10パーセント削減され、また自走砲と、火砲の輸送に使われる車両の数も、2005年時点で900から600に30パーセント減少した。だが、地対空ミサイル能力を装備した8個高射特科群は維持されている。

陸上自衛隊の最新の組織改編では、師団から旅団への再編も実施された。組織改編以前は、普通科師団は通常、榴弾砲2個中隊からなる4個大隊で構成される1個特科連隊と、4個中隊からなる1個予備大隊に支援されていた。各中隊は通常、4門の砲を運用していた。機械化師団は、1個防空大隊と1個野戦特科連隊を擁していた。現在の組織は、3個群からなる単一の特科旅団と、3個群からなる2個高射特科団で構成されている。

牽引砲にはFH70 155ミリ榴弾砲、一方、自走砲には、日本製の75式および99式155ミリ砲とアメリカ製のMLRSロケットシステムがそれぞれふくまれる。いくつかの装甲車両とともに、日本は87式自走対空砲や75式多連装ロケットシステムのようなすぐれた兵器システムを開発

Cold war in Asia

▶ 87式自走高射機関砲
日本陸上自衛隊／第2混成団、1995年

87式自走対空砲は、レーダー誘導式の35ミリ機関砲2門を搭載している。1980年代に、旧式化したアメリカ製M42ダスターを更新する目的で開発された。87式は三菱重工業製のシャーシを採用し、搭載砲はスイスのエリコン社製対空機関砲とほぼ同じもので、日本製鋼が製造した。

Type 87 SPAAG
- 乗　　員：3名
- 重　　量：3万6000キログラム
- 全　　長：7.99メートル
- 全　　幅：3.18メートル
- 全　　高：4.4メートル
- エンジン：10F22WT 10気筒ディーゼル（718馬力）
- 速　　度：時速60キロメートル
- 航続距離：500キロメートル
- 武　　装：35ミリ機関砲×2

Type 75 multiple lanch rocket system
- 乗　　員：3名
- 口　　径：130ミリ
- 俯仰角：0度〜＋50度
- 重　　量：1万8695キログラム
- 射　　程：5.8メートル
- 砲口初速：1万5000メートル
- エンジン：三菱4ZFディーゼル（300馬力）
- 速　　度：時速53キロメートル

◀ 75式130ミリ自走多連装ロケット弾発射器
日本陸上自衛隊／第1特科団、1984年

75式多連装ロケット弾発射器は1970年代半ば、日産自動車の航空宇宙部門が開発した。130ミリロケット弾は30連装の箱型フレームに収納され、73式装甲兵員輸送車のシャーシに搭載されている。配備後、20年にわたり60両以上が運用された。

Type 81 Tan-SAM
- 要　　員：15名
- ミサイル重量：100キログラム
- ミサイル全長：2.7メートル
- 射　　程：10キロメートル
- 弾　　頭：9.2キロメートル

▲ 81式短距離地対空誘導弾
日本陸上自衛隊／第2高射特科団、1988年

東芝が開発した81式短距離地対空誘導弾は、1966年に設計が開始された。このシステムは1981年にはじめて配備され、その後幾度か近代化された。160ミリレーダー誘導ミサイルは、旧式化したM51 75ミリ高射砲およびM15A1 37ミリ対空自走砲を更新する一方で、肩撃ち式FIM-92スティンガーとMIM-23ホークミサイルを補完する。81式中隊（射撃部隊）には、ふたつの目標を同時追跡できる射撃統制装置を搭載した車両1両と、発射装置を搭載した車両2両がふくまれる。

している。レーダー管制の87式35ミリ機関砲は、1960年代のアメリカ製M42ダスターを更新し、かたや75式は歩兵に近接支援を提供する目的で設計された。81式短距離地対空誘導弾は、肩撃ち式地対空ミサイルや、より大型で射程の長い中距離地対空ミサイルを補完するもので、東芝が設計を担当した。

シンガポール 1965年～現在

小国シンガポールは最新鋭火砲の製造国に発展し、その兵器は世界中で需要がある。

シンガポールが1965年に独立を手にしたとき、その国軍はわずか2個の歩兵連隊で構成されていた。しかし新生政府はイスラエルに支援を求め、イスラエル国防軍とほぼ同等の近代的軍隊を構築した。現在、シンガポール軍（SAF）は、7万2000人以上の現役人員と30万人以上の予備役人員からなる。SAFでは、各師団に2個砲兵大隊と1個防空砲兵大隊が所属している。

SAFの主力火砲には、フランスのGIAT LG-1 105ミリ牽引軽榴弾砲と、FH88およびFH2000 155ミリ榴弾砲があり、そのいずれもシンガポールの技術者によって設計された。FH88は1980年代初頭に設計され、インドネシア軍にも納入されている。またFH2000はシンガポール・テクノロジー社の製品で、1993年に配備が開始され、ニュージーランドで発射試験が行なわれた。

運用されている自走式兵器には155ミリSSPHプライマス、牽引式で155ミリSLWHペガサスがあり、やはりどちらもシンガポールで開発された。ペガサスは2005年秋に配備がはじまり、最終的にはLG-1を更新する予定である。一方、プライマスは2004年に導入され、この兵器はアメリカ、イギリス、日本、ロシアの同種の兵器について大規模な調査を行なった結果、開発された。2007年、シンガポールはHIMARS（高機動砲兵ロケットシステム）を少なくとも18ユニット発注し、2009年から納入がはじまった。この売却の注目すべき側面は無誘導ロケットが取引にふくまれなかったことで、それはシンガポールがあきらかに、存在が確認されている最初の完全GPS（衛星位置測定）誘導型HIMARSユニットを配備しようとしているからなのだ。

155mm OED FH88
- 要　　員：8名
- 口　　径：155ミリ
- 俯 仰 角：－3度～＋70度
- 重　　量：1万2800キログラム
- 射　　程：1万9000メートル
- 砲口初速：毎秒765メートル

▲OED FH88 155ミリ榴弾砲
シンガポール軍／第21砲兵師団、1992年

1983年はじめ、オードナンス・デヴェロップメント・アンド・エンジニアリング・オヴ・シンガポール（OED）社はFH88の試作車5両を開発し、その4年後、量産型の生産を請け負った。シンガポールが自国軍のために開発した最初の榴弾砲であるFH88は、ソルタムM71を順調に更新した。FH2000は、原型FH88ののちの改良型である。

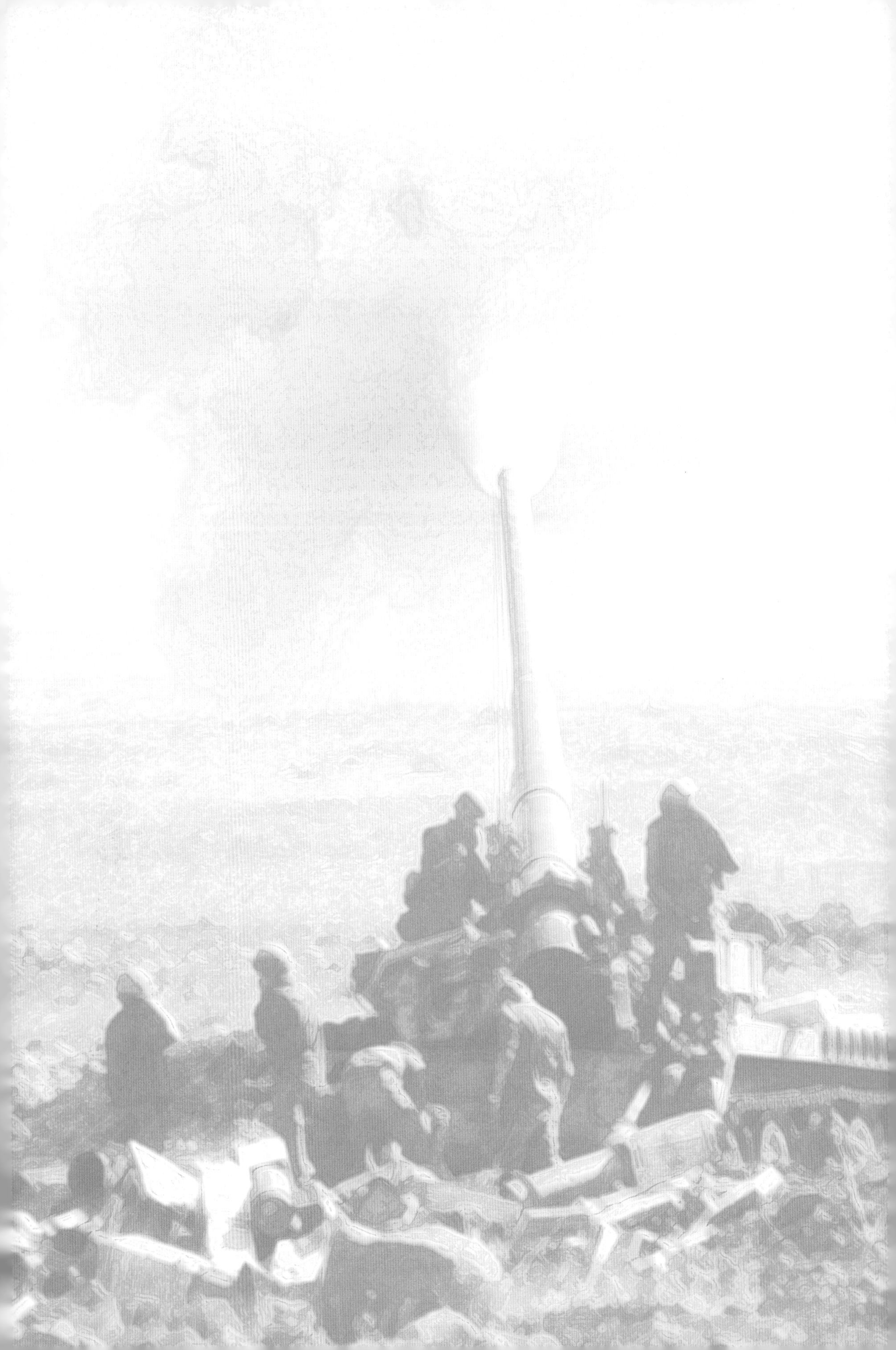

第5章
中東とアフリカ

中東とアフリカ大陸は何世紀にもわたり、紛争によって引き裂かれてきた。機械化された軍隊の興亡が、政権交代、建国、ゲリラ戦や内戦をもたらしてきた。こうした混乱の時代を通じて、火砲の火力と射程は事態の成り行きにおいて決定的要因となってきた。戦場での結果が、交渉と講和のゆくえを左右する。火砲は、武力紛争がそれによって表現されてきたように、それをもちいない外交の継続においても決定的な影響力をおよぼす。火砲の利用はいうまでもなく、その存在だけで、軍事と政治の均衡を揺るがすことが可能なのである。

▲ **自走砲による砲撃**
1973年10月、イスラエル軍のM107自走カノン砲が、ゴラン高原近くの某所にあるシリア軍陣地を砲撃する。

概要

ヨーロッパの植民主義が衰えるにつれ、独立したアラブ諸国とユダヤ人国家イスラエルは、中東の現在を決定づけることになる一連の紛争にそなえて武装した。

イスラエル国家は1948年5月14日に独立を宣言し建国されると、ほぼ即座にアラブ近隣諸国に攻撃された。紛争の根は深く、2000年以上も前にさかのぼるが、国連がパレスチナ分割を承認したことで、昔からの反目があらためて誘発されることになったのである。エジプト、シリア、イラク、レバノン、トランスヨルダンといったアラブ諸国が、ある程度機械化された常備軍を招集していた一方で、装備不足の急ごしらえ民兵組織ハガナーを母体とする設立間もないイスラエル国防軍（IDF）は、複数方向から攻撃してくる敵に立ち向かいはじめた。

初歩的な火砲

1948年の第1次中東戦争でアラブ諸国軍とイスラエル軍双方が利用した重砲の多くは、第2次世界大戦後に連合国軍や枢軸国軍が遺棄したり、現地を支配する軍に譲渡したりしたものだった。アラブ諸国軍のあいだでよく見られたのは、イギリスのブレン・ガンキャリア、またシャーシに小火器や対戦車砲、機関銃を搭載したロレーヌ38L装甲兵員輸送車、それにイギリスの2ポンド軽砲や6ポンド対戦車砲などだった。装甲車両にはマーモン・ヘリントン装甲車があり、2ポンド砲にくわえ、副武装としてブローニング30口径および50口径機関銃を搭載していた。

トランスヨルダンのアラブ軍団は少なくとも7000人の兵力で参戦し、この軍は歩兵および機械化歩兵旅団、装甲車両と火砲を装備した完全戦力の2個機械化旅団から構成された。その最大口径の兵器は旧式の25ポンド砲で、少なくとも4門が1個中隊を編成していた。アラブ軍団の装甲車両部隊は、12両のマーモン・ハリントン装甲車を運用していた。

エジプト遠征軍2個旅団の装甲車両は寄せ集めで、オチキス社やルノー社が製造した第2次世界大戦前のフランスの戦車や、イギリスのマチルダやクルセイダー戦車、さらにはドイツのⅣ号戦車も数両あるという具合だった。その機械化歩兵隊の装備には、軽砲を牽引できる300両近いブレン・ガンキャリア、ハンバーMkⅢやMkⅣといったさまざまな装甲車両、それに6ポンド対戦車砲を牽引するロイド・キャリアなどがふくまれた。

第1次中東戦争でのシリア陸軍は、ロレーヌ38Lのシャーシに搭載された65ミリ山砲——これは事実上、急ごしらえの自走砲になった——と、ブレン・ガンキャリアに搭載された対空および対戦車25ミリ砲を装備していたことで知られる。一部の火砲はレヴァント地方を植民地化していたフランスの遺物で、75ミリ砲と105ミリ砲があった。この大半が、1941年の連合国軍による攻

▲ **ソ連の迫撃砲**
イエメン首相アミール・エル・ハッサン（前景）が、北イエメン内戦（1962-70年）中にエジプト陸軍から鹵獲したソ連供与のM1941 82ミリ迫撃砲を調べている。

▲ 移動式発射器

ソ連軍が1989年に撤退したあと鹵獲したと思われるソ連製BM-21ロケット発射器に配置されるアフガンの不正規兵。BM-21は機動性が高く、訓練を受けた要員なら、3分でシステムを配置し発射準備を整えることが可能で、また対砲兵射撃に直面した場合には、2分で移動準備ができる。

勢作戦中、枢軸国軍のために運用された、ヴィシー政府の中古兵器だった。

ブレン・ガンキャリア（ユニヴァーサル・キャリア、汎用輸送車）は、1934年から1960年にかけてイギリスで生産され、その数は11万3000両以上にのぼった。この装軌車両は当初、歩兵と、大きすぎて個人では携行できない重機関銃や迫撃砲のような支援兵器を輸送することを意図して開発された。初期型は、.303口径（7.7ミリ）ブレン軽機関銃やボーイズ0.55インチ（13.97ミリ）対戦車ライフル、さらにはイギリスの3インチ（実際は3.2インチ／81.2ミリ）迫撃砲まで搭載していた。このキャリアは7～10ミリの厚さの装甲板で防護され、85馬力のフォードV-8ガソリンエンジンで駆動した。乗員2名は、同乗する歩兵派遣部隊に補完されることが多かった。やがてブレン・ガンキャリアは、6ポンド砲の牽引車として歩兵部隊に運用されるようになり、これはパレスチナにおけるシリア軍も同様だった。

ハガナーは1920年代、イギリスの委任統治下のパレスチナに起源をもち、1948年の第1次中東戦争までにその部隊は、イギリスのクロムウェルおよびヴァレンタイン戦車、フランスのオチキスH39を装備していた。そのもっとも汎用性のある兵器に、アメリカ製M3ハーフトラック（半装軌車）の数々の派生型があった。M3は、部隊輸送任務をになう機械化歩兵部隊に配備され、改造した兵員室に重機関銃や迫撃砲を搭載して直接歩兵火力支援を行なったり、75ミリまたは90ミリ砲を砲撃または対戦車目的で使用したりした。ハガナー部隊はまた、イギリス製のダイムラー装甲車や、機関銃を搭載したネゲヴビーストと呼ばれるシープをはじめとする改良型の移動式兵器も多数装備していた。

ヨーロッパやアメリカ製の軽火器とともに、イスラエルは81ミリダヴィドカ（「小柄なダヴィデ」の意）迫撃砲を採用した。わずか6門が運用されたことがわかっているが、その存在はハガナーの資力の豊かさと、はるかにすぐれたアラブ軍に立ち向かう決意の証とみなされている。

スエズ危機から六日戦争まで 1956〜67年

スエズ危機から六日戦争にかけて、中東諸国の軍隊は兵力と武器性能を増強した。冷戦の出現によって、最新型の火砲やほかの科学技術が世界の紛争地域にさらに輸出されるようになった。

　世界中で民族主義と共産主義が台頭し、政治的思惑が複雑にからみあって国際緊張は急激に高まり、武力衝突はほぼ避けられない情勢となった。アスワンダム建設に対する融資の約束を撤回されたことで、エジプトと西欧民主主義国との交渉が決裂した1956年、エジプト政府が中華人民共和国を承認し、スエズ運河を国有化すると、イギリス、フランス、イスラエルは軍事的に反応した。これに続いて1967年には、イスラエルの電撃的な先制攻撃によって六日戦争が勃発し、この戦争ではイスラエル国防軍（IDF）の装甲車両と火砲がたくみに使いこなされ、イスラエルはシリア国境のゴラン高原を掌握したほか、エジプトからシナイ半島全体をもぎとった。

　エジプト軍は、ソ連製火砲の追加とロケットシステムのライセンス生産によってかなり増強されていた。エジプト陸軍部隊が装備するもっとも標準的な移動砲は、SU-100とアーチャー17ポンド自走砲だった。SU-100は第2次世界大戦末期にソ連が開発し、戦争の最後の年に大量に配備された。そのD-10S 100ミリ砲は当初、T-34/85中戦車のシャーシに搭載された閉鎖式砲塔にとりつけられたが、のちにT-54/55戦車のシャーシに換装された。第2次世界大戦末期および戦後のソ連製装甲車両を代表するSU-100は、低い姿勢が特徴で、これは敵の目標になりにくかった半面、ハルダウン・ポジション（地面を掘った壕に車体を隠す戦術）の効果は限られた。

　より軽量のアーチャー17ポンド自走砲はイギリス製で、ヴァレンタイン戦車のシャーシとQF17ポンド砲とを組みあわせたものだった。1944年秋に導入されたアーチャーは、ヴァレンタイン戦車のシャーシの幅が狭かったことからオープントップの自走砲になり、そのため反動が操縦室にまでおよぶことになった。その低い姿勢と後方に向けてとりつけた砲のおかげで、アーチャーは待ち伏せて、接近してくる敵を砲撃したあと、車体の向きを変えることなく最小限の操縦で逃げおおせることができた。

　スエズ危機とその10年後の六日戦争のころに

SU-100 SP gun

乗　員	4名
重　量	31.6トン
全　長	9.45メートル
全　幅	3メートル
全　高	2.25メートル
エンジン	4ストロークV-2-34 12気筒ディーゼル（500馬力）
速　度	時速48キロメートル
行動距離	320キロメートル
武　装	D-10S 100ミリ砲×1
無線機	R-113 グラナート

▼SU-100自走砲
エジプト陸軍／スエズ運河ポートサイド駐留、第4機甲師団、1956年11月

SU-100自走砲は第2次世界大戦中にソ連が開発し、1970年代まで中東のアラブ諸国の軍隊で就役していた。砂漠で運用できるように改良がくわえられた結果、派生型SU-100Mが生まれた。

普及していた牽引砲に、フランス設計の155ミリ榴弾砲M1950と、D-1の名称のほうが知られているソ連製152ミリ榴弾砲M1943があった。M1950はこの時期、アラブ軍とイスラエル軍双方に使用されたが、これは第2次世界大戦後はじめて国際武器市場に登場した新型榴弾砲のひとつだった。その4輪式の砲架はハーフトラックまたは大型トラックに牽引され、榴弾砲もまた、M4シャーマン中戦車のシャーシに合うようにイスラエルが改造をくわえ、M50自走榴弾砲が誕生した。

D-1は第2次世界大戦のさなか、ソ連の火砲生産を促進する必要から設計され、122ミリ榴弾砲M1938の軽砲架に大口径の152ミリ榴弾砲を搭載していた。結果的にソ連の設計者は、反動を減少させるために砲に大型のマズルブレーキを装着しなければならなかった。冷戦時代の火砲でもっとも耐久性のあるもののひとつであるD-1は、一部のアラブ諸国の軍隊で1980年代まで運用され、世界中に輸出された。

Walid APC rocket launcher

乗　　員	2名
重　　量	不明
全　　長	6.12メートル
全　　幅	2.57メートル
全　　高	2.3メートル
エンジン	ディーゼル（168馬力）
速　　度	時速86キロメートル
行動距離	800キロメートル
武　　装	80ミリロケット弾発射発射筒×12
無線機	不明

▲ワリードAPCロケット発射器
エジプト陸軍／第2歩兵師団／
シナイ半島アブ・アゲイラ駐留、第10旅団、1967年

ソ連製BTR-152装甲兵員輸送車（APC）の派生型であるワリードは、エジプトで生産され、アラブ諸国に輸出された。ワリードは乗員2名と、戦闘歩兵を最大10名まで輸送でき、一部には80ミリロケット発射器を搭載したものもあった。

◀155ミリ榴弾砲Mle 1950
エジプト陸軍／第53砲兵中隊、1967年

戦後にフランスで設計されたMle 1950 155ミリ榴弾砲は、1990年代まで多数の国々の軍隊で運用されていた。この兵器の特徴は、連続射撃時の急冷のため、各気筒の反動システムが砲身の周囲に配置されていることだ。射撃の際には、砲架中心部の支脚を下げ、砲架を2脚に展開すると、安定したプラットフォームになる。

155mm Howitzer Mle 1950

要　　員	5名
口　　径	155ミリ
俯仰角	－4度～＋69度
重　　量	8100キロ
射　　程	1万8000メートル
砲口初速	毎秒650メートル

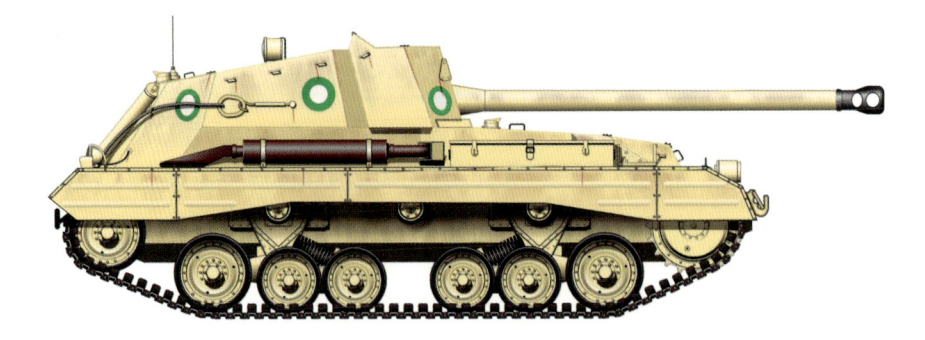

The Middle East and Africa

▲ アーチャー 17ポンド自走砲
エジプト陸軍／
スエズ運河ポートサイド駐留、
第4機甲師団、1956年

イギリスのヴァレンタイン戦車のオープントップ自走砲型であるアーチャー戦車駆逐車は、スエズ危機中、エジプト陸軍によって配備された。その17ポンド砲は、シナイ半島のイスラエル装甲車両に対して有効だった。

Archer 17pdr SP gun

乗　　員	4名
重　　量	18.79トン
全　　長	6.68メートル
全　　幅	2.64メートル
全　　高	2.24メートル
エンジン	GMC M10ディーゼル（165馬力）
速　　度	時速24キロメートル
行動距離	145キロメートル
武　　装	OQF17ポンド（76ミリ）砲×1、およびブレン7.7ミリ軽機関銃×1

エジプト陸軍第94対戦車砲兵中隊、1956年

1956年のスエズ危機当時の標準的なエジプト陸軍対戦車砲兵中隊である第94は、アーチャー 17ポンド自走対戦車砲を合計9両運用していた。アーチャーはイギリスのヴィッカース社が製造したが、実際につくられたのは700両に満たなかった。当時運用されていたほかの自走砲よりやや軽量ではあったが、アーチャーは射撃においても機動力においても優秀であることが証明された。擬装陣地から強力な17ポンド砲でイスラエル軍のM4シャーマン戦車に攻撃をくわえ、そのあとすぐに退避できた。

中隊（アーチャー自走砲×9）

152mm Howitzer M1943（D-1）

要　　員	8名
口　　径	152ミリ
俯仰角	−3度〜＋63.5度
重　　量	3600キログラム
射　　程	1万2400メートル
砲口初速	毎秒508メートル

▲ 152ミリ榴弾砲M1943（D-1）
シリア陸軍／第42機械化旅団、1967年

現代史においてもっとも長く運用された野砲のひとつである152ミリ榴弾砲M1943 は、122ミリ榴弾砲M1938の2輪式砲架と、大口径の152ミリ榴弾砲の砲身を組みあわせたものである。その大型のマズルブレーキが、長時間作動中に不安定化を招く反動を最小限におさえた。第2次世界大戦中、ソ連が急場しのぎに製造したM1943は、多くのワルシャワ条約機構諸国とソ連の依存国に1990年代まで使用された。

第4次中東(ヨム・キプル)戦争 1973年

よく調整された兵器技術は当初、エジプトおよびシリア軍を優位に立たせたが、イスラエル軍は結集してアラブの努力に歯止めをかけ、1967年に失った領土の支配を奪還した。

1973年10月、エジプト軍がバーレヴラインを突破してイスラエル軍司令官の不意をついたとき、そのよく調整された防空および地上防衛能力は、開戦から数日間にわたりエジプト軍を断然有利にした。エジプト側の戦術の目玉は、防空砲、地上砲、携帯式対戦車ミサイルの投入だった。イスラエル国防軍は戦争終盤の数週間に兵力を結集したが、エジプト軍は複合兵器システムの補完能力の利用について、世界にひとつの教訓を与えていた。

エジプト軍の攻撃に不可欠だったのは高圧水ホースをもちいるアイディアで、これを使ってスエズ運河東岸の高い砂の堤防に歩兵および機甲部隊のための出口を開けたのだった。いったん大挙して渡ると、エジプト軍歩兵隊はバーレヴラインを突き進み、反撃してくるイスラエル軍戦車に、NATO軍にはAT-3サガーとして知られる9K11マリュートカ対戦車ミサイルで対抗した。

サガーの威力はイスラエル軍にとって激しいショックであり、かなりの数の装甲車両が3週間の戦争で失われた。AT-3やRPG-7ロケット推進式グレネードといった対戦車兵器の運用を特別に訓練された対戦車チームが、最初にスエズ運河を渡ったエジプト軍部隊に同行しており、バーレヴライン沿いの孤立した拠点を掌握するのを支援した。

サガーの威力

サガーは有線MCLOS(手動指令照準線一致)誘導式の携帯型ミサイルで、1960年代初頭にソ連で開発され、1963年秋までに赤軍で配備がはじまった。重量10.9キロのこの軽量ミサイルシステムは、オペレーターによって有線誘導および制御され、オペレーターはジョイスティックで目標までの飛行経路を修正した。その指向性弾頭は、イスラエル軍のM48戦車やほかの戦闘車の装甲を最大3000メートルの距離から貫通することが可能だった。

サガーがイスラエル軍に最初のショックを与える一方で、オペレーターが発射地点のわずか4.6メートル以内のところでミサイルの制御を行なっていることが判明した。このため、第4次中東戦争が進展するにつれ、イスラエル軍の戦車や歩兵隊はサガーオペレーターの陣地に砲火を集中し、撤収を余儀なくしてミサイルの進路を変えさせる

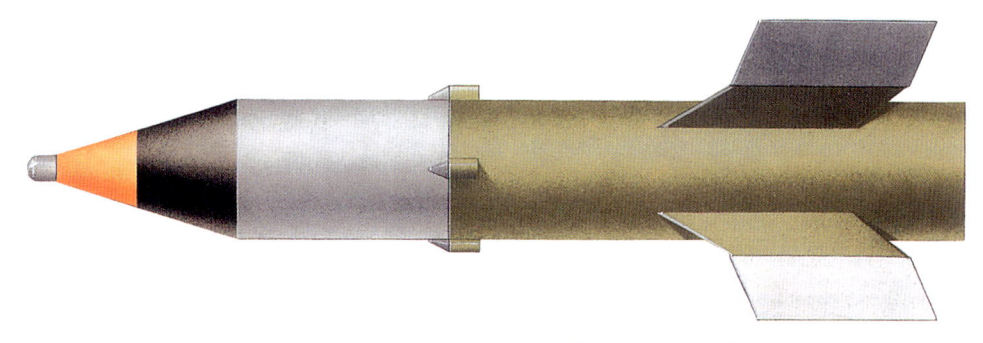

▲ **AT-3サガー**
エジプト陸軍/第3機械化歩兵師団、1973年
有線MCLOS誘導式9K11マリュートカ対戦車ミサイルは、NATOにはAT-3サガーとして知られた。この携帯型有線誘導式ミサイルは、この種類では世界でもっとも広く生産・輸出されたシステムのひとつで、1973年の第4次中東戦争ではイスラエル軍の装甲車両を大量に破壊した。

AT-3 Sagger

推進方式	単段式、指向性爆薬
配 備	携帯式
全 長	860ミリ
直 径	125ミリ
発射重量	10.9キログラム
射 程	3000メートル

シリア陸軍第64砲兵旅団、1973年

1973年の第4次中東戦争中、シリア陸軍の第64砲兵旅団は、1960年代初頭にソ連が開発したD-30 122ミリ榴弾砲の牽引式・自走式の両方の派生型を運用した。シリアはD-30榴弾砲をT-34中戦車のシャーシに搭載して、自走砲に改造した。あらかじめ用意された陣地から発射された牽引榴弾砲D-30は、きわめてすぐれた対戦車兵器であることが証明された。この砲は、まだ多数が現在も使用されている。

旅団（D-30 122ミリ榴弾砲×54、D-30 122ミリ自走榴弾砲×18）

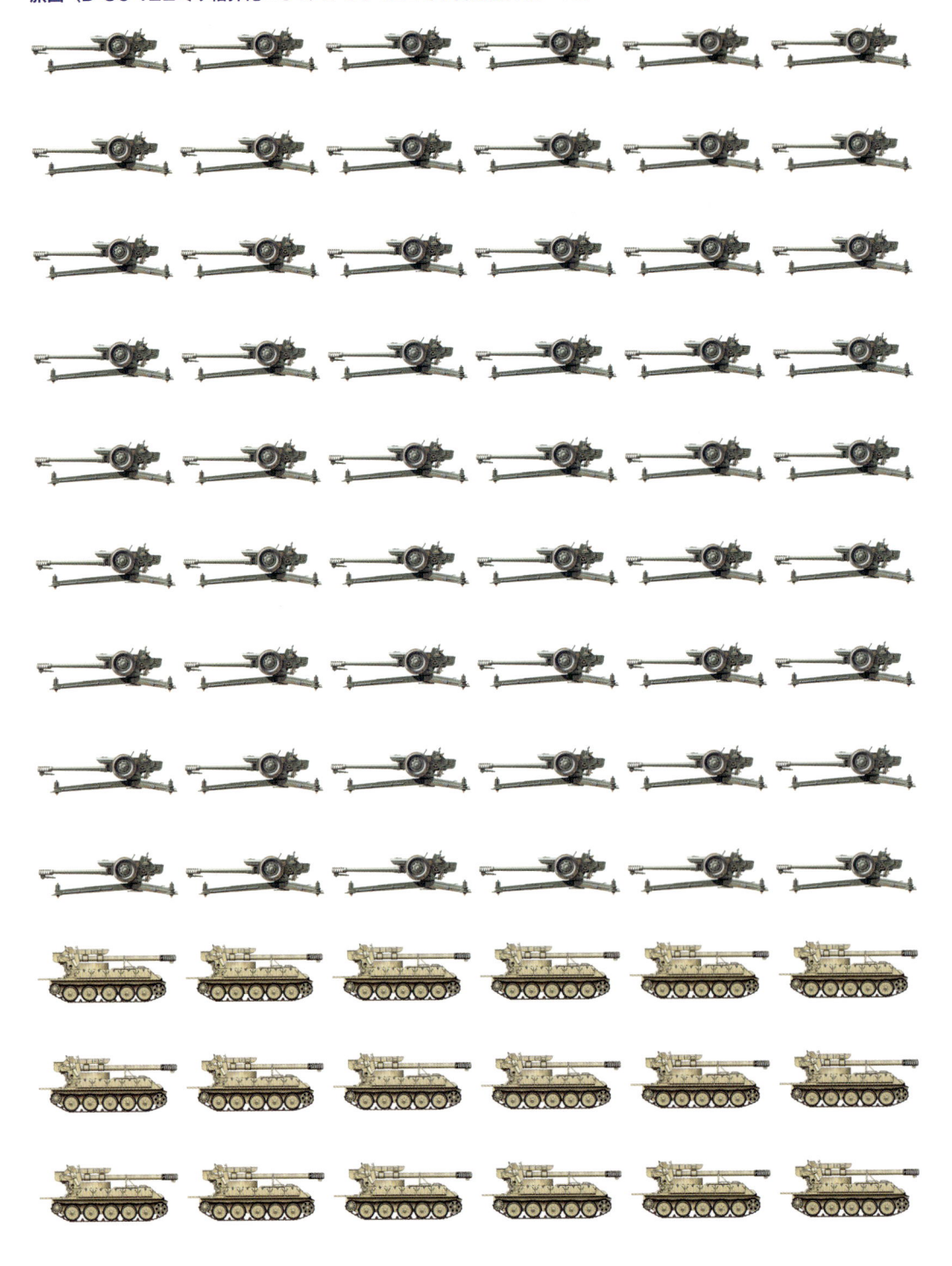

ようになった。しかしそのあいだにも、サガーに破壊されたイスラエル軍車両の推定数は800両から1000両以上にのぼり、故障して修理にもどした車両もふくめるとその数はおそらくさらに増えただろう。

エジプト軍歩兵隊は守勢に立たされると、兵士は通常、サガーがすぐ使える状態にある塹壕陣地のそばに展開した。前進するイスラエル軍戦車の

ZSU-23-4 SPAAG

- 乗　　員：4名
- 重　　量：1万9000キログラム
- 全　　長：6.54メートル
- 全　　幅：2.95メートル
- 全　　高（レーダーを除く）：2.25メートル
- エンジン：V-6Rディーゼル（280馬力）
- 速　　度：時速44キロメートル
- 行動距離：260キロメートル
- 武　　装：AZP-23 23ミリ対空機関砲×4
- 無線機：不明

▲ZSU-23-4自走対空砲
エジプト陸軍／第2歩兵師団／第51砲兵旅団、1973年

レーダー誘導式の4連装23ミリ機関砲が搭載されたZSU-23-4自走対空車両（通称シルカ）は、第4次中東戦争中には多数のエジプト軍機甲旅団に配備された。地対空ミサイルとともに、シルカは多くの低空飛行するイスラエル軍機を撃墜した。

▼T-34搭載型122ミリD-30自走榴弾砲
シリア軍／第64砲兵旅団、1973年

砲塔をとりはずした第2次世界大戦時代のT-34中戦車のシャーシは、第4次中東戦争中、シリア陸軍のD-30 122ミリ自走榴弾砲の安定したプラットフォームになった。前進する機械化歩兵部隊に随伴して不可欠な支援射撃を行なうため、シリア軍はこのふたつのソ連兵器を改造してひとつの高性能なシステムをつくりだした。

T-34 with 122mm D-30 SP howitzer

- 乗　　員：7名
- 重　　量：不明
- 全　　長（車体）：6メートル
- 全　　幅：3メートル
- 全　　高：不明
- エンジン：V-2 V12ディーゼル（493馬力）
- 速　　度：時速55キロメートル
- 行動距離：360キロメートル
- 武　　装：D-30 122ミリ榴弾砲×1

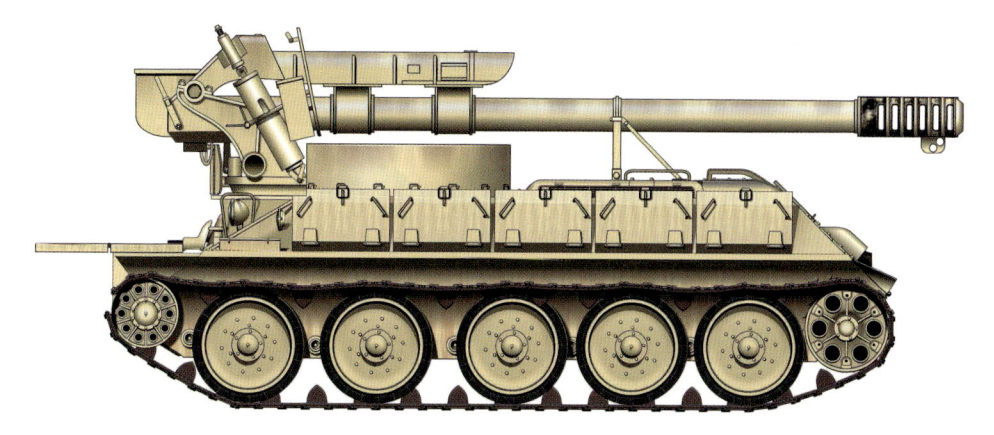

The Middle East and Africa

乗員は、開戦からの数日間でサガーの能力を十分理解していたので、その存在のためだけに攻撃方法を変更した。イスラエル軍の機甲部隊の戦闘ドクトリンは迅速な展開を強調していたが、サガーが相手ではより慎重な接近手段が求められた。歩兵隊は、時間と命の両方の犠牲を強いているサガー陣地を破壊するために配置された。

チャイニーズ・ファームの戦いで、アリエル・シャロン将軍率いるイスラエル軍第143機甲師団の分隊は激しい抵抗にあい、10月15日一夜の猛烈な戦闘で250両の戦車のうち約70両を失った。スエズ運河周辺での戦闘中、エジプト軍が撤

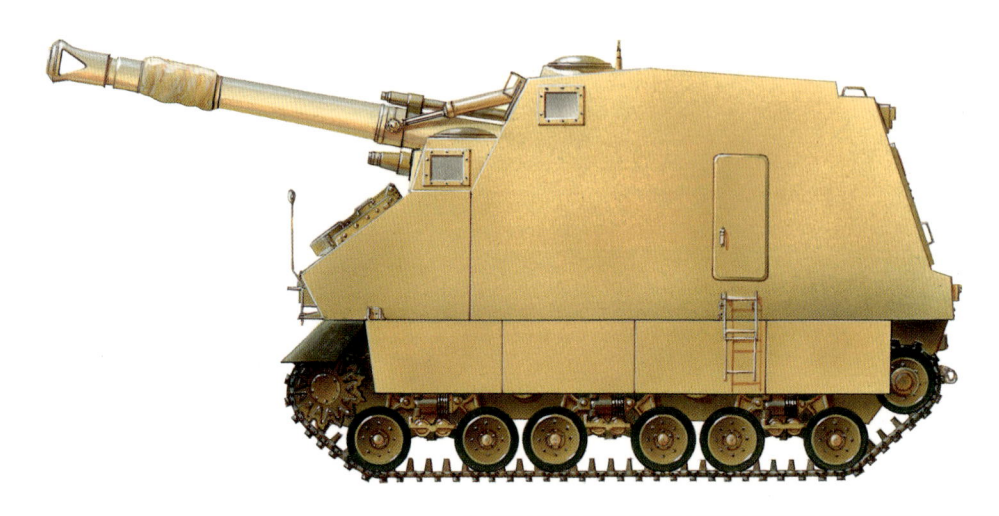

▲ソルタム・システムズL33 155ミリ自走榴弾砲
イスラエル国防軍／第188機甲旅団、1973年

その大型の箱型戦闘室が特徴的なソルタム・システムズL33は、M4A3E8シャーマン戦車のシャーシに155ミリ榴弾砲1門を搭載していた。1968年に試験が行なわれたのち、1970年に生産が開始された。この車両は第4次中東戦争直前に配備された。

Soltam System L33 155mm SP howitzer

乗　員：8名
重　量：41.5トン
全　長　(車体)：5.92メートル
全　幅：2.68メートル
全　高：不明
エンジン：フォードGAA V8ガソリン（450馬力）
速　度：時速38キロメートル
行動距離：260キロメートル
武　装：L33 155ミリ榴弾砲×1、および7.62ミリ機関銃×1

▲ソルタム・システムズM68 155ミリ榴弾砲
イスラエル国防軍／第75機甲歩兵大隊、1973年

フィンランドの設計をもとに開発されたソルタムM68 155ミリ榴弾砲は、4輪式砲架に搭載されていた。射撃位置につける際は、砲架の脚の先端部にある車輪を移動し、さらに駐鋤を地面に打ちこんで固定した

Soltam System M68 155mm howitzer

要　員：8名
口　径：155ミリ
俯仰角：−10度〜＋67度
重　量：8000キログラム
射　程：2万2000メートル
砲口初速：毎秒765メートル

第5章　中東とアフリカ

退を試みた際、伝えられるところでは、エジプト軍第19歩兵師団の対戦車1個チームが、少なくとも9両のイスラエル軍戦車をサガーミサイルで破壊したという。

　空では、1967年の六日戦争でエジプト軍の装甲車両と集結した歩兵に大打撃を与えたイスラエル空軍の優勢は、最新のレーダー探知システムを搭載したソ連製地対空ミサイルと速射自走対空砲によって脅かされていた。ソ連の2K12クーブ（NATO名SA-6ゲインフル）防空ミサイルは、第4次中東戦争当時、最新鋭の地対空ミサイルシステムだった。SA-6の開発は1958年夏に着手され、このシステムは1970年までに赤軍部隊に配備された。

　3連装発射器と高性能レーダー（NATO名ストレートフラッシュ）を装備した装軌式シャーシに搭載されたSA-6は、イスラエル軍機、とりわけアメリカ製A-4スカイホークとF-4ファントムに多大な損失をもたらした。SA-6中隊のはなはだしい成功に対抗して、イスラエル軍機はレーダーの電波の下を低空飛行する戦術を採用した。しかしそうすることでイスラエル軍機は、エジプト陸軍のZSU-57-2自走対空砲やきわめて効果的なZSU-23-4シルカ対空砲に攻撃されることになった。

シルカ

　ロシア南東部の川にちなんで名づけられたZSU-23-4シルカは、PT-76水陸両用戦車やSA-6防空ミサイルのものとほぼ同じ改造シャーシに搭載された、レーダー管制の23ミリ機関砲4門から構成される。ZSU-23-4の発射速度は4門合わせて最大毎分4000発で、低空飛行する航空機に対し文字どおりの弾幕を張ることが可能である。1950年代末期に開発され、1960年代初頭から1980年代にかけて大量生産され、その多くはソ連の依存国の軍隊に配備された。少なくとも5機のイスラエル軍のファントムが、1973年10月7日のSA-6移動発射基地に対する戦闘機1機の機銃掃射のあいだ、ZSU-23-4に撃墜された。

　シルカは、57ミリ機関砲2門を搭載した前型ZSU-57-2の後継として設計されていた。57ミリ機関砲は口径こそまさっていたが、ZSU-57-2の発射速度は2門合わせて毎分約240発で、シルカよりはるかに低かった。ZSU-57-2はソ連が大量生産した最初の自走対空砲で、スパルカ（ペアの意）という愛称で呼ばれたこの兵器は、第4次中東戦争でその後継型より効果がかなり劣ることが判明した。

　イスラエル国防軍はエジプト軍の自走砲に、アメリカ設計のM4A3E8「イージーエイト」シャーマン戦車のシャーシに強力な33口径砲身を搭載した、ソルタムL33 155ミリ自走榴弾砲で対抗した。この自走榴弾砲は、その高い姿勢と乗員8名を収容する箱型砲塔で容易に見分けがつく。一方、ソルタムM68 155ミリ牽引榴弾砲は、イスラエルで設計・製造され、1970年にIDFで運用がはじまった。射程は2万2000メートルで、第4次中東戦争緒戦の危機的状況においてエジプトおよびシリア軍の前進を遅らせるのに不可欠だった火力を提供した。1960年代初頭のフィンランドのふたつの設計をもとにしたM68は、1968年に発射試験が行なわれ、のちに長砲身化したM71にアップグレードされた。

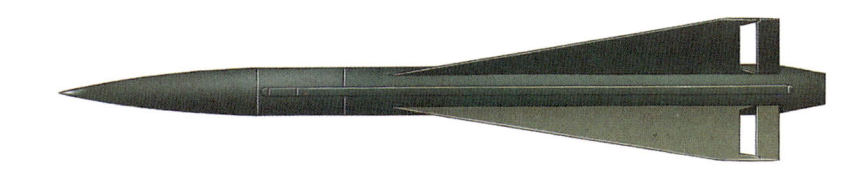

▲MIM-23ホーク地対空ミサイル
イスラエル空軍／南方防空連隊、1973年

第4次中東戦争が勃発したとき、イスラエル空軍はアメリカ製MIM-23ホーク地対空ミサイルを最大12基手に入れていた。1960年に配備されたホークは、準中距離防空ミサイルシステムとして現在も使用されている。ホークミサイルはまた、イスラエル軍によって装軌車両に搭載され自走型がつくられた。

MIM-23 HAWK surface-to-air missile

推進方式	2段式、固体燃料
配　　備	固定式または移動式
全　　長	5.12メートル
直　　径	370ミリ
発射重量	626キログラム
射　　程	40キロメートル

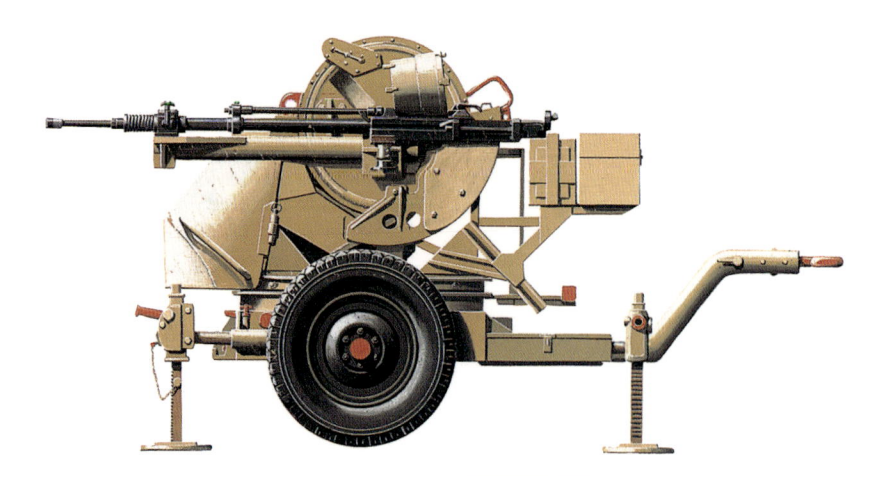

▲ **TCM-20対空砲（イスパノ・スイザHS.404）**
イスラエル国防軍／第14歩兵旅団、1973年
イスラエル軍のTCM-20はもともと、アメリカの牽引式2連装ブローニング12.7ミリ対空機関銃の改良型として第4次中東戦争に就役した。TCM-20は機関銃をイスパノ・スイザ20ミリ機関砲2挺に交換し、軽車両で容易に牽引できる2輪式砲架に搭載された。

TCM-20 AA gun（Hispano-Suiza HS.404）
要　員：3名
口　径：20ミリ
俯仰角：－10度～＋90度
重　量：1350キログラム
射　程：2000メートル
砲口初速：毎秒844メートル

レバノン 1982～2006年

さまざまな武装勢力がレバノンの支配をめぐって数年にわたり争い、内戦が国土を荒廃させた。イスラエルおよびシリア軍の火砲とゲリラの無差別なロケット弾攻撃が、この国の苦しみの象徴となった。

1970年代半ば、内戦がレバノンを荒廃させるにつれ、近隣諸国はいやおうなく紛争に引きずりこまれていった。国家の統制があやうくなる一方で、古くからの反目が表面化し、パレスチナ解放機構（PLO）はキリスト教徒とムスリム武装勢力とのあいだの混乱をあおり、同様にイスラエルとシリアにも軍事行動を挑発した。同じころ、テロ組織ヒズボラが、イラン政府が支援するイスラム過激派とパレスチナ民族主義者によって設立された。

この混乱の時期、イスラエル国防軍がレバノンに侵攻し、とくに1982年の攻撃ではその一部を占領し、パレスチナ解放機構をレバノンから追放した。イスラエルの関与は、レバノン南部の難民キャンプからイスラエル北部の入植地に対して続くテロやゲリラのロケット弾攻撃および侵入攻撃に端を発していた。こうした軍事行動はPLO、のちにはヒズボラの支援を受けていることが多かった。レバノンにおけるその戦力の最盛期には、PLOは国内に最大200の火砲とロケット発射器を配置し、7個砲兵大隊を構成していた。

新旧の反目

シリア陸軍がたびたび、SA-6ゲインフルのような防空ミサイル19個中隊をふくむ、少なくとも200の戦車と火砲をベカー高原地方に配備す

第5章 中東とアフリカ

る一方、イスラエル国防軍は、支援野戦砲兵と防御部隊にくわえ、1200両以上の戦車と装甲兵員輸送車を投入していた。キリスト教徒とムスリム双方の自警武装集団は数千にのぼり、戦争の過程で、こうした集団がたがいに同盟を結び、同盟相手を裏切り、忠誠関係のもつれから争うあいだに、何千人もの一般市民が命を落とし、負傷し、家を失った。砲撃は戦闘の結果を左右することが多く、レバノン内戦では、ゲリラ戦士をかくまっていると疑われた一般市民に対してや、たんにテロの手段として、複数の武装勢力によって無差別に行なわれた。

シリア陸軍、PLO、ほかの武装勢力がレバノンで採用したもっともすぐれた火砲に、ソ連製130ミリM1954、152ミリ野砲、BM-21トラック搭載型ロケット発射器があった。M-46としても知られる130ミリM1954は、レバノン内戦当時、旧式化していたにもかかわらず、やはり効果的だった。8名の要員は、標準的な戦闘状況下では毎分6発、バースト射撃では毎分8発、持続射撃では毎分5発発射することが可能だった。標準榴弾で27.5キロという有効射程のおかげで、かなりの距離のところにいるイスラエル軍部隊やほかの目標に対して使用することができた。中国はM-46のコピーを何年にもわたりライセンス生産しており、それには59-1式という制式名称が与えられている。

D-20 152ミリ牽引カノン榴弾砲（M1955）は1955年、核弾頭搭載可能な長距離野砲として赤軍に導入された。8名の要員は、バースト射撃で最大毎分6発、持続射撃で毎分1発を発射することができた。射程は標準榴弾で約17.4キロだった。中国で66式として生産されたD-20は、半自動垂直鎖栓式の砲尾を採用した最初のソ連製野砲だった。

第2次世界大戦時代の原型BM-13カチューシャロケット発射器の子孫であるBM-21グラート122ミリロケット発射器は、1964年に運用がはじまり、現在もなお広く使用されている。BM-21は、40本の発射筒がウラル375D6×6トラックのシャーシに搭載されている。発射速度は毎秒2発、最大射程は40キロメートル

T-34 with 122mm D-30 SP howitzer

乗　　員	7名
重　　量	不明
全　　長（車体）	6メートル
全　　幅	3メートル
全　　高	不明
エンジン	V-2 V12ディーゼル（493馬力）
速　　度（路上）	時速55キロメートル
行動距離	360キロメートル
武　　装	D-30 122ミリ榴弾砲×1

▼T-34搭載型D-30 122ミリ自走榴弾砲
シリア陸軍／第1機甲師団／
レバノン駐留、第58機械化旅団、1982年
この図は、冬用のカモフラージュで発射位置につくシリアのD-30 122ミリ自走榴弾砲を示したもの。要員の射撃用プラットフォームは戦車のシャーシ側面から展開され、移動の際には折りたたまれた。

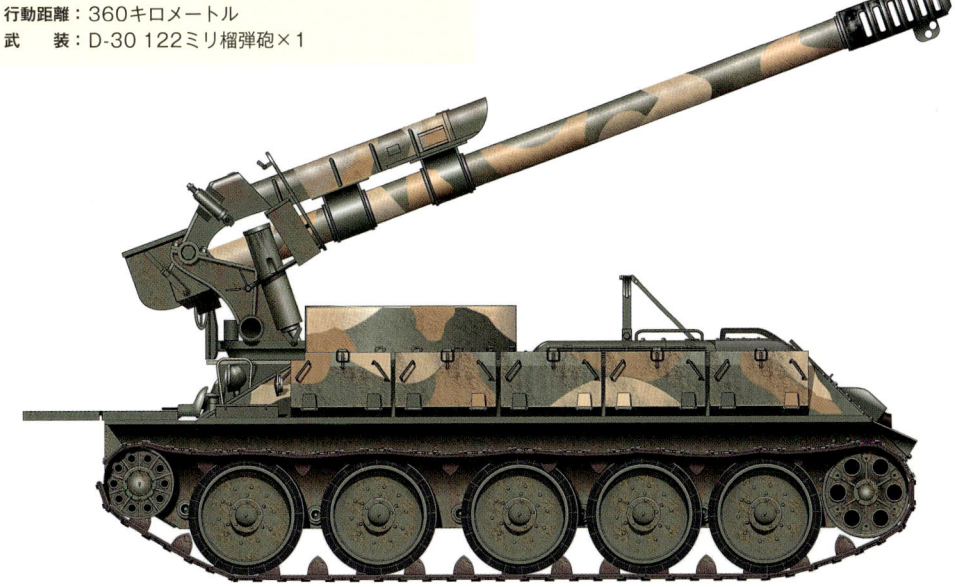

で、BM-21中隊は広範な領域に飽和攻撃を行ない、兵站地や機甲編成を粉砕することが可能である。要員5名はシステムをわずか3分で射撃位置につけることができるものの、再装填には約10分かかる。一斉射撃では、40発のロケット弾すべてをわずか20秒で発射することができる。

発射器自体はPLOやシリア陸軍に利用されているが、その一方でハマスやヒズボラのようなゲリラ組織は、イスラエル入植地への攻撃の際、BM-21で使用されているのと同じ122ミリロケット弾を改良型発射筒から撃っていることが知られている。

戦艦砲撃

1980年代初頭、国連平和維持軍と多国籍軍が戦争で荒廃したこの国に派遣され、アメリカはレバノン内戦に巻きこまれることになった。こうした部隊はひんぱんに、自爆テロやゲリラ活動の標的になった。1983年10月、爆弾を積んだ2両のトラックがレバノンの首都ベイルートにある米海兵隊兵舎とフランス軍施設に突っこんで自爆し、300名近くの兵士が死亡した。シリア軍とドルーズ派の砲兵隊はキリスト教徒の陣地を定期的に爆撃する一方、キリスト教徒も同じ手段で応酬し、対決を挑発することもよくあった。アメリカ軍機は何度か、シリア軍が防空ミサイルを米仏機に向けて発射したことへの報復として、シリア軍の砲撃陣地を攻撃した。

1983年12月14日、戦艦ニュージャージーの406ミリ砲が、レバノン首都近郊の敵陣地にはじめて発射された。1984年2月8日、ニュージャージーは沿岸の目標に対し朝鮮戦争以来最大の艦砲射撃を行ない、シリア陸軍とその同盟のドルーズ派民兵組織が占領する陣地に406ミリ砲弾を300発撃ちこんだ。事後報告書によれば、この巨大な砲弾の少なくとも30発がシリア軍の指揮所を破壊し、少なくとも、レバノンに駐留するシリア全軍の司令官とされる将官ひとりと、上級参謀将校数人が死亡したという。

数々のレバノンへの侵入で、イスラエル国防軍は機甲部隊と機械化歩兵を投入して過酷な市街戦に対応する一方、砲撃を行なってゲリラ部隊の小火器やロケット弾を制圧し、またシリア軍の砲とも対決した。M50自走攻撃砲とともに、イスラエル軍はソルタムM68 155ミリ榴弾砲と、M68の改良型M71を配備していた。M71には長砲身化にくわえ、戦闘状況下での迅速な装填と射撃を容易にする圧縮空気駆動式槊杖も採用された。イスラエル軍はまた、M4シャーマン戦車のシャーシを改造して、33口径155ミリ砲やその長砲身型の39口径砲をはじめとするさまざまな火砲を搭載できるようにしていた。

イスラエル製自走砲

M109自走榴弾砲やM107 175ミリ自走砲といったアメリカ製火砲を使用するとともに、イスラエル軍は独自の自走砲を開発した。1980年代半ばソルタム社は、メルカヴァ主力戦車の改造シャーシに重砲を搭載した、ショレフ（またはガン

Rascal light SP howitzer

乗　　員：4名
重　　量：1万9500キログラム
全　　長　（砲をふくむ）：7.5メートル
全　　幅：2.46メートル
全　　高：2.3メートル
エンジン：ディーゼル（350馬力）
速　　度：時速50キロメートル
行動距離：350キロメートル
武　　装：155ミリ榴弾砲×1

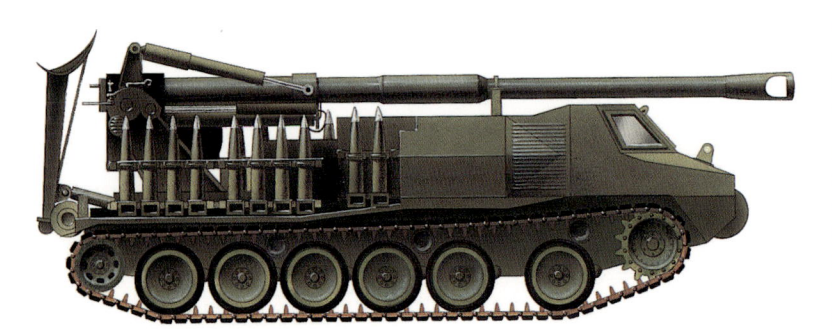

◀ **ラスカル軽自走榴弾砲**
イスラエル国防軍／南方司令部／第366師団／第55砲兵大隊「ドラケン」（「ドラゴン」）、1990年

ラスカル軽自走155ミリ榴弾砲は、ソルタム社によって設計・製造された。重量わずか20トンほどのラスカルは、最軽量のソルタム155ミリ自走榴弾砲で、航空機やトラック、鉄道での輸送が可能だった。

スリンガー）として知られる155ミリ自走榴弾砲を試験した。だが、この45.7トン車両が生産されることはなかった。1982年のレバノン侵攻では、破片榴弾やクラスター弾が発射可能な290ミリロケット弾発射筒4本を搭載したMAR-290が配備された。

ソルタム・ラスカル軽自走155ミリ榴弾砲はショレフと同時期に開発されたが、重量が20.3トンとはるかに軽量で、空輸も容易だった。砲身はシャーシ後方の油圧式ターンテーブルに搭載され、このターンテーブルはラスカルの安定性を高める役割もはたしている。また発射準備を整え

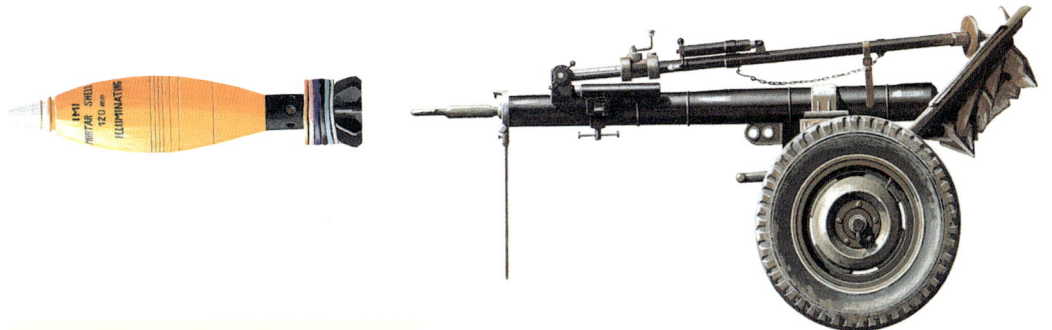

Soltam 120mm Mortar

要　　員	5名
口　　径	120ミリ
俯　仰　角	＋43度〜＋85度
重　　量	231キログラム
射　　程	6500メートル
砲口初速	毎秒310メートル

▲ソルタム120ミリ迫撃砲
イスラエル国防軍／ゴラン歩兵旅団、1982年
2輪式砲架にのせて牽引されることの多い重歩兵迫撃砲、ソルタム120ミリ迫撃砲は、軽火器の代替としてアメリカ軍をはじめとする複数の軍隊で採用されてきた。有翼砲弾を使用することで、敵陣地に対し精度の高い曲射攻撃を行なう。配備は迅速で、トレーラーを傾けて底板を接地させ、発射筒を上に向ける。

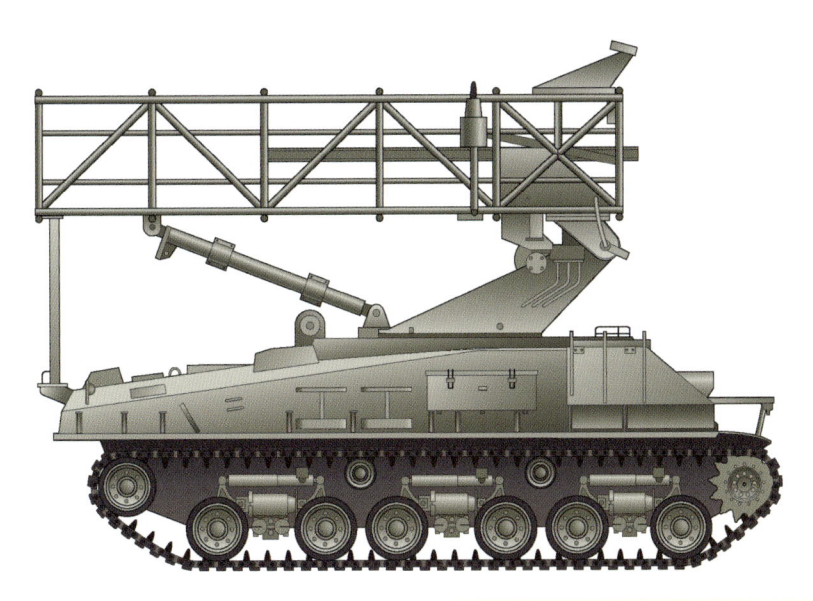

▲MAR-290
イスラエル国防軍／第211機甲旅団、1982年
ソ連製BM-24多連装ロケットシステムのイスラム製コピーの改良型であるMAR-290は、M4シャーマン戦車の改造シャーシに290ミリロケット弾発射筒4本を後ろ向きに搭載している。1982年のイスラエルによるレバノン侵攻で実戦デビューし、破片榴弾やクラスター弾も発射可能である。

MAR-290

乗　　員	4名
口　　径	290ミリ
ロケット弾全長	5.45メートル
ロケット弾重量	600キログラム
システム戦闘重量	2万9465キログラム
射　　程	22キロメートル
発射速度	10秒でロケット弾4発

The Middle East and Africa

る際には、ふたつの油圧操作式駐鋤(ちゅうじょ)で固定する。36発の砲弾は車体外部に収納されている。

　この時期の革新的歩兵兵器は、ソルタム120ミリ迫撃砲だろう。1990年代初頭にアメリカ陸軍に制式採用されたソルタム120ミリは、最大発射速度が毎分16発、持続発射速度は毎分4発である。要員4～5名で運用され、牽引もしくは軽車両に搭載される。

▲火力支援
2006年のレバノン戦争中、イスラエル北部からレバノンの敵陣地を砲撃するイスラエル軍のM109A6自走榴弾砲。

▲M109自走榴弾砲
イスラエル国防軍／
第212砲兵連隊／第405砲兵大隊／
第2小隊、2006年

アメリカのM109 155ミリ自走榴弾砲は1950年代初頭に開発され、何度もアップグレードされて、自動射撃統制装置、改良型砲架、長砲身化、爆発反応装甲（ERA）などの改良がほどこされた。4000両以上が製造され、現在も30カ国以上の軍隊で運用されている。

M109 SP howitzer

乗　　員：6名
重　　量：27.9トン
全　　長：6.61メートル
全　　幅：3.26メートル
全　　高：3.29メートル
エンジン：デトロイト・ディーゼル Model 8V-71Tディーゼル（405馬力）
速　　度：時速56キロメートル
行動距離：390キロメートル
武　　装：155ミリ榴弾砲×1

イラン・イラク戦争 1980～88年

サダム・フセイン政権下のイラクがイランに侵攻したのに続いて、近隣アラブ諸国は恐ろしい消耗戦へと突入していった。双方の陣営が弾道ミサイルを発射し、化学兵器の恐怖が世界に明らかになった。

　イラン空軍基地に先制空爆をしかけ、イラク陸軍部隊がこのイスラム共和国の国境を越えてどっと押し寄せたとき、サダム・フセインはただちに勝利を勝ちとれるものと期待していた。しかし両国は血なまぐさい消耗戦におちいり、それぞれが一時的に優位に立つだけで、結局、どちらも相手に圧勝することはできなかった。

　イラク軍は専門訓練を受け、それなりに近代化され、また多数の国々から購入した装備で増強されて戦争にそなえていたが、対するイラン軍は帝政イラン時代に購入したアメリカ製の野砲や少数の自走砲といった装備で立ち向かっていた。戦争が長引くにつれて明らかになったのは、イラク軍がイラン軍よりもかなり多くの牽引砲と自走砲を保有していることで、そのため、イラン軍の装甲車両や歩兵隊は戦場で断然不利になることが多かった。しかしイラン軍歩兵の数の絶対的重みによって、重装備におけるイラク軍の優位は相殺された。

　戦争の序盤、イラン陸軍は4個独立砲兵群と、4個ホークミサイル大隊からなる1個防空司令部を展開した。イラン軍の牽引砲には、アメリカ製M2A1 105ミリおよびM114 155ミリ榴弾砲がふくまれていた。かたや自走砲には、M107 175ミリ自走砲とM108 203ミリ自走榴弾砲があった。最盛期には、イランはさまざまな種類の火砲をおよそ5000門保有していた。

　1980年、イラク陸軍は7300門を超える牽引および自走砲を集結することが可能で、その一部は30年以上にわたり運用されていた。牽引砲のなかには、イタリアのオート・メラーラMod 56 105ミリ榴弾砲（山砲）、1960年代に開発されたソ連のD-20 152ミリM1955およびD-30 122ミリ、アメリカのM114、それにソ連の130ミリ砲M1954の中国版コピー59-1式があった。また自走砲には、比較的わずかなアメリカ

Canon de 155mm Mle F3 Automoteur

乗　　員：4名
重　　量：4万1949キログラム
全　　長：10.25メートル
全　　幅：3.15メートル
全　　高：3.25メートル
エンジン：イスパノ・スイザ110 12気筒多燃料（720馬力）
速　　度：時速60キロメートル
行動距離：450キロメートル
武　　装：155ミリ榴弾砲×1

▲ Mle F3 155ミリ自走榴弾砲
イラク陸軍／第5機械化師団、1980年

イラン・イラク戦争中、イラク軍はこのフランス製自走砲を85両受領した。この砲はGCT 155ミリ榴弾砲としても知られ、1977年に生産が開始され、1990年代半ばまでに400両以上が製造された。最大発射速度は毎分8発で、NBC（核・生物・化学兵器）防御が強化されており、イラン・イラク戦争でもっとも近代的な自走砲のひとつだった。

のM109にくわえ、ソ連の2S1 122ミリおよび2S3 152ミリ榴弾砲がふくまれた。

イラク陸軍はまた、ソ連の戦術地対地フロッグミサイル、AT-3サガー、AT-4スピガット対戦車ミサイル、さらにフランスのミラン対戦車ミサイルも装備していた。おなじみのソ連製BM-16およびBM-21トラック搭載システムをはじめとする、ロケット発射器もいくつか利用できた。イラクの弾道ミサイル目録には、ソ連のスカッドBと、アル・フセインとして知られる射程を延伸したスカッドの改良型がふくまれた。イランはイラクのテヘランへのスカッド攻撃に対し、シリアやリビアから購入したスカッドミサイルをバグダードに向けて発射し応酬した。戦争終結までに、イラクはスカッドの基本型とアル・フセインを500基以上費やし、一方イランは170基以上発射していた。

ブルズ・アイ（命中）

イランとの戦争が進行する一方、カナダ人技術者ジェラルド・ブルがイラク政府に雇われ、通常および化学・核兵器を発射できる長射程の火砲を製作した。ブルがイラクのために開発し、イランとの戦争で使用された砲のうちもっともすぐれていたのは、ブルが1970年代に数ヵ国、お

イラン軍砲兵部隊、1980年

部隊	基地
第11独立砲兵群	イラン、フージスターン
第22独立砲兵群	イラン、フージスターン
第44独立砲兵群	イラン、フージスターン
第55独立砲兵群	イラン、フージスターン
4個ホークミサイル大隊	イラン、フージスターン

もにオーストリアと南アフリカのために開発したGC-45とほぼ同じ設計の新型155ミリ榴弾砲約300門だった。GC-45はこの種類の兵器では世界最高のもののひとつとされ、最大射程3万9600メートル、最大発射速度は毎分5発、持続発射速度は毎分2発だった。報告書から明らかになったところによると、1985年にオーストリアがGHN-45という制式名称を与えられたこの砲を200門、戦争に使用する目的でヨルダンを経由してイラクへ輸出したという。1991年の湾岸戦争でも、これらの砲は依然として多国籍軍の悩みの種となっていた。

ブルはまた、ふたつの自走砲、口径210ミリのアル・ファオと同155ミリのマジヌーンの設

▲ **ZSU-57-2自走対空砲**
イラク陸軍／第113歩兵旅団、1980年
ZSU-57-2は最初、第2次世界大戦時にソ連赤軍で配備がはじまり、のちにT-54主力戦車のシャーシに合うように改造された。57ミリ対空機関砲2門を搭載したこの兵器は、各砲の持続発射速度が毎分70発だった。高い機動力と長射程から、1990年代まで長期にわたり運用された。

ZSU-57-2 SPAAG

乗　員	6名
重　量	2万8100キログラム
全　長	8.48メートル
全　幅	3.27メートル
全　高	2.75メートル
エンジン	Model V-54 V12ディーゼル（520馬力）
速　度	時速50キロメートル
行動距離	420キロメートル
武　装	57ミリ対空機関砲×2

計も委託された。アル・ファオは1989年にバグダードではじめて一般公開されたが、どちらについてもイラク陸軍で運用されていたかどうかはわかっていない。アル・ファオは南アフリカのG6榴弾砲とほぼ同じ設計で、重量は48.8トンと推定されていた。その5万6000メートルという射程は驚異的だが、109キロ砲弾を毎分4発という発射速度を考えればなおのことだろう。いちばんやっかいなのは、アル・ファオがサリンやマスタード、ホスゲンガスをふくむ化学砲弾を発射できることである。

化学兵器の恐怖

イランとの戦争中に何度となく、サダム・フセインは冷酷にも化学兵器を使用する意欲を示した。こうした致命的な大量破壊兵器は、スカッドミサイルや航空爆弾、火砲の砲弾によって発射された。Gシリーズ神経ガスとHシリーズびらん剤は、どちらも使用された。CIAは1991年、イランは戦争中、化学兵器によって少なくとも5万人の死傷者を出していたと見積もった。だが、ほかの推定では10万人を超えている。

戦闘において、イラク軍は化学兵器を防衛計画に組み入れていた。化学砲弾がたびたび、イラン軍の大規模歩兵攻撃と支援射撃を阻止する目的で、イランの兵站地や砲撃陣地に撃ちこまれた。イラク軍は通常の破片榴弾を離れた目標に発射する一方で、前線付近にあるイランの前進陣地や通信指令センター、出撃地を化学砲弾で攻撃した。イラク軍機はマスタードガスやタブン、毒性の強い神経ガスをつめた爆弾を落とし、さらにはヘリコプターに噴霧装置をとりつけて、戦場の広い範囲に化学兵器をまき散らした。

1986年3月、ハヴィエル・ペレス・デ・クエヤル国連事務総長は、イラクが1925年のジュネーヴ議定書に違反して化学兵器を使用したと非難した。サダム・フセインは使用を否定しつづけたが、証拠がつぎつぎと明らかになり、第三者機関の報告書によって何千人もの死傷者が確認された。とりわけぞっとさせられたのは、神経ガスが、イラク北東部のクルド人自治区ハラブジャの一般市民に対してあきらかに使用されたことだった。

人間対機械

1982年半ば、イラン軍の指揮権は国家のイスラム教指導者にゆだねられていた。その結果、塹壕で防備されたイラク軍兵士と火砲に対し、大規模な人海戦術がとられた。結果は予想どおりで、下は9歳、上は50歳からなるイラン軍兵士の多くが虐殺された。イラク軍もまた、イラン軍戦車の前進を妨げるため、低平地に殺到した。しかしほとんどの場合、両陣営ともに戦車の戦闘効率は、司令官が戦車を塹壕に隠しておもに火砲としてもちいることを優先したため制限された。

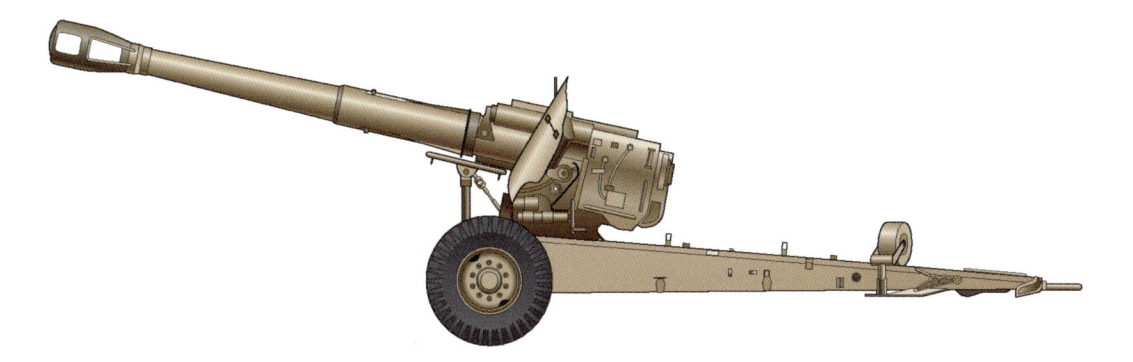

---

152 Towed Gun-Howitzer M1955 (D-20)

- 要　　員：8名
- 口　　径：152ミリ
- 俯仰角：-5度～+63度
- 重　　量：5700キログラム
- 射　　程：17.4キロメートル
- 砲口初速：毎秒650メートル

▲D-20 152ミリ牽引カノン榴弾砲M1955
イラク陸軍／第12機甲師団、1980年
D-20 152ミリカノン榴弾砲M1955は第2次世界大戦直後にソ連で開発され、1950年代半ばまでに赤軍で配備がはじまった。152ミリ榴弾砲M1937の後継として開発されたD-20は、開脚式砲架を採用し、最大発射速度は毎分6発だった。この砲を装軌式シャーシに搭載したものが、2S3自走攻撃砲である。

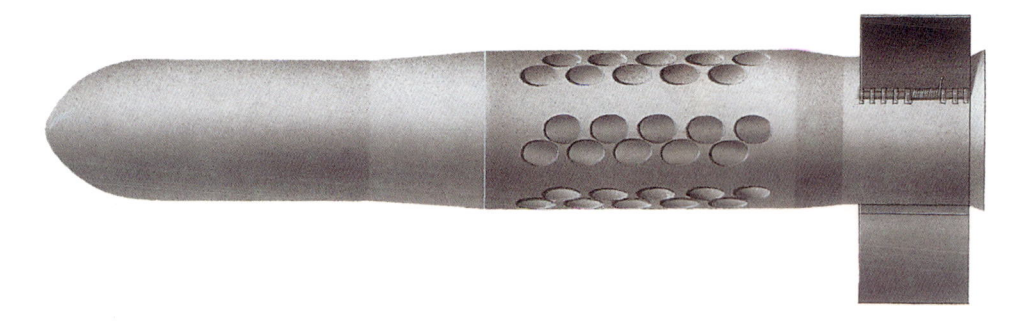

130　The Middle East and Africa

▲ **ドラゴン対戦車誘導ミサイル（ATGM）**
イランイスラム共和国陸軍／第30歩兵旅団、1981年
肩撃ち式の有線誘導式対戦車ミサイルとしてアメリカで開発されたドラゴンは、1960年代半ばに設計され、1975年にアメリカ陸軍で運用が開始された。とくにソ連の主力戦車を排除することを目的に設計されたこの兵器は、兵士ひとりで発射することが可能で、1980-88年の戦争ではイラクの装甲車両に対し効果的に使われた。

Drago ATGM

推進方式：	2段式、指向性爆薬
配　　備：	携帯式
全　　長：	1154ミリ
直　　径：	292ミリ
発射重量：	14.57キログラム
射　　程：	1000メートル

今日の中東　1990年～現在

この一触即発の地域では、多くの国々の軍隊が大量の火砲で武装しつづけてきた。こうした兵器の多くは何十年にもわたり運用され、いまなお致命的でありつづけている。

　火砲が中東諸国の軍隊、さらにはゲリラおよび民兵組織に拡散したことが、過去四半世紀にわたるこの地域の政情不安の一因となってきた。イランとの血なまぐさい戦争に続いて、サダム・フセイン政権下のイラクは、大規模な再武装計画に着手し、さまざまな国から装備や技術を購入して、イラク軍が1990年8月に侵攻することになる小国クウェートをはじめとする近隣諸国に脅威を与えた。イラクの脅威に対抗して、サウジアラビアやエジプトといった穏健派のアラブ諸国も、自国の地上部隊の火砲を近代化した。両陣営ともに主として外国の技術に依存する一方、既存の兵器を補完しようと各国が試みるなかで、既存システムの有機的改造も一部行なわれた。
　イラクの主要な購入品には、アメリカのM198 155ミリ牽引榴弾砲とM109 155ミリ自走榴弾砲、カナダ人技術者ジェラルド・ブルが設計し、オーストリア経由でイラクに売却されたGHN-45 155ミリ牽引榴弾砲、そしてフランスの最新型GCT 155ミリ自走砲があった。GCT 155ミリは1970年代初頭に開発され、1980年代にサウジアラビアに納入されて、最初の運用国になった。イラクもすぐあとに続き、イラン・イラク戦争中にGCTを85両購入した。この多くが以後10年にわたりイラク陸軍で運用されつづけ、1995年までに400両以上がフランスで製造された。F3 155ミリ自走榴弾砲の後継として開発されたGCTは、乗員4名を守る装甲防御が強化されたほか、暗視技術、NBC（核・生物・化学兵器）防御、それに自動装填装置が向上していた。
　サウジアラビア陸軍の火砲力は近年、アメリカのM109A6パラディン155ミリ自走榴弾砲を300両以上導入したことで大幅に改善された。パラディンは、1950年代後期に開発された初期型

▼AMX-13 DCA
サウジアラビア陸軍／第10機械化旅団、1990年

自走防空砲を求めるフランス陸軍の要求に応えて開発されたAMX-13 DCAは、1969年にフランス陸軍で運用がはじまった。イスパノ・スイザ30ミリ機関砲2門がAMX-13軽戦車のシャーシに搭載され、乗員3名は鋳鋼製の閉鎖式砲塔で防護されていた。のちに同じ砲塔をAMX-30戦車のシャーシに搭載した型も、サウジアラビアによって購入されている。

AMX-13 DCA
- 乗　　員：3名
- 重　　量：1万7200キログラム
- 全　　長：5.4メートル
- 全　　幅：2.5メートル
- 全　　高：3メートル
- エンジン：SOFAM Model 8GXb 8気筒ガソリン（250馬力）
- 速　　度：時速60キロメートル
- 射　　程：300キロメートル
- 武　　装：30ミリ機関砲×2

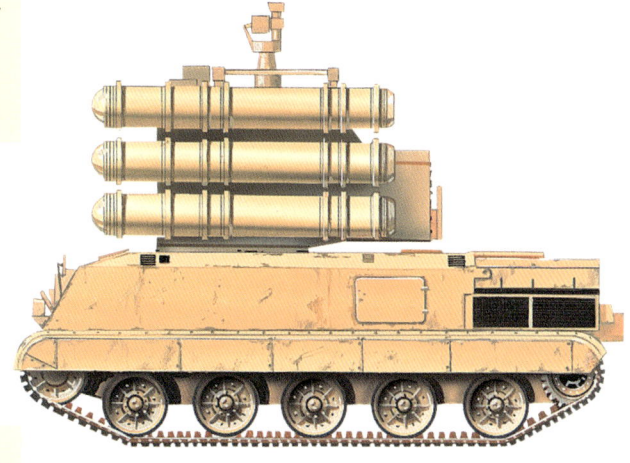

Shahine SAM
- 乗　　員：3名
- 重　　量：3万8799キログラム
- 全　　長：6.59メートル
- 全　　幅：3.1メートル
- 全　　高：5.5メートル
- エンジン：イスパノ・スイザ110 12気筒多燃料（690馬力）
- 速　　度：時速65キロメートル
- 射　　程：600キロメートル
- 武　　装：クロタル地対空ミサイル×6

▲シャヒーン地対空ミサイル（SAM）
サウジアラビア防空軍／ダーラン砲兵中隊、1991年

シャヒーン防空ミサイルシステムは、フランスのAMX-30主力戦車のシャーシと、フランスのクロタル対空ミサイルの派生型を組みあわせたものである。1990年代にサウジアラビア防空軍の17個機動砲兵中隊が装備したほか、固定発射基地にも配置された。

M109を大幅にアップグレードさせたもので、装甲防御や射撃指揮統制システムが向上し、移動もより迅速にできるようになっている。

　数百門のM198およびFII70 155ミリ榴弾砲が1980年代初頭、陸軍の5個砲兵大隊を装備するためサウジによって入手された。M198は1979年にアメリカ陸軍で配備がはじまり、よく訓練された9名の要員なら最大毎分4発を発射可能である。米英軍はM198をグローバル・コンバット・システムズM777榴弾砲に更新してきたが、M198はいまも中東諸国で広く使用されている。FH70はドイツ、イタリア、イギリスが共同開発し、1978年に運用がはじまった。8名の要員で、最大毎分6発もの155ミリ砲弾を最大30キロメートルの距離まで発射することができる。

イスラエルの点火

　近代的なイスラエル国防軍は、重装甲打撃力の基本ドクトリンを忠実に守りつづけている。しかし1973年の第4次中東戦争の教訓が、イスラエル軍指揮官の考え方に影響をおよぼし、牽引式・自走式をふくめ、火砲が戦場作戦の主力になっていった。イスラエル軍の戦車は、1973年の戦争では自走砲にほとんど支援されなかったため、携帯式ミサイルで武装したエジプト軍の対戦車部隊によってこうむった損害は並はずれて高かった。それ以来イスラエル軍の火砲は、レバノン南部でのシリア軍やゲリラ部隊との戦闘で重要な役割をはたしてきた。

　少なくとも15個機甲歩兵旅団と9個機械化歩兵旅団を戦闘配置につけ、イスラエル軍は近年それらの火砲力を、最新のアメリカ製M109 155ミリ自走榴弾砲を獲得して増強する一方、旧式化したM71牽引榴弾砲やほかのシステムも保持した。つい最近になって追加されたものに、ATMOS 2000 152ミリ自走榴弾砲とラスカル155ミリ自走榴弾砲がある。

　同時にイスラエル軍は、野砲や地対地ミサイルシステムをはじめとする核搭載可能な兵器にも投資してきた。例えば1960年代初頭にイスラエル政府とフランスのダッソー社が共同開発したエリコなどがある。エリコシリーズの最新型エリコIIIは、伝えられるところによれば3段式固体燃料ロケットによる弾道ミサイルで、最大射程は1万1500キロメートル、ペイロード750キロの単一核弾頭またはMIRV化弾頭3基を搭載可能だという。ことによると、エリコは中東全域をイスラエルの核兵器の射程内におさめるかもしれない。

▲ **AMX-13/LAR160 MLRS**
イスラエル国防軍／第334砲兵大隊、1993年
AMX-13/LAR160多連装ロケットシステムは、フランスのAMX-13戦車のシャーシにLAR160ロケット発射器を搭載したものだ。LAR160ミリロケット弾は通常13のポッドに収納され、トラックや軽装甲車、トレーラーといったほかのプラットフォームにも搭載可能である。LAR160ロケット弾は翼安定式で、固体燃料によって飛翔する。ヘリコプターで空輸し、空挺部隊や軽歩兵部隊に長距離火力支援を提供することも可能だ。

AMX-13/LAR160 MLRS

乗　　　員：	6名
口　　　径：	160ミリ
ロケット弾全長：	3477ミリ
システム戦闘重量：	1万6765キログラム
射　　　程：	45キロメートル
発 射 速 度：	不明

第5章　中東とアフリカ　133

▲パルマリア自走榴弾砲
リビア陸軍、1992年

輸出市場向けに開発されたオート・メラーラ社製パルマリア155ミリ自走榴弾砲には、自動装填装置が装備され、重砲がOF40主力戦車のシャーシに搭載されていた。最初の試作型は、1970年代末期に完成した。1982年に生産がはじまり、1990年代初頭に中止された。

Palmaria SP howitzer

乗　　員：5名
重　　量：4万6632キログラム
全　　長：11.474メートル
全　　幅：2.35メートル
全　　高：2.874メートル
エンジン：8気筒ディーゼル（750馬力）
速　　度：時速60キロメートル
行動距離：400キロメートル
武　　装：155ミリ榴弾砲×1、および7.62機関銃×1

G6 Rhino 155mm SP howitzer

乗　　員：6名
重　　量：4万7000キログラム
全　　長（シャーシ）：10.2メートル
全　　幅：3.4メートル
全　　高：3.5メートル
エンジン：ディーゼル（525馬力）
速　　度：時速90キロメートル
行動距離：700キロメートル
武　　装：155ミリ榴弾砲×1

▲G6ライノ155ミリ自走榴弾砲
アラブ首長国連邦軍、1997年

G6 155ミリ自走榴弾砲は、行動距離700キロメートルの自律システムである。南アフリカ共和国でデネル・ランド・システムズ社により開発されたG6は、南アフリカ共和国陸軍で配備され（43両）、アラブ首長国連邦（78両）やオマーン（24両）にも輸出されている。要員は地雷、砲撃、爆発時の破片から保護されている。

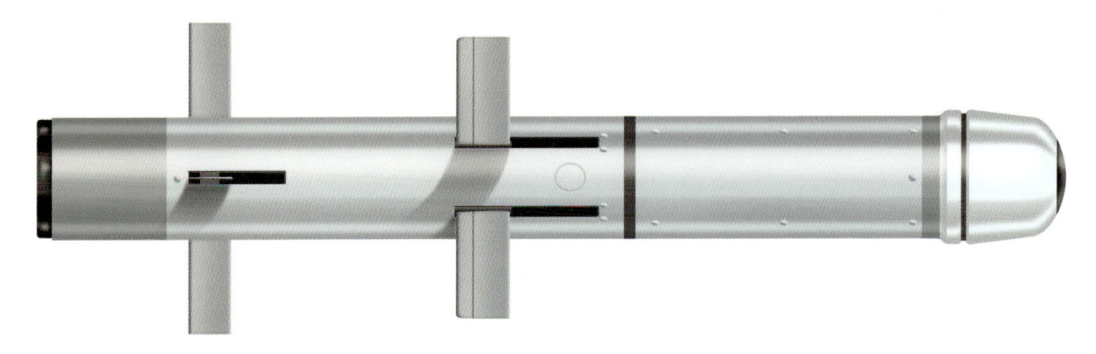

▲ **スパイク対戦車ミサイル**
イスラエル国防軍／ゴラン旅団、1998年
ファイア・アンド・フォーゲット（撃ちっ放し）能力をそなえた携帯式対戦車ミサイル、スパイクは、1997年にイスラエル国防軍で配備が開始された。赤外線ホーミング誘導方式を採用しているが、一部の派生型は光ファイバーによる有線画像誘導も可能である。弾頭はタンデムHEAT（対戦車榴弾）で、固体燃料ロケットにより飛翔する。スパイクは軽車両にも搭載可能だ。

Spike AT missile

推進方式	単段式、固体燃料
配備	携帯式または軽車両
全長	1670ミリ
直径	170ミリ
発射重量	4.3キログラム
射程	2万5000メートル
発射準備時間	30秒

アフリカの戦争　1960〜2000年

1960年以来、アフリカは20を超える内戦に苦しめられ、この数は地球上のほかのどの大陸をもはるかに上まわっている。民族紛争、領土的野心、独裁的指導者が混乱をさらに悪化させている。

　戦争に引き裂かれたアフリカ大陸は、地域主導の内戦、天然資源の支配をめぐる戦い、何世紀にもわたる部族・民族間の恨みの清算の現場となってきた。1960年以来、大規模な紛争がとくにルワンダ、コンゴ、ソマリア、スーダン、リベリア、ブルンジ、アンゴラで起こる一方、何百万人という一般市民、民兵、軍人が殺害され、家を失い、戦争がもたらす恐ろしい飢えと病気に苦しんでいた。1998年には、少なくとも11の大規模な武力紛争がアフリカ大陸で同時に進行していた。

代理戦争

　第三世界の出現はアフリカ大陸に権力の真空状態を生みだし、民族主義の高まりと混乱を助長した。よくあることだが、諸外国はこうした紛争をイデオロギーの代理戦争によって悪化させたり、または傀儡政権を通じて自国の勢力を伸ばそうとしたりした。かつての宗主国は、反政府軍閥や生き残ろうと戦う合法政府、あるいは反対派を粉砕しようとやっきになる圧政的政権に武器と装備を注ぎこんだ。

外部の供給者

　1950年から1989年にかけてアメリカは単独で、アフリカのさまざまな政府や、政治または軍事派閥に15億ドルを供与した。1991年には総額450万ドルにのぼる軍用装備品が、アメリカによって当時はザイールだった国の政府に輸送された。ソ連の軍事顧問団とキューバ軍は、長期にわたるアンゴラの内戦に参加した。アフリカ大陸のそれぞれの戦争で、新旧さまざまな火砲システムが死と破壊をもたらした。

アンゴラ内戦 1975～2002年

同盟関係とイデオロギー的色彩の強い対立とが複雑にからみあうなか、アンゴラの27年におよぶ内戦は、少なくとも50万人が死亡し、さらに超大国がエスカレートする代理戦争に引きずりこまれてようやく終結した。

　長いあいだポルトガルの植民地だったアンゴラは、1974年秋に独立国家となったが、その直後に内戦が勃発した。共産主義者が支援する与党MPLA（アンゴラ解放人民運動）とその軍事組織FAPLA（アンゴラ解放人民軍）は、反共産主義のUNITA（アンゴラ全面独立民族同盟）と敵対していた。これらがおもな対立勢力だったが、戦闘の過程で、ソ連、アメリカ、キューバにくわえ、ザイール、モザンビーク、南アフリカといった近隣アフリカ諸国が、戦闘に直接引きこまれるか、もしくはどちらか一方の陣営に物質的支援をした。平和をもたらそうとする国連の努力は絶えず妨げられ、一般市民はたびたび十字砲火にさらされた。内戦は、短い和平と、国連が16億ドル以上を投じて平和維持軍を派遣した1994年から1998年を境に、はっきりと3つの時期に区切られる。

　アンゴラ内戦中、数えきれないほどの重砲爆撃が行なわれたが、その多くは常備軍と民兵組織によるものだった。ソ連軍部がアンゴラのマルクス主義軍に行なった支援は1986年には10億ドルを超えていたが、フィデル・カストロ政権下のキューバは、武器や装備ばかりか、戦闘部隊も投入していた。戦争が長引くにつれ、キューバ軍の兵力は4万に近づいた。時を同じくして、アメリカはUNITAに、肩撃ち式FIM-92スティンガー防空ミサイルのような高性能兵器とともに、数百万ドルの支援金を送った。

　多数の国々が軍用機、ミサイル、小火器や火砲を対立勢力に売却したので、アンゴラは戦争中、ほとんど武器市場のようだった。UNITAは北朝鮮から多数のフロッグミサイルシステムを購入したことが知られていた。ソ連が設計したフロッグ-7は1960年代半ばに配備がはじまり、ZIL-135 8×8装輪トラックをプラットフォームにした輸送車兼用起立式発射器に搭載されている。ミサイル自体には550キロの榴弾弾頭が搭載され、最大射程は90キロメートルである。

冷戦の災難

　東側も西側も、アンゴラ内戦を政治的・軍事的意志の争いとみなしていた。アンゴラはまさに、主要国が政治的・イデオロギー的威信を賭けた代理戦争の典型例であることが明らかになった。1988年はじめのクイト・クアナヴァレの戦いは、第2次世界大戦中、エジプトの辺地エル・アラメインで起きた戦闘以来、アフリカ大陸における最大の戦闘となった。両陣営がともに勝利を主張したが、勝敗ははっきりしなかった。

　国境の安全保障に関連して、南アフリカ政府は

9K33 Osa (SA-8 Gecko)

推進方式	単段式、固体燃料
配備	移動式
全長	3.15メートル
直径	210ミリ
発射重量	130キログラム
射程	12キロメートル
発射準備時間	4分

▲9K33オサー（SA-8ゲッコー）
キューバ革命軍／革命陸軍司令部地対空ミサイル旅団、1988年

NATOにはSA-8ゲッコーとして知られる9K33オサー地対空ミサイルは、ソ連が開発し1972年に配備された、単段式固体燃料ロケットによる低高度地上兵器である。9K33は同じプラットフォームにミサイルと搭載レーダーを装備した最初の移動式防空システムで、プラットフォームには9A33水陸両用6×6輸送車兼用起立式発射器などがある。NATOがランドロールと愛称をつけたSA-8システムの高性能レーダーは、複数の目標を追尾でき、また、電子妨害手段によるジャミングの影響を最小限におさえることが可能である。

幾度かアンゴラに軍事介入することを決めた。南アフリカ国防軍が配備した兵器には、ジェラルド・ブルのGC-45の設計をもとに自国生産された比較的新型のG5 155ミリ榴弾砲があった。1970年代後期に長期にわたり開発と改良が行なわれたG5は、1982年に南アフリカ軍で運用がはじまった。8名の要員が連続で毎分3発を発射できるこの兵器は、イラン、イラク、マレーシア、カタールにも輸出された。

1980年に結成された、南アフリカ国防軍隷下の南西アフリカ地域軍は、アメリカ製M40 106ミリ無反動砲を、トヨタ・ランドクルーザーやランドローヴァー・ディフェンダーをはじめとするさまざまな4×4車両に搭載していた。M40は1950年代半ばに初期型M27 105ミリ無反動砲の後継として開発された。一般に106ミリと呼ばれているが、実際には105ミリ砲である。名称をわずかに変えているのは、M40と互換性の

ASTROS II MLRS

乗　　　　員	3名
口　　　　径	180ミリ
ロケット弾全長	4.2メートル
ロケット弾重量	152キログラム
システム戦闘重量	1万キログラム
射　　　　程	1万6000メートル
発　射　速　度	毎分450～550発（連続射撃）

▲アストロスⅡ多連装ロケットシステム（MLRS）
FAPLA／機械化歩兵旅団砲兵大隊、1987年

アストロスⅡ多連装ロケットシステムは、ブラジルの防衛関連企業アヴィブラス社が開発し、1983年にブラジル陸軍で運用がはじまる一方、数カ国に輸出された。127ミリ、180ミリ、300ミリのロケット弾を発射できるアストロスは、テクトラン・エンジンハリア10トン6×6装甲車のシャーシにAV-LMU発射器を搭載している。発射器はロケット弾に応じて最大4～32基まで装填可能だ。この図では、180ミリSS-40ロケット弾が使われている。

▲アヴィブラスX-40
FAPLA／機械化歩兵旅団砲兵大隊、1976年

アストロスⅡ MLRSの前任であるブラジルのアヴィブラスX-40は、ベルナルディーノX1A1軽戦車のシャーシに単段式固体燃料自由飛行ロケット発射器が搭載されている。X-40は扱いのめんどうなシステムで、目標捕捉、発射手順、再装填に時間がかかった。最終的に、1990年代に退役した。

Avibrás X-40

乗　　　　員	4名
口　　　　径	300ミリ
ロケット弾全長	4.85メートル
ロケット弾重量	645キログラム
システム戦闘重量	1万7273キログラム
射　　　　程	68キロメートル
発　射　速　度	不明

ないほかの105ミリ弾との混乱を避けるためだった。ベトナムで大々的に使用されたこの兵器は、最終的に対戦車任務において、BGM-71 TOWのようなミサイルに更新された。

アンゴラでの共産主義軍は、ソ連圏から供与されたさまざまな牽引砲を配備していたが、旧式化していたにもかかわらず、M1954 130ミリがなかでもいちばんすぐれていた。1950年代半ばに第2次世界大戦以前の兵器の後継として開発されたM1954は、D-30 122ミリ野戦榴弾砲の1960年代の原型とともにFAPLAで運用された。ソ連ではM-46の制式名称が与えられているM1954は、アンゴラのジャングルや草原をそれなりに移動できるほど軽量である一方、持続発射速度が毎分6発、最大発射速度が毎分8発という恐るべき兵器だった。ロケット補助推進弾で最大射程37.8キロであることから、遠距離から敵軍に砲火を浴びせることが可能である。ソ連地上軍は1970年代後半にM-46を2A36ギアツィントB152ミリ砲に更新したが、この旧式化した兵器はいまなお世界中で使用されている。

空中で

南アフリカ軍機に対する防御のため、アンゴラ駐留キューバ軍はソ連製9K33オサー（ロシア語でスズメバチの意）を装備していた。オサーは強力な防空ミサイルで、最大有効射程は12キロメートル、19キロの榴弾弾頭を搭載していた。

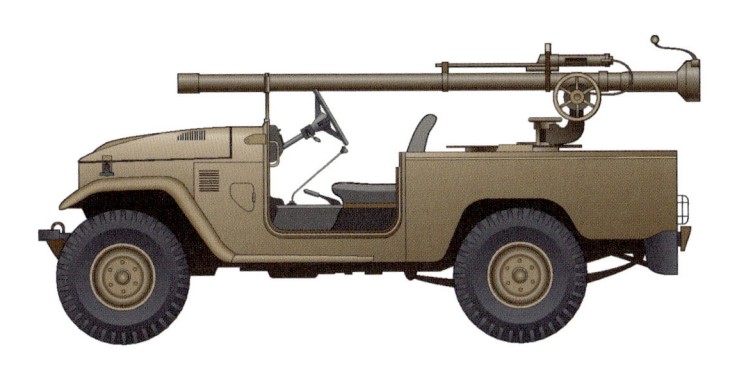

▲ トヨタ・ランドクルーザー搭載型106ミリ無反動砲
南西アフリカ地域軍／第201歩兵大隊、1980年
全地形型のトヨタ・ランドクルーザーは、南西アフリカ地域軍が配備した効果的な対戦車兵器、アメリカ製106ミリ無反動砲の理想的な搭載車両だった。106ミリ無反動砲は1950年代半ば、旧式化したM27の後継として開発され、のちにBTM-71TOWシステムのような対戦車ミサイルに更新された。

Toyota Land Cruiser with 106 mm recoilless rifle
要　　員：3名
口　　径：105ミリ
俯 仰 角：-17度～+65度
重　　量：209.5キログラム
射　　程：1350メートル
砲口初速：毎秒503メートル

▲ M-46 130ミリ牽引野戦砲M1954
FAPLA／機械化歩兵旅団砲兵大隊、1975年
ソ連ではM-46、NATOにはM1954として知られるこの130ミリ牽引野戦砲は、半世紀をへたいまなお多数の国々で運用されている耐久性の高い野砲である。M-46はアンゴラ内戦中、安定性のあるプラットフォームと、比較的高い機動力をもつ牽引砲であることが証明され、大量のM-46がより新型のD-30 122ミリ榴弾砲で増強された。

130mm Towed Field Gun M1954（M-46）
要　　員：8名
口　　径：130ミリ
俯 仰 角：-2.5度～+45度
重　　量：7700キログラム
射　　程：27.5キロメートル
砲口初速：毎秒930メートル

NATOにはSA-8ゲッコーとして知られていたこのミサイルは、1972年に赤軍で運用が開始され、10年近く生産された。その9A33 6×6装輪式輸送車兼用起立式発射器には高性能レーダーが装備され、同じ目標に対して同時発射されたミサイル2基を追尾できる。完全戦力のゲッコー1個中隊には、9A33車両4両と、予備のミサイルを輸送する9T217輸送車2両がふくまれる。

ブラジルのロケット弾

MPLAのもっとも効果的な兵器のひとつはブラジル製で、この国は1980年代に世界有数の武器輸出国のひとつとなった。アストロスⅡMLRS（多連装ロケットシステム）は1983年にブラジル陸軍で配備が開始され、たちまち、製造企業アヴィブラス社が販売したなかでもっとも利益の多い兵器システムとなった。アストロス（ASTROS、Artillery Saturation Rocket Systemの略）Ⅱの配備に先立って、アヴィブラス社はX-40 300ミリ移動式ロケットシステムを販売していた。X-40は、ベルナルディーノX1A1軽戦車のシャーシに単段式固体燃料ロケット発射器が搭載されていた。

アストロスⅡは、テクトラン・エンジンハリア10トン6×6トラックにAV-LMU発射器を搭載しており、127ミリ、180ミリ、300ミリのロケット弾が使用可能である。完全戦力のアストロスⅡ1個中隊は、発射車両6両、弾薬補給車6両、射撃統制車1両からなり、大隊レベルでは、通信指令センターが最大4個中隊まで指揮することができる。

FAPLA機械化歩兵旅団砲兵分隊、1986年

FAPLA機械化歩兵旅団の砲兵部門には、D-30 122ミリ野戦榴弾砲と第2次世界大戦中に開発されたソ連の対戦車砲、ZIS-3 76ミリ野戦砲を装備した2個中隊とともに、司令部、野戦砲観測要員がふくまれた。ソ連製BM-21多連装ロケット発射器が122ミリロケット榴弾で飽和攻撃を行なう一方、120ミリ迫撃砲チームが敵の硬化陣地や兵站地に曲射攻撃をくわえることも可能だった。FAPLAの実戦部隊はソ連赤軍と同じように編成されていたが、「旅団」という呼称はまぎらわしいかもしれない。というのは、FAPLA機械化歩兵旅団は、赤軍の機械化歩兵連隊を小規模にしたものだったからだ。

司令部（トラック×1）

野戦砲観測（トラック×1）

中隊（D-30 122ミリ野戦榴弾砲×2、トラック×2）

中隊（ZIS-3 76ミリ野戦砲×2、トラック×2）

MLR中隊（BM-21ロケット発射器×2）

迫撃砲中隊（120ミリ迫撃砲ユニット×1、トラック×1）

キューバ自動車化狙撃連隊砲兵分隊、1986年

1980年代末期の最盛期、アンゴラ駐留キューバ軍の兵力は4万に迫った。キューバ革命軍自動車化狙撃連隊の砲兵分隊には3個砲兵中隊がふくまれ、各中隊はBM-21トラック搭載型多連装ロケット発射器2両とD-30 122ミリ野戦榴弾砲1門で構成されていた。十分な装備の整ったキューバ軍は、AT-3サガーのような最新型の対戦車ミサイルとSA-8ゲッコーのような防空ミサイルもアンゴラに投入していた。こうした兵器は自走式フロッグ-7地対地ミサイルや120ミリ重迫撃砲と同様に、通常は歩兵大隊に配備された。

本部（トラック×1）　　　　　　　**野戦砲観測（トラック×1）**

1個中隊（D-30 122ミリ野戦榴弾砲×1、トラック×1、BM-21ロケット発射器×2）

1個中隊（D-30 122ミリ野戦榴弾砲×1、トラック×1、BM-21ロケット発射器×2）

1個中隊（D-30 122ミリ野戦榴弾砲×1、トラック×1、BM-21ロケット発射器×2）

南アフリカ 1970年〜現在

南アフリカ砲兵編成は、アンゴラとナミビアでは領土をめぐる軍事行動に、中央アフリカでは平和維持軍としてそれぞれ参加した。

　アンゴラ内戦に巻きこまれて以来、南アフリカ国防軍は、G5 155ミリ牽引榴弾砲、G6 155ミリ自走榴弾砲、バテラー127ミリ40連装MLRS（多連装ロケットシステム）、M5 120ミリ迫撃砲、より小口径の歩兵支援兵器など、兵器装備をつねに最新の状態に保ってきた。

　南アフリカ砲兵編成は、砲兵学校と、ポチェフトルーム駐留4個砲兵連隊、ブルームフォンテイン駐留第44落下傘連隊所属の1個空挺砲兵中隊、それに砲兵動員センターからなる混成部隊で構成される正規部隊として組織されている。予備役の7個砲兵連隊が中核戦力として維持されている。報告書は現在、兵員不足にくわえ、一部の予備役砲兵要員が中央アフリカに平和維持軍歩兵として駆りだされていることから、南アフリカ砲兵編成の完全配備はむずかしいだろうと指摘してい

る。また、第10防空連隊が独立部隊として維持されている。

最新の火力

南アフリカ砲兵編成の主力牽引兵器はG5 155ミリ榴弾砲で、ほぼ30年近く運用されており、そのあいだ幾度か改良がくわえられてきた。この兵器は1970年代末期、南アフリカのデネル・ランド・システムズ社が設計した。ジェラルド・ブルのGC-45榴弾砲をもとに設計され、原型の45口径型が52口径型にアップグレードされてG5 2000という制式名称が与えられた。

自走型

G5の自走型、G6ライノは重量のある6×6装輪車両のシャーシに搭載され、1980年代末期に生産がはじまった。敵の対砲兵射撃の効果を減じる卓越した機動性と、6名の乗員を対戦車地雷から防護する装甲車体の防御力が高く評価されている。

報告書によると、デネル社は1995年に105ミリ軽榴弾砲G7の開発に着手し、重量に関連して

▲ G5榴弾砲（アームスコー）
南アフリカ砲兵編成／ナタール野戦砲兵隊、1985年
G5榴弾砲は1970年代末期に、アームスコー社の元兵器製造施設であるデネル・ランド・システムズ社によって開発された。G5は、カナダ人技術者ジェラルド・ブルが開発したGC-45榴弾砲の設計の大半をとり入れ、通常榴弾もしくは翼安定長射程弾を発射できるよう改造されている。要員8名は、毎分3発の持続発射速度で射撃可能である。G5の改良型、G5 2000は2002年にデビューをはたした。

G5 howitzer (Armscor)	
要　員	8名
口　径	155ミリ
俯仰角	－3度～＋75度
重　量	1万3750キログラム
射　程	3万メートル
砲口初速	毎秒897メートル

南アフリカ国防軍第61機械化歩兵大隊砲兵中隊、1988年

現時点で、南アフリカ国防軍の標準的な中隊は、G5 155ミリ榴弾砲2門（およびトラック2両）もしくはM5 120ミリ迫撃砲2門のいずれかで構成される。一部の中隊はこの両方を装備し、どちらを使用するかは遂行すべき任務によって決まる。第61機械化歩兵大隊は、1988年には第82機械化旅団隷下にあった。

中隊（G5 155ミリ榴弾砲×2、M5 120ミリ迫撃砲×2、トラック×4）

徹底した試験と改良が行なわれたという。G7の自走型の試験は、デネル社とゼネラル・ダイナミクス・ランド・システムズ社との提携を受け、アメリカ陸軍と共同で行なわれた。ゼネラル・ダイナミクスLAVⅢ装甲車両のシャーシとG7砲架を組みあわせたことで、軽量かつ空輸可能な自走兵器が誕生した。この兵器は、アメリカ軍ストライカー旅団の部隊に装備される可能性がある。G7の牽引型は要員5名で運用され、持続発射速度は毎分6発、最大有効射程は32キロメートルで、この口径の兵器としては長射程である。G7のさらなる高性能型が、先進多機能軽砲能力（AMLAGC）プログラムと命名された契約のもと計画されている。

▲ G6ライノ155ミリ自走榴弾砲
南アフリカ陸軍／第8機械化歩兵大隊、1997年

G6ライノ装輪式自走榴弾砲は、そのすぐれた機動力と対戦車地雷に対する防御力で知られる。要員6名で、その52口径155ミリ榴弾砲は、前進する戦車縦隊の防御はもちろん、機械化歩兵による直接火力支援も意図して設計されている。

G6 Rhino 155mm SP howitzer

乗　　員	6名
重　　量	4万7000キログラム
全　　長	（シャーシ）：10.2メートル
全　　幅	3.4メートル
全　　高	3.5メートル
エンジン	ディーゼル（525馬力）
速　　度	時速90キロメートル
行動距離	700キロメートル
武　　装	155ミリ榴弾砲×1

Valkiri multiple launch rocket system

乗　　員	2名
口　　径	127ミリ
ロケット弾全長	2.68メートル
ロケット弾重量	53.5キログラム
システム戦闘重量	6400キログラム
射　　程	2万2700メートル
発 射 速 度	24秒で全弾発射

▲ ヴァルキリー多連装ロケットシステム
南アフリカ陸軍／第61機械化歩兵大隊、1982年

大きな成功をおさめたソ連設計のBM-21 MLRS（多連装ロケットシステム）を手本として開発されたヴァルキリーは、1982年に南アフリカ陸軍に導入され、アンゴラに配備された。このシステムは、127ミリロケット弾発射筒24本を8本3列に配して4×4軽トラックに搭載したものである。有翼固体燃料ロケットに調整破片弾頭を搭載し、近接信管で爆発させる。再装填所要時間は10分である。ヴァルキリーの別の型がMkⅡ（またはバテラー）で、127ミリロケット弾発射筒40本を搭載している。

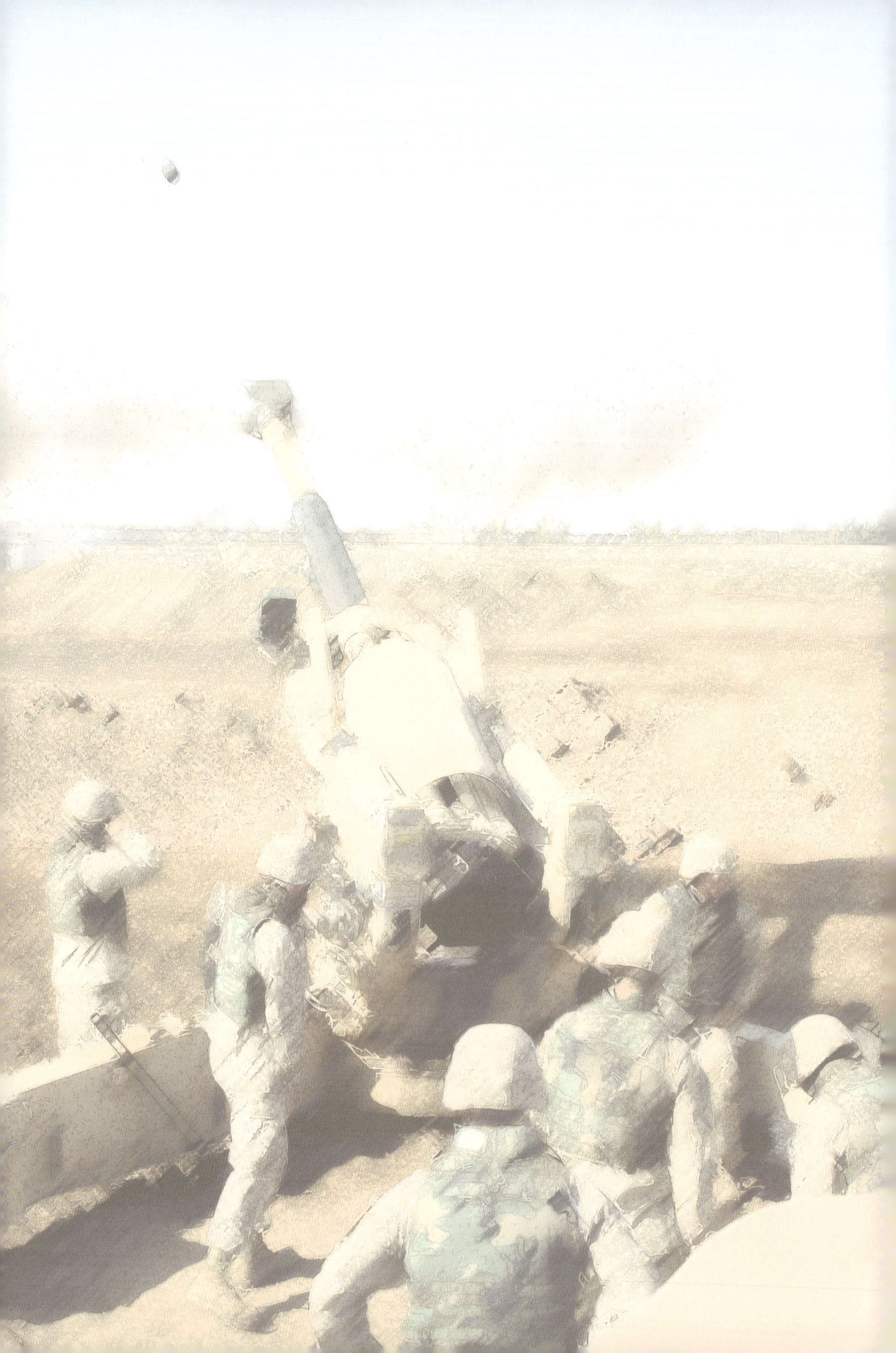

第6章
現代の紛争
1991～2010年

火力、機動力、射撃の命中精度は、何世紀も前の紛争でもそうだったように、現代の戦場においても勝利にとってきわめて重要であり、火砲ほどの戦術的・戦略的優位を与えてくれる兵器はほかにない。現代の戦場を支配するその能力によって、火砲は諸兵科連合ドクトリンの主要要素でありつづけている。牽引式にしても、自走式にしても、あるいは可搬式にしても、火砲は技術的に進歩した発射装置へと、またピンポイントの命中精度で離れた目標に誘導される兵器へと進化を遂げた。「シュート・アンド・スクート」から「ファイア・アンド・フォーゲット」まで、高度な能力をそなえたこれらの兵器は、敵に破壊的な砲火を浴びせ、オペレーターの生存性を高めている。

▲ **砂漠を突っ切る砲**
2007年、米海兵隊（USMC）第14海兵隊第4大隊マイク中隊の砲員が、イラクのキャンプ・ファルージャ近くの目標に向け、M198 155ミリ榴弾砲を発射する。

概要

最新の火砲は、兵器や弾薬の設計において絶え間ない革新が続けられ、遠距離目標を破壊するために、かつてないほどの精密誘導能力やスタンドオフ能力が付加されている。

世界的規模の混乱は、現代社会におけるまぎれもない現実である。バルカン諸国から東南アジア、アフリカの角、中東、インド亜大陸にいたるまで、どの紛争も、機動的かつ迅速、そして断固とした対応を必要としている。イランや北朝鮮のようなならず者国家からの絶え間ない暴力の脅威と結びついたテロリストやゲリラの活動は、ほかの国々に、万が一にそなえて即応能力を維持することを余儀なくしている。

高い機動力

軽量で空輸可能な砲は、迅速な移動が可能な軽歩兵編成の展開を陰で支えている。それとは対照的に、戦車や装甲車は重くて機動力が低い。だから一刻を争う場合には、もっとも効率的かつ機動的な兵器として、火砲が軍事介入の支援に適しているのだ。

火砲は攻撃と防御、双方のシナリオにおける諸兵科連合の主要構成要素でありつづける一方で、それは司令官にとって唯一の選択肢にもなっている。火砲は、兵士や航空支援を利用せずに遠くから砲撃することが可能である。攻撃では、火砲は敵前線の切れ目を砲撃するだけでなく、前進部隊に対する敵の砲火を阻止するのにもちいて、移動中の部隊の側面を守ることができる。さらには、とくに困難な地形や狭い場所に展開しなければならない場合など、おそらく装甲車よりも迅速に前進させることが可能だろう。かたや防御では、火砲は敵の反撃に対抗したり、固定陣地を防御したりする際に形勢を一変させる。また対砲兵作戦では、敵砲兵隊が出撃地や通信司令センターを砲撃するのを阻止する。戦場で優位に立てば自由に展開できるようになるので、火砲によって基地が定まることになり、そこからほかの地上作戦を実施して敵の弱点につけこむことも可能になるのだ。

ロケット砲と牽引砲の擁護者は、どちらも従来

▲ 野戦榴弾砲
2007年4月、アフガニスタン、ヘルマンド州の某前進作戦基地から、サンギン地区のタリバン戦闘陣地に向けてM777 155ミリ榴弾砲を発射するイギリス軍兵士。

▲ MLRSの試験発射

2005年、イラクのチクリート近くの某所で行なわれたMLRSの試験発射。単弾頭誘導型多連装ロケットシステムはアメリカ陸軍の火砲に最近くわえられ、巻きぞえ被害を最小限におさえるよう設計されている。

型より軽量になり、戦場での効果も向上したと主張するが、場合によっては、はるかに軽量な自走砲のほうが迅速な地上展開に向いていることもある。火力に高い機動力がくわわった要因のひとつは、野砲の構造材料に軽量なチタンが導入されたことである。

　高強度で耐久性のあるチタンは、M777 155ミリ榴弾砲の構造においてより重い材料にとって代わった。チタンの導入は、防衛関連企業BAEシステムズのグローバル・コンバット・システムズ部門が現代地上戦の要求に対して出した答えの目玉だった。

　当初「超軽量」野戦榴弾砲と呼ばれたM777は、前任のM198牽引榴弾砲より約42パーセント（4000キログラム以上）も軽い。長射程弾で最大有効射程40キロメートルのM777は、2005年に運用がはじまり、アメリカ、カナダ、オーストラリア軍の部隊に配備された。

　空輸可能なことから、M777はイラクやアフガニスタンでの戦争において理想的な重支援兵器となっており、多くの軽歩兵および空挺部隊の砲兵中隊が装備している。アフガニスタンでのタリバン軍とのある交戦では、カナダ軍のM777榴弾砲2門は、わずか数発発射しただけで敵に深刻な損害を与えた。最新の火砲が使用する高性能弾には、地域爆撃に使用されることが多い破片榴弾や向上化従来型弾（ICM）、対人用フレシェット弾、HEAT（対戦車榴弾）、発煙弾、複数の子弾を戦場中に飛散させるクラスター弾、ADHPM（火砲発射型高精密兵器）などがある。

　アメリカの防衛関連企業レイセオン・ミサイル・システムズとスウェーデンのBAEシステムズ・ボフォース社によって開発されたM982エクスカリバー砲弾は、実戦で試され、めざましい成果をあげている。イラクでの戦闘中、M777 155ミリ野戦榴弾砲や155ミリM109A6パラディン自走榴弾砲といったプラットフォームから発射されるエクスカリバーは、折りたたみ式の安定翼に補助されて目標へと推進する長射程砲弾である。GPS装置によって、砲弾は驚異的な精度で目標へと誘導される。

　イラクからの報告書によれば、エクスカリバー砲弾は2007年夏に使用され、発射されたうちの92パーセントが指定目標の4メートル以内に着弾したとされる。エクスカリバーの使用は砲撃の結果を向上させ、近接支援任務に役立つだけでなく、人口密集地域での巻きぞえ被害を抑えることにもつながっている。

湾岸戦争 1990～91年

はるか遠方のきびしい気候の地に配備された火砲は、サダム・フセインのイラク軍からクウェートを解放するための戦争において、数々の戦闘で勝敗の決め手となった。

1990年8月2日、イラク陸軍が小国クウェートに侵攻すると、それを受けて多国籍軍が招集され、大規模な兵站活動が数カ月にわたり続き、結果的に戦史上もっとも壮大な陸海空の軍事力の総結集となった。数週間におよぶ激しい航空攻撃のあと、多国籍軍地上部隊は100時間の電撃地上作戦に乗りだし、イラク軍を敗走させた。火砲は、多国籍軍司令官が戦闘計画を実行する際、中心的役割をはたす場合が多かった。

砂漠の盾作戦（当初の軍事作戦名）とそれに続く砂漠の嵐作戦では、最新の火砲と最先端軍事技術が明らかになった。集中砲火によってとてつもない損害を与えることが可能な牽引および自走砲、榴弾砲にくわえ、対戦車ミサイル、防空システム、無誘導ロケット、中距離弾道ミサイルなどが戦闘で使用された。さらに砂漠の嵐作戦では、発達初期段階にある対弾道ミサイル技術が実戦デビューをはたし、ミサイル防衛技術の未来をかいま見させた。

砂漠の嵐作戦では、コンピュータ制御された射撃指揮とより軽量かつ効果的な火砲の出現にくわえ、世界は火力と命中精度の壮観なショーを目の当たりにした。第2次世界大戦終結から半世紀のあいだに、野砲の測距は実弾射撃状況で約6分からわずか15秒に向上していた。つねにやっかいな砂、風、猛暑といった砂漠の過酷な気候下でさえ、野砲の砲身は、砲身自体や支援装備の効率をそれほど低下させることなく、わずか4時間で500発も発射できることで知られていた。

効果的な配備

砂漠の嵐作戦中、多国籍軍もイラク陸軍も、火砲の配備と有効な利用という点では重大な課題に直面していた。イラク軍が最新のきわめて効果的な兵器システムを利用できることは疑問の余地がなく、そうした兵器には悪名高いスカッドミサイル、ソ連製2S1 122ミリや2S3 152ミリ自走榴弾砲、GHN-45 155ミリやG5榴弾砲のような定

▲ **使用不能**
砂漠の嵐作戦のあと——おそらく航空攻撃を受けて——損傷し、道端に放置されたイラク軍のZSU-23-4自走対空砲。

評ある牽引砲などがあった。122ミリD-30野戦榴弾砲は25年以上も前にソ連軍に配備されたものだったが、依然として現役だった。しかしサダム・フセインが入手した数々の兵器は、1980-88年のイランとの戦争中に鹵獲したか、国際武器市場を通じて購入したものだったため、使用説明書が英語や中国語といった外国語で書かれていたり、互換性のある弾薬が調達困難だったりして、砲兵部隊の訓練に支障をきたしていた。

砂漠の嵐作戦では、合同作戦につきものの課題ではあるが、友軍からの誤爆で死傷者が出たり、各国々の砲兵部隊のあいだで混乱が生じたりすることもあった。それでも、イラク軍の火砲が多国籍軍の火砲の射程をしのぐことが多々あったなかで、地上戦に先立つ容赦ない航空攻撃と、すぐれた射撃統制、高度な訓練のおかげで、多国籍軍砲兵隊は効果的かつ破壊的に地上作戦を支援することができた。パトリオット対弾道ミサイルシステムは、イラク軍のスカッドミサイルに対して議論の余地のある結果を残しはしたものの、軍事アナリストに実戦におけるシステムの性能について貴重なデータを与えた。結局のところ、戦闘状況を完全にシミュレートできる厳密な検査プログラムも研究プロトコルもいっさいないわけで、火砲システムの有効性を真に測定するには、実戦投入するしかないのである。

多国籍軍が火砲に信頼をおいていたことは、投入された部隊の数と種類からも一目瞭然だ。砂漠の嵐作戦のさなかの配備では、多国籍軍は100ミリかそれ以上の口径の火砲を3800門以上、少なくとも600両の自走、牽引砲とともに集積していた。アメリカのMLRSのような多連装ロケットシステムは約800基にのぼり、くわえて少なくとも100基の戦術地対地ミサイル発射器が、1991年1月に開始された地上攻撃直前に戦域に集結していた。

多国籍軍 1991年

高度な訓練を受け専門化された砲兵部隊は湾岸戦争中、イラク陸軍にまさる働きで多国籍軍を断然有利にした。

1991年1月30日、AP通信のエジプト人記者ナビラ・メガリはカフジ・ビーチホテルに電話をかけ、戦術地対地ミサイルが近くの石油精製所に火をつけたというイラクの報道を確認しようとした。電話の向こう側の声はアラビア語を話していたが、アクセントが独特だった。イラク軍兵士は記者に、サウジ国境の町カフジはイラク軍に占領されたと告げた。「われわれはサダム、アラビズムとともにある！」とひとりの兵士が叫んだ。もうひとりが「エルサレムで会おう！」とからかった。

イラク軍部隊が闇にまぎれてサウジアラビア・イラク間の国境を越え、単独で地上攻撃を実行したことがわかると、サウジとアメリカの地上部隊司令官はこの侵略者を排除する最善策について協議した。ヒューイ・コブラ攻撃ヘリコプター、ハリアー垂直／短距離離着陸機、A-10ワートホッグ攻撃機が、ヘルファイア対戦車ミサイルで、イラク軍の戦車を最大35両と多数の装甲兵員輸送車を破壊する一方、多国籍軍の自走砲兵部隊と野戦砲兵部隊が戦闘を開始した。

イラク軍の先遣部隊は米海兵隊の2個偵察チームを抜き去り、偵察チームはなんとか察知されないまま占領イラク軍に対し砲撃任務を要請した。奇跡的にも、身動きがとれなくなっていた12名の海兵隊員全員が戦闘を生きのび、友軍の火砲に殺されずにすんだ。

Modern Conflicts, 1991-2010

　第3海兵連隊重砲班と第12海兵隊第1大隊砲兵隊は、2日にわたりイラク軍陣地に徹底的に砲撃をくわえた。3日目は、今度はサウジ軍の砲兵隊が引き継いだ。事情を知るある海兵隊員はこう振り返る。「サウジ軍は、ここは自分たちの区域で、これは自分たちの任務だからと主張し、自軍の火砲で砲撃したがった」

自走式大ハンマー

　サウジ軍は、1950年代初頭に開発された原型M109の派生型、M109A2 155ミリ自走榴弾砲を使用していた。M109は1963年に配備され、40年以上にわたりアップグレードが重ねられた。M109A2は、RAM（信頼性、有用性、保全性）という制式名称をもつ初期型M109に27の改良をくわえたものである。その改良点には、M185榴弾砲とM178砲架の導入、M140照準器の設置、およびパノラマ眼鏡の耐衝撃性の向上などがあった。M109A2はまた弾薬搭載量が、155ミリ砲弾28発から36発に増加した。

　M109の最初期型は当初、アメリカ軍がヴェトナム戦争で、またイスラエル軍機動部隊が1973年の第4次中東戦争で実戦投入している。砂漠の嵐作戦では、M109の派生型をアメリカ、イギリス、サウジ軍が配備した。

砂漠の嵐作戦：多国籍軍地上部隊

火砲数	1990年8月	1990年12月
火砲100ミリ以上	3820	3750
（自走式）	620	550
（牽引式）	3200	3200
多連装ロケット発射器	790	800
SSMランチャー	100	100

砂漠の嵐作戦：アメリカ軍砲兵部隊

軍団	旅団
第18軍団	第18野戦砲兵旅団
	第212野戦砲兵旅団
	第196野戦砲兵旅団
第7軍団	第210野戦砲兵旅団
	第42野戦砲兵旅団
	第75野戦砲兵旅団
	第142野戦砲兵旅団

▲M109自走榴弾砲
サウジアラビア陸軍／第17機械化旅団、1991年

M109 155ミリ自走榴弾砲は、この種類では軍事史上もっとも長命なプラットフォームのひとつだ。開発は1952年にアメリカではじまり、最新型のM109A6パラディンはかなり設計しなおされてはいるものの、いまだ現役である。1991年の湾岸戦争では、正規のサウジ陸軍の部隊とサウジアラビア国家警備隊の部隊がM109A2を使用し、現在もサウジアラビア陸軍が運用している。

M109 SP howitzer

乗　員：6名
重　量：2万3723キログラム
全　長：6.612メートル
全　幅：3.295メートル
全　高：3.289メートル
エンジン：デトロイト・ディーゼル8V-71T（405馬力）
速　度：時速56キロメートル
行動距離：390キロメートル
武　装：155ミリ榴弾砲×1

第6章 現代の紛争 1991〜2010年

▲ 塹壕に隠された発射器
砂漠の嵐作戦開始に先立ち、アストロスⅡ MLRに配置されるサウジアラビア軍兵士。アストロスⅡはこの戦争中、サウジとイラク双方の軍に使用された。

猟獣

　M198 155ミリおよびM102 105ミリ牽引野戦榴弾砲は、湾岸戦争の主力だった。1979年にM114の後継として導入されたM198は、最大射程がロケット補助推進弾で3万メートル以上、通常榴弾で1万7800メートルに達した。持続発射速度は毎分2発、最大発射速度は毎分4発で、要員9名で運用する。冷戦末期の代表的火砲で、核弾頭も搭載可能である。1978年から1992年までの14年間で、1600門以上が生産された。徐々により軽量なM777 155ミリ榴弾砲に更新されつつあるが、M198はアメリカ陸軍および海兵隊にくわえ、オーストラリアやタイ、ほかの国々の軍隊でいまも現役である。

ロケット砲の手ごたえ

　無誘導地対地ロケットシステムの先進技術は、湾岸戦争中、M270多連装ロケットシステム（MLRS）によって実証された。完全移動式の自律型プラットフォームであるMLRSは恐るべき火力をもち、1個中隊が最大8000個のM77子弾を、約550メートル×270メートルの目標地域にわずか45秒でばらまく。シュート・アンド・スクート能力をそなえているため迅速な退避が可能で、敵の対砲兵射撃の効果を減少させることができる。

　MLRSは1970年代、アメリカ、ドイツ、フランス、イギリスが共同開発した。アメリカのM270 MLRSは1983年に配備がはじまり、そのM269ランチャーローダーモジュールは通常、直径227ミリまでのさまざまなロケット弾を搭載できる。発射器1基の発射速度は、毎分12発もしくは20秒で2発である。誘導弾と無誘導弾の両方を発射でき、有効射程は約42キロメートルで、それに対し弾道ミサイルは300キロメートルに達する。M269の発射ポッドにはロケット弾6発、またはアメリカのATACMS（陸軍戦術ミサイルシステム）のような誘導ミサイル1基を収納できる。ATACMSは、直径610ミリ、全長4メートルの地対地ミサイルで、最大227キログラムの榴弾弾頭もしくはクラスター弾を発射する。MGM-140 ATACMSは砂漠の嵐作戦では

じめて実戦投入され、少なくとも32基がM270 MLRSから発射された。

パトリオット視差

おそらく湾岸戦争でもっとも話題になった兵器は、MIM-104パトリオット地対空ミサイルシステムだろう。パトリオットは、多国籍軍施設やイスラエルの都市をイラク軍のスカッドミサイルから防衛したことで一躍有名になった。当初はSAM-D計画として知られ、対弾道ミサイル（ABM）としてだけでなく、ホークおよびナイキ・ハーキュリーズ対空ミサイルの後継とも考えられていたが、ABM任務にしぼって開発が続けられている。ABM技術は1960年代にアメリカではじまったが、最新型パトリオットの初期型が試験され、実地評価されたのは1975年になってからのことだった。1976年、SAM-D計画は正式にパトリオット防空ミサイルシステムに改称された。この兵器は15年後の1991年の湾岸戦争で、はじめて実戦投入された。

M198 155mm howitzer

要　　員：9名
口　　径：155ミリ
俯 仰 角：－5度〜＋72度
重　　量：7163キログラム
射　　程：1万8100メートル
砲口初速：毎秒684メートル

▲**M198 155ミリ榴弾砲**
アメリカ陸軍／第18野戦砲兵旅団、1991年
M198 155ミリ野戦榴弾砲の生産は1978年にはじまり、この兵器は第2次世界大戦時代のM114を更新する目的に開発された。M198は155ミリ中口径砲を搭載し、空輸が可能で、前任よりも長射程だった。M198は多くの国々で現在も運用されているが、M777システムへの更新が進められている。

▲**M270多連装ロケットシステム（MLRS）**
アメリカ陸軍／第42野戦砲兵旅団／第27連隊／第1大隊、1991年
M270多連装ロケットシステムは、アメリカ、イギリス、ドイツ、フランスが共同開発したMLRSロケット砲を配備する。M270は1983年に就役し、1300両以上が生産されている。MLRSは湾岸戦争（1991年）の地上戦開始に先立って実施された、イラク軍固定陣地への準備砲撃において非常に役に立つことが証明された。車台には、M2ブラッドレー歩兵戦闘車の改造シャーシが使用されている。

M270 Multiple Launch Rocket System (MLRS)

乗　　員：3名
口　　径：227ミリ
ロケット弾全長：3.94メートル
ロケット弾重量：308キログラム
システム戦闘重量：2万5191キログラム
射　　程：42キロメートル
発 射 速 度：毎秒12発

1980年代末期には、パトリオット計画は対弾道ミサイル能力をふくむよう拡大された。近年行なわれたシステムの改良には、コンピュータ技術とソフトウェアのアップグレードにくわえ、レーダーやミサイルの設計・誘導の向上などがある。パトリオットにはいくつかの派生型があり、そのひとつがPAC-2で、固体燃料ロケットエンジンで駆動し、射程は160キロメートル、重量は900キログラムである。ミサイルは、M983 HEMTTドラゴンワゴンが牽引するM860トレーラーに搭載されたポッドから発射される。パトリオットは移動状態から約45分で発射準備が可能である。

スカッド破壊者?

湾岸戦争でのパトリオットの実績をめぐってはいまだ論議がなされているが、その一方で飛んできたスカッドミサイルを数基、迎撃したことは明らかだ。40以上の証拠書類が、戦争の過程でスカッドの発射がパトリオットによって迎撃され、また、このシステムがイスラエルの都市の防衛のために配備されたおかげで、イスラエルはイラクとの戦争に参加せずにすんだと立証していた。イラク軍は再三にわたりスカッドを、クウェート、サウジアラビア、イスラエル国内の標的に向けて発射し、一部には、これらのミサイルが化学弾頭、さらには低レベル核弾頭を搭載しているのではないかと危惧する向きもあった。イスラエル空軍の戦闘機パイロットは、コックピットで寝ることもあるほど完全な警戒態勢をとっていたことが知られている。

スカッド攻撃がおよぼした影響を評価して、イスラエル憲兵隊を指揮したヤーコヴ・ラピドット少将はこう振り返る。「スカッドミサイルは通常弾頭しか搭載していないことが明らかになった。全部で17回発射され、41発のミサイルがおもに都市の一般市民に向けて発射された(中略)約1万棟の家屋が損壊し(中略)約4万人が攻撃によって影響を受けた。間接的な被害では、われわれが正しいガスマスクの使用法を市民に指導しようと努めたにもかかわらず、10名が窒息死した。精神的ストレスが増加したのと同様に、心不全や早産の発生率も上昇した」

1991年2月25日、サウジアラビアのダーランで、アメリカ陸軍第14需品科派遣部隊を収容する兵舎がスカッドの攻撃を受け、28名の兵士が死亡した。このスカッドを迎撃できなかったのは、パトリオットシステムのエラーによるものだった可能性がある。この事件にかんする調査は、パトリオットに内蔵された時間管理システムが起動か

アメリカ陸軍第11防空砲兵(ADA)旅団、1991年

イラク軍のスカッド攻撃に対する戦域弾道ミサイル防衛を行なうため、アメリカ陸軍第11防空砲兵旅団は、1991年の湾岸戦争でMIM-104パトリオット対弾道ミサイル12個中隊を配備した。パトリオットの開発は1960年代にはじまり、最新型システムの初期型の発射試験は1975年までに実施されていた。しかしその技術はまだ、砂漠の嵐作戦でパトリオット中隊が配備された時点で比較的初期段階にあった。固体燃料ロケットモーターで飛翔するパトリオットは、レーダーによって目標に誘導され、近接信管が破片榴弾弾頭を爆発させる。砂漠の嵐作戦におけるパトリオットの実際のスカッド迎撃成功率は、いまなお論議の的になっている。

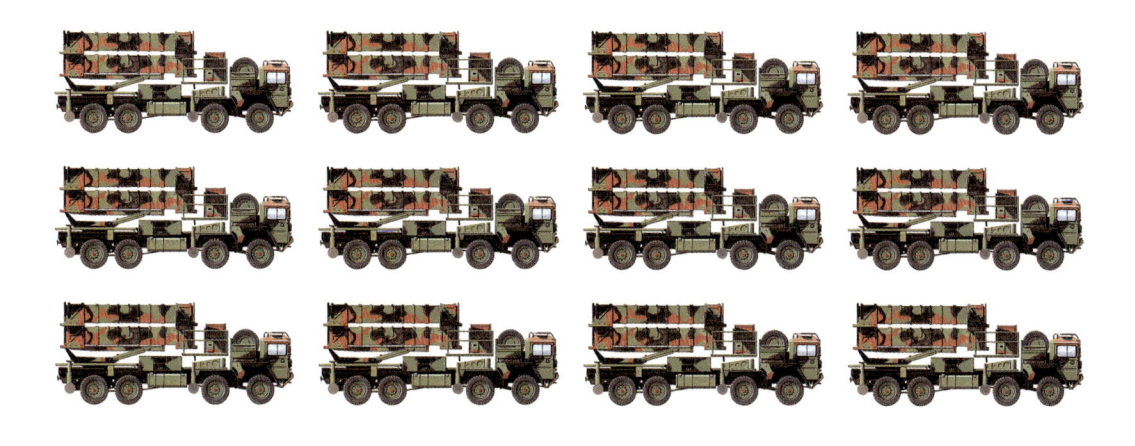

ら100時間経過しており、その時点で約3分の1秒遅れていたことを突きとめた。このため、飛んできたスカッドの正確な位置を特定できなかったのである。スカッドの速度を考えると、誤差はかなり大きくなることが判明している（最大600メートル）。パトリオットは、そこから計算された射撃基礎データによって誤った方向へと発射されたのだった。

対装甲オプション

湾岸戦争では、アメリカ軍とほかの多国籍軍は複数の対戦車誘導ミサイルで武装し、その一部はとくに、イラク陸軍が投入していたソ連製T-54/55、T-62戦車の装甲を破ることを目的に設計されていた。

M47ドラゴンはアメリカ軍地上部隊のあいだでよくもちいられ、このミサイルは軽量かつ機動的で、最大500ミリの厚さの装甲を貫通できる5.4キログラムの弾頭を搭載し、準中距離防衛をになっていた。ドラゴンは肩撃ち式の有線誘導式ミサイルで、1975年から1995年までアメリカ軍で運用され、のちにFGM-148ジャヴェリンに更新された。最大有効射程は1000メートルで、ミサイルとランチャーを合わせた重量はわずか10.9キログラムだった。

砂漠の嵐作戦での多国籍軍火砲のすぐれた性能はまた、将来的軍事協力計画において改善すべき領域を明らかにした。通信の向上が、命中精度を高めて友軍からの誤爆件数を減少させるには不可欠とされた一方、目標捕捉と射撃指揮にかんする技術をつねに進歩させることが優先事項とされた。

くわえて、イラクの兵器庫で遭遇した兵器システムの数は、ソ連起源のものだけでなく、多くの国々のシステムの性能を確認・評価しなければならないことを示していた。

イラク陸軍 1991年

1990年にその軍がクウェートに侵攻するまでに、サダム・フセインはイランと血みどろの戦争を戦い、損失を埋め、世界最大の軍隊のひとつを再編成していた。

書類の上では、1991年の湾岸戦争で多国籍軍と戦ったイラク陸軍はどうやら手強かったらしく、たしかにその武勇のある面ではそうだったのだろう。しかしクウェートを掌握・占領しようという戦略的決定の戦術的実行はイラク軍に、おもに配備された装備の運用能力と、クウェート侵攻に先立って行なわれた兵士訓練の質と内容の点でかなりの問題を提起した。

不釣合い

結局、イラク空軍は多国籍軍の航空資産には太刀打ちできなかった。イラク軍の装甲車は劣っていることが戦場で証明され、そのT-54/55、T-62、T-72主力戦車の大半が、多国籍軍のすぐれたM1A1エイブラムス主力戦車やほかの戦車との戦闘で破壊された。イラク軍歩兵隊の闘争心と質の高さは、ほとんどの場合で精彩を欠いたが、共和国防衛隊の部隊は激しい抵抗をみせた。イラク軍徴集兵はたいてい、航空攻撃を数週間続けると多国籍軍地上部隊にすすんで投降した。

同様にイラク軍火砲の性能も、容赦ない多国籍軍の航空攻撃作戦によって悪影響を受け、砲兵隊の戦闘効率は低下した。訓練もどうやら不十分らしく、さらにイラク軍の砲兵は、ソ連、中国、アメリカ、ブラジルなどで製造された野砲、ロケットシステム、ミサイルの寄せ集めを運用する必要にも迫られていた。

適切な弾薬の品質と数量もまたイラク軍にとっ

て問題となり、装備していた旧式弾薬は、多国籍軍の戦車を減速させるのに必要な射程や火力支援任務には不十分であることが判明した。

ミサイル性能

多国籍軍の司令官は、イラク軍が保有するどんな種類の火砲であれ、その性能を軽視してはいなかったが、何より大きな不安をもたらしていたのは、ミサイルとロケットシステムの潜在的破壊力だった。そしてこれらは実際、サダムの軍隊による最大の一撃を与えることになった。すでに何十年も運用されていたソ連のBM-21移動式ロケット発射器は、多国籍軍の兵站地にとって脅威となっていた。トラック1両に搭載されたBM-21は、122ミリ榴弾ロケット弾18発を毎秒2発の速さで発射することが可能で、標準的なBM-21中隊は、3万5560キログラムの爆薬を27.4キロメートル離れた目標地域にわずか30秒で発射することができた。イラク陸軍はブラジルのアストロスⅡ MLRSとともに、BM-21中隊を多数保有していることが知られていた。

防空任務では、イラク軍は東側ブロック製のさまざまな軽機関銃や機関砲を保有していた。これらの兵器は1991年1月17日の湾岸戦争初日、イラクの首都バグダード上空の闇夜を照らしだした。だがこれは、深刻な防御上の弱点をさらけだすことになった。ペルシア湾と紅海の戦艦と潜水艦から発射されたアメリカのトマホーク巡航ミサイルが、バグダードの通信司令センターに命中して通信が途絶し、イラク軍の射撃統制能力の大半が失われたのである。

おそらくイラクの防空ミサイルでもっとも脅威的だったのは、ソ連設計のイサエフS-125で、NATO陣営にはSA-3ゴアとして知られていた。戦争の3日目、SA-3はバグダード上空でアメリカのF-16戦闘攻撃機を撃墜し、パイロットを捕虜にした。SA-3は1963年、低高度の敵機の迎撃用としてソ連軍で配備がはじまり、幾度もアップグレードされていた。イラク軍はまた、限られた数のSA-9およびSA-13防空ミサイルも保有していた。

▲戦利品
砂漠の嵐作戦のあと、遺棄されたイラク軍のフロッグ-7システム。

▲フロッグ-7
イラク陸軍／第6ネブカドネザル機械化師団、1991年
1960年代半ばに原型フロッグ-1移動式戦術ミサイルシステムの改良型として開発されたフロッグ-7単段式固体燃料ロケットは、8×8装輪車両のシャーシをベースにした輸送車兼用起立式発射器に搭載される。その有翼無誘導ロケットには、通常、化学および核弾頭が搭載可能である。

FROG-7
乗　　　　員：4名
口　　　　径：550ミリ
ロケット弾全長：9.11メートル
ロケット弾重量：2500キログラム
システム戦闘重量：2万3000キログラム
射　　　　程：70キロメートル
行 動 距 離：500キロメートル
発射準備時間：15～30分

移動式フロッグ-7ミサイルランチャーは、550キログラムの弾頭を70キロメートルの距離まで飛ばすことができるその有翼無誘導ロケットで、多国籍軍地上部隊に抵抗できると期待されていた。フロッグ-7は1965年に赤軍で運用がはじまり、当初は核兵器を搭載可能だった。湾岸戦争では、地上作戦の開始に先立って多国籍軍が制空権を掌握したことから、多数のフロッグ-7ランチャーが破壊された。

スカッドの恐怖

湾岸戦争中、群を抜いて戦果をあげたイラク軍の兵器システムは、移動式SS-1スカッドB戦域弾道ミサイルだった。1960年初頭にソ連で設計されたスカッドBは、中東に大量に輸出された。イラクによる改良型には、アル・フセインとして知られる長射程型があり、射程は645キロメートルにおよんだ。湾岸戦争の過程で、40基以上のスカッドがイスラエルの都市に発射されたほか、クウェートとサウジアラビアの民間人居住地域や軍地区も標的になった。

スカッドの発射は延べ200回近くにのぼった。初期のスカッドは、輸送車兼用起立式発射器を支持する8×8装輪車両のシャーシに搭載され、射程約280キロメートル、搭載できる通常弾頭または核弾頭の最大重量は985キログラムだった。

イラクのスカッド攻撃によって、イスラエルが湾岸戦争に参戦寸前の状態になり、頭を抱えた多国籍軍首脳は、特殊部隊要員からなるスカッド狩りチームをイラクの砂漠奥深くに展開し、移動式ランチャーを捜索させた。スカッドプラットフォームを探しだし破壊するための、数百回にのぼる戦術航空機による出撃も開始された。

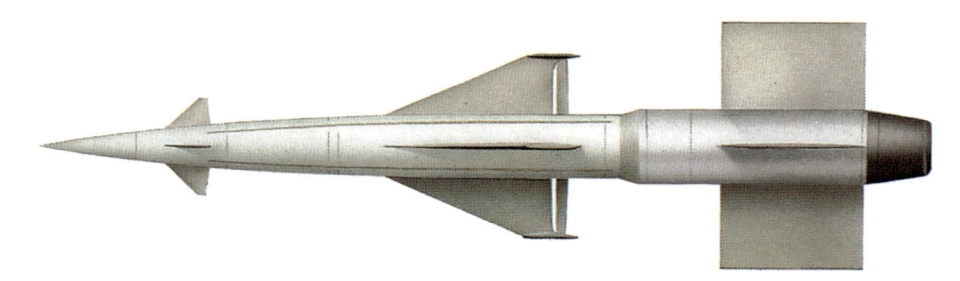

▲ S-125（SA-3ゴア）
イラク陸軍／第145地対空ミサイル旅団、1991年
ソ連設計のイサエフS-125地対空ミサイル（NATO名SA-3ゴア）の起源は、1950年代半ばの防空ミサイル技術の黎明期にまでさかのぼる。SA-3は1959年に生産が開始され、1963年までに赤軍の部隊に装備された。ミサイルは、あとで切り離されるブースターロケットにより発射され、固体燃料モーターで飛翔し、弾頭はレーダービームによって目標に誘導された。

S-125（SA-3 Goa）	
推　進　方　式	2段式、固体燃料
配　　　　　備	移動式または固定式
全　　　　　長	6.7メートル
直　　　　　径	450ミリ
発　射　重　量	950キログラム
射　　　　　程	30キロメートル
発射準備時間	再装填15分

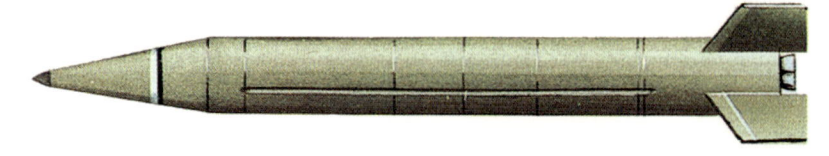

▲ SS-1スカッドB
イラク陸軍／独立作戦、1991年
ソ連のSS-1戦域弾道ミサイルの派生型であるスカッドBは、配備時間短縮の要請に応えて1960年代半ばに登場した。旧型SS-1の設計では、ミサイルを発射位置に起立させたあと給油が必要だった。スカッドBは8×8装輪車両のシャーシに搭載され、その機動力は1991年の湾岸戦争で多国籍軍をおびやかした。射程が延伸された改良型アル・フセインは、イラク軍による独自改良型のひとつである。

SS-1 Scud B	
推　進　方　式	単段式、液体燃料
配　　　　　備	移動式
全　　　　　長	11.25メートル
直　　　　　径	850ミリ
発　射　重　量	6300キログラム
射　　　　　程	280キロメートル
発射準備時間	1時間

第6章　現代の紛争　1991～2010年

NATOの防空　1991年～現在

航空機および弾道ミサイルの迎撃に重点をおくNATOの防空能力は、世界中のさまざまな地域紛争で試されてきた。

　超音速攻撃機、マッハ2を超える速度の弾道ミサイル、重武装ヘリコプター、対戦車攻撃用航空機が戦場上空を低空・低速飛行する時代には、NATOの防空能力はかつてないほど多様性が求められている。戦域レベルでは、MIM-104パトリオット対弾道ミサイルシステムがさらに磨きをかけられ、新世代のパトリオットや同等の兵器が実現しつつある。兵士の視点から見れば、軽量な携帯式FIM-92スティンガーミサイルは、地上で戦う兵士や分隊にかなりの防空能力を与えている。

　いずれの視点から見ても、最先端システムと大規模な訓練はその真価を証明している。パトリオットについていえば、1991年の湾岸戦争での実績をめぐっては意見や憶測が飛び交っているが、戦場にそれが存在しただけで、イスラエルによる軍事介入の可能性が低下し、また、イラクのスカッドBミサイルの標的になっていた地域の一般市民は自信を深めたのである。一方FIM-92スティンガーは、1980年代末期、ソ連にアフガニスタンから軍を撤退させるのに貢献し、いまなお歴戦の兵器として使用されている。

大陸をまたいだ交戦

　アメリカの地上発射型核搭載大陸間弾道ミサイル（ICBM）防衛は、3段式固体燃料ミサイルのミニットマンIIIに任されている。ミニットマンIIIの最大射程は1万3000キロメートルで、1960年代後期に開発され、改良をくわえながら少なくとも2025年までは運用される予定である。ミニットマンは、潜水艦発射型のトライデントミサイルと、航空機から発射されるほかの弾薬で補完されている。MIRV（個別誘導複数目標弾頭）方式で、複数の核弾頭を装備し、それぞれが別個の目標を攻撃できる。最重量の弾頭はW87で、最大核出力は推定475キロトンだ。

　ミニットマンIIIへの依存は、1990年代初頭に

Starstreak
推進方式：2段式、固体燃料
配　　備：携帯式、移動式または固定式
全　　長：1.4メートル
直　　径：127ミリ
発射重量：16.82キログラム
射　　程：7キロメートル

▲ **スタートリーク**
イギリス陸軍／第12砲兵連隊、1999年
汎用性の高いスタートリーク地対空ミサイルは、肩にかついだ状態からでも、装輪車両のランドローヴァーからでも、あるいはアルヴィス・ストーマー装甲戦闘車のルーフに固定されたランチャーからでも発射可能である。ジャヴェリンミサイルの後継として1997年に導入されて以来、イギリス陸軍で運用されているスタートリークは、ダートと呼ばれる子弾を3発発射し、ダートは遅延信管によって爆発する。

Modern Conflicts, 1991-2010

アメリカとロシアのあいだで交渉されたSTART II（第2次戦略兵器削減条約）の結果として生じた。START IIは正式に実行されることはなかったが、この決定により、当時アメリカが保有していたLGM-118ピースキーパーミサイルが無力化されることになった。防衛関連企業のボーイング社、マーティン・マリエッタ社、デンヴァー・アエロスペース社、TRW社によって15年近く研究が行なわれたあと、1980年代半ばまでに約50基のピースキーパーが、ソ連の多数のMIRV方式ICBMに対抗して配備された。MXミサイルとして広く知られるピースキーパーMIRVは、W87核弾頭を格納する再突入体を最大10個搭載している。W87は当初、核出力300キロトンだったが、のちに増強された。

ピースキーパーが無力化された理由はいろいろあるが、そのうちもっとも切実だったのは、9600キロメートルという期待はずれの射程と、1ユニットにつき約7000万ドルという莫大な生産コストだった。LGM-118ミサイルの残りは2005年秋に廃棄され、もともとピースキーパーミサイル用につくられた500基ものW87核弾頭は、長射程化されたミニットマンIIIに転用される可能性がある。

移動式防空

ホークシステムが固定式発射台に配備されるか、またはトレーラーにのせて牽引されるかして、何十年ものあいだNATO防空の主力となってきた一方で、肩撃ち式、装輪式もしくは装軌式スターストリーク地対空ミサイルが空からの攻撃に対し付加的な近接抑止力となっている。1997年にイギリス陸軍によって配備されたスターストリークは、タレス・エア・ディフェンス社が開発し、ミサイルは発射ユニットから照射されるトライアングルパターンのレーダーによって目標に誘導される。3個の弾頭は2段式固体燃料ロケットブースターにより発射され、ミサイルが目標に到達すると、3発の子爆発体が遅延信管により爆発する。ダートと呼ばれるこの子爆発体は、それぞれの重量が900グラムで、ジャヴェリンミサイルの後継として開発されたスターストリークの重量は

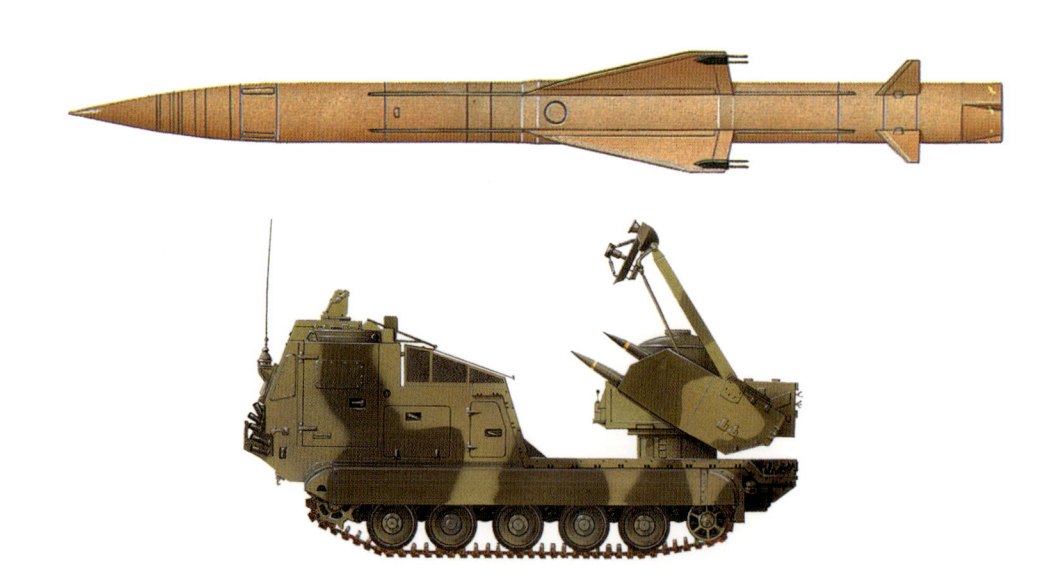

▲ **装軌式レイピア**
イギリス陸軍／第22防空連隊／第11防空中隊、1993年
装軌式レイピア地対空ミサイルシステムは1970年代末期、帝政イラン政府からの要請に応じて開発された。しかしシャー政権が打倒されたため、車両はその後、イギリス陸軍が購入した。装軌式レイピアは、M113装甲兵員輸送車の派生型であるM548装軌貨物輸送車にミサイルランチャーを搭載している。レイピアミサイルの速度はマッハ2.2に達し、HEAP（徹甲榴弾）弾頭を搭載する。

Tracked Rapier	
推進方式	2段式、固体燃料
配備	固定式または移動式
全長	2.24メートル
直径	133ミリ
発射重量	42キログラム
射程	7250メートル
発射準備時間	30秒

16.82キログラムである。

装軌式スターストリークは、アルヴィス・ストーマー装甲戦闘車のシャーシに、ミサイル8基をルーフに固定し予備ミサイル12基を収容した発射器が搭載されている。ストーマーの作戦射程は640キロメートルで、スターストリークミサイル自体の最大有効射程は7キロメートルである。

1971年に導入されて以来、レイピアミサイルはイギリスの防空の要であり、現在この種の主力兵器として就役し、ほかの砲やミサイルシステムをそっくりそのまま更新しつつある。およそ2万5000基のレイピアミサイルが、約600機のランチャーとともに生産されており、このシステムは2020年まで引き続き運用される予定だ。

レイピアは、固定発射基地または軌装式の移動式ランチャーから発射される。2段式ロケットが半徹甲弾頭をマッハ2.2の速度で飛ばし、全天候型レイピアには、ブラインドファイア・レーダー誘導システムが装備されている。装軌式レイピアは、M113装甲兵員輸送車の派生型であるM548貨物輸送車にランチャーを搭載している。

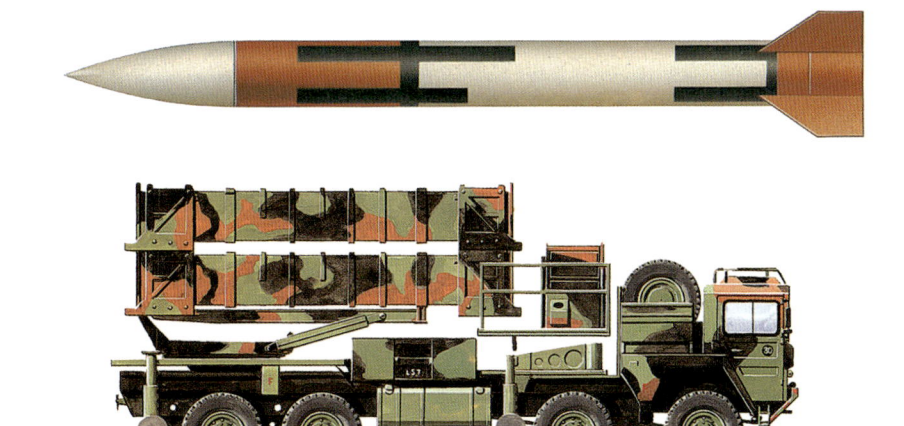

▲ MIM-104（GE）パトリオット
アメリカ陸軍／第35防空旅団／第1大隊、1991年
MIM-104パトリオット対弾道ミサイルは、1960年代にまでさかのぼる大規模な研究と開発のあと、1981年にアメリカ軍で配備がはじまった。パトリオットは1991年の湾岸戦争で悪評を得たが、当初はミサイルだけでなく敵機に対する防御も意図して開発された。固体燃料ロケットモーターで飛翔し、有効射程は160キロメートルである。その破片榴弾弾頭は重量73キログラムで、近接信管によって爆発する。

MIM-104（GE）Patriot
推進方式：固体燃料ロケット
配　　備：固定式または移動式
全　　長：5.31メートル
直　　径：41センチ
発射重量：900キログラム
射　　程：160キロメートル
飛翔時間：9秒〜3.5分

LGM-118 Peacekeeper
推進方式：4段式、固体または液体燃料
配　　備：サイロ
全　　長：21.6メートル
直　　径：2.34メートル
発射重量：8万8450キログラム
射　　程：9600キロメートル
発射準備時間：30分以内（推定）

▲ LGM-118ピースキーパー
アメリカ空軍／第400ミサイル中隊、2003年
MXミサイルとして広く知られるLGM-118ピースキーパー大陸間弾道ミサイル（ICBM）は、ソ連がMIRV方式のICBMを配備したのを受けて、1980年代半ばまでに限られた数が展開された。START II（第2次戦略兵器削減条約）に結実する交渉の結果、アメリカは条約が実行されなかったにもかかわらず、ピースキーパーの廃棄を開始した。現在、アメリカの地上発射型ICBM防衛は、ミニットマンIIIシステムに依存している。

バルカン紛争 1991～95年

1990年代初頭、民族主義的熱情にあおられ、民族紛争に引き裂かれたバルカン諸国で戦争が猛威をふるい、火砲が軍民双方に多数の死者を出した。

1995年夏、クロアチア軍とボスニア・ヘルツェゴヴィナ軍がセルビア陸軍と対峙したとき、両陣営は野砲、自走榴弾砲、防空兵器、ロケット発射器をはじめとする、さまざまな種類の火砲を600門近く集結させることができた。LVRS M-77オーガンMLRSは、1990年代初頭のバルカン紛争中に配備された比較的数少ない旧ユーゴスラヴィア製兵器のひとつだった。この兵器はFAP2026 6×6平床型トラックに128ミリロケット弾を32発搭載しており、開発はユーゴスラヴィアの機械工学士が請け負い、この人物は国内の軍事技術研究所火砲部門の最高業務執行責任者（COO）も務めていた。

1975年にはじめて一般公開されたこのロケット発射器は、のちに派生型のオーガン2000ERがつくられ、これはソ連設計のBM-21グラードロケット弾を122ミリ発射筒50本から発射することが可能だった。クロアチア軍はまた、オーガンを改造して122ミリロケット弾を発射できるようにし、それをM-91ヴァルカンと命名した。

ソ連以外で生産されたもうひとつの東欧製兵器、M53/M59プラガ自走対空砲は、ユーゴスラヴィア人民軍によって配備されたが、1990年代の戦場ではやや時代遅れの感が否めなかった。1950年代後期にチェコスロヴァキアで設計されたこの兵器は、プラガV3S 6×6トラックのシャーシに30ミリ機関砲2門を搭載していた。トラックの荷台後方に搭載された機関砲は、50発入り弾倉によって給弾され、車両は通常、最大900発の弾薬を携行した。

M53/M59にはレーダーがなく、光学照準だったので、使用は日中の好天時に限られた。対空プラットフォームとしては機能的に旧式だったが、30ミリ弾の貫通力が軽装甲車や歩兵隊に対して有効であったため、未開発国の軍隊では依然として重宝されている。チェコ軍部がソ連のZSU-57-2 57ミリ自走対空砲をもちこんでM53/M59と比較検証してみたところ、自軍の兵器の性能のほうがよかったため、ソ連にそれ以上の納入を断った。

セルビア軍とクロアチア軍のどちらも、ソ連製地対空ミサイルを相当数保有しており、なかで

▼LVRS M-77オーガンMLRS
セルビア陸軍／第2地上部隊旅団

128ミリロケット弾の発射発射筒32本を搭載したLVRS M-77オーガンは、ユーゴスラヴィア紛争で破壊的な兵器であることを証明した。ユーゴスラヴィアで数年かけて開発されたあと、1975年に導入され、現在もなおセルビア軍で使用されている。

LVRS M-77 Oganj MLRS

- 乗　　員：5名
- 重　　量：2万2400キログラム
- 全　　長：11.5メートル
- 全　　幅：2.49メートル
- 全　　高：3.1メートル
- エンジン：8気筒ディーゼル（256馬力）
- 速　　度：時速80キロメートル
- 行動距離：600キロメートル
- 武　　装：M77またはM91ロケット弾×32＋32、および12.7ミリ重機関銃×1

ももっとも入手しやすかったのがラヴォーチキン設計局開発のOKB S-75で、NATO陣営にはSA-2ガイドラインと呼ばれていた。1990年代には、SA-2は旧式化していた。開発は1950年代初頭にはじまり、1957年までに赤軍砲兵部隊に配備されていた。1960年に、フランシス・ゲーリー・パワーズが操縦するアメリカのU-2偵察機を撃墜したことで悪名をとどろかせた。この事件は超大国間で大きな論争を巻き起こした。SA-2はのちに北ヴェトナムに供与され、アメリカ軍爆撃機による北ヴェトナムの首都ハノイと主要港湾都市ハイフォンへの破壊的な航空攻撃をある程度防御した。中国もまたこのミサイルを生産しており、HQ-1およびHQ-2という制式名称を与えている。

セルビア軍とユーゴスラヴィア軍が保有するSA-2は、バルカン諸国で戦闘およびパトロール任務に従事するNATO軍機にとって深刻な脅威となっていた。その最大作戦射程は45キロメートルで、発射された200キログラムの破片榴弾弾頭はレーダー誘導された。

▲ 応急修理
1997年7月のジョイント・ガード作戦中、M109自走榴弾砲の擦り切れた履帯を交換する、ボスニア・ヘルツェゴヴィナ、キャンプ・マクガヴァン所属の第1歩兵師団（機械化）第6野戦砲兵隊第1大隊アルファ中隊のアメリカ陸軍兵士。

▲ ラヴォーチキンOKB S-75（SA-2ガイドライン）
セルビア陸軍／
第21コルドゥン軍団砲兵大隊、1995年

ソ連設計のラヴォーチキンOKB S-75地対空ミサイルは、NATOにはSA-2ガイドラインとして知られていた。初期のソ連製防空ミサイルであるSA-2は、半世紀にわたり改良がくわえられて現在も運用され、1990年代のバルカン紛争では複数の軍隊の部隊に装備された。ミサイルはトレーラーにのせて発射位置まで牽引され、シングルレール・ランチャーから発射されたあと、目標に向けてレーダー誘導された。

Lavochkin OKB S-75（SA-2 Guideline）

推進方式	2段式、固体または液体燃料
配備	移動式
全長	10.6メートル
直径	700ミリ
発射重量	2300キログラム
射程	45キロメートル
発射準備時間	8時間レーダーセットアップ

Modern Conflicts, 1991-2010

　1990年代半ばにNATO軍とともに配備された際、イギリス陸軍の分隊はAS90 155ミリ自走砲を装備していた。AS90は、同陸軍の旧式化した155ミリM109およびアボット105ミリ自走榴弾砲の後継として、ヴィッカース造船技術社によって設計・生産された。1980年代にSP70自走榴弾砲計画が失敗したのを受けて、AS90の開発が加速され、1993年に導入された。NATO標準の31口径155ミリ榴弾砲を搭載し、バースト射撃で10秒間に3発、3分間の限定射撃で毎分6発、1時間の持続射撃なら毎分2発の発射が可能である。砲塔管制コンピュータ（TCC）が提供する技術が連続速射を容易にしている。

　AS90（「90年代の火砲システム」）は、英騎馬砲兵2個連隊と英砲兵3個連隊に装備されている。行動距離は420キロメートルで、自律航法装置と自動照準装置により、外部から視覚による支援を受けなくても戦闘が可能である。200両近くのAS90が1992年から1995年のあいだに生産され、2002年にはその約半数が39口径砲身から52口径砲身に長砲身化された。

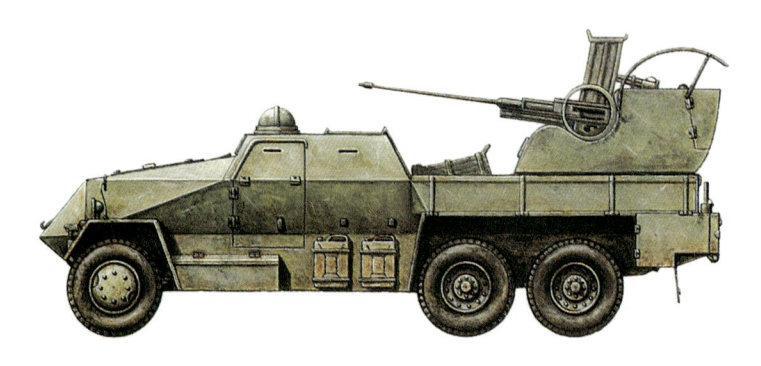

M53/59 Praga SP anti-aircraft gun

乗　　　員：2＋4名
重　　　量：1万300キログラム
全　　　長：6.92メートル
全　　　幅：2.35メートル
全　　　高：2.585メートル
エンジン：タトラT912-2 6気筒ディーゼル（110馬力）
速　　　度：時速60キロメートル
行動距離：500キロメートル
武　　　装：30ミリ機関砲×2

▲M53/59プラガ自走対空砲
ユーゴスラヴィア人民軍／第51機械化旅団

1950年代に設計されたM53/59プラガ自走対空砲は、プラガ6輪駆動トラックのシャーシに30ミリ機関砲2門を搭載していた。この機関砲は、トラックからとりはずして単独で運用することも可能だった。4名の砲員は移動中、装甲された兵員室に防護された。

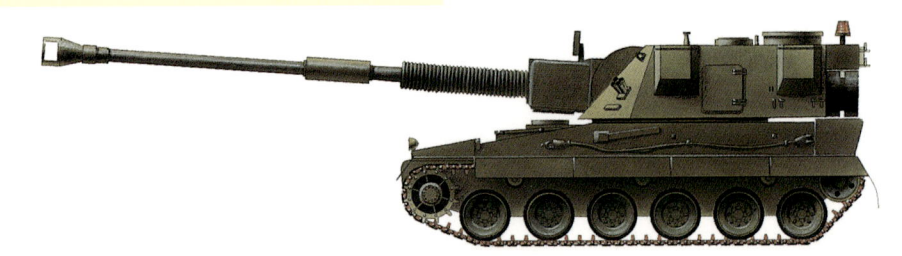

▲AS90自走砲
イギリス陸軍／第3騎馬砲兵連隊、1995年

ヴィッカース社により1980年代半ばに開発、生産されたAS90自走砲は、装軌式シャーシに155ミリL31榴弾砲を搭載している。1993年に就役したAS90は、当時運用されていたアボット105ミリおよびM109 155ミリ自走榴弾砲を更新した。

AS90 SP gun

乗　　　員：5名
重　　　量：4万5000キログラム
全　　　長：7.2メートル
全　　　幅：3.4メートル
全　　　高：3メートル
エンジン：カミンズV8ディーゼル（660馬力）
速　　　度：時速55キロメートル
行動距離：420キロメートル
武　　　装：155ミリ榴弾砲×1、および12.7ミリ機関銃×1

カフカス紛争 1992年〜現在

ソ連崩壊とともに勃発したカフカスの混乱は、領土問題や民族紛争が解決されないまま現在も続いている。

ソ連崩壊以来、カフカス地方を荒廃させてきた悲惨な内戦と民族浄化は、軍事衝突はもちろん政治的混乱も特徴としている。この一連の出来事に、旧ソ連のグルジア共和国や、独立政府を求めて分離独立した南オセティアおよびアブハズ地域が巻きこまれてきた一方で、ロシア軍は何年にもわたりイスラム分離主義者やチェチェン民族主義者と戦ってきた。こうした対立を通じて、一般市民、民兵、軍人の死傷者が多数出ており、それはとくに、火砲を使って軍事的に重要な目標や人口密集地域を砲撃していたせいだった。傭兵部隊がたびたび雇われ、地雷の使用は何千人もの人々の身体を不自由にしていた。

1991-1992年の南オセティア紛争は、不安定な停戦によって終結をみたものの、緊張状態はくすぶりつづけていた。いずれの陣営もよく訓練された百戦錬磨の軍隊を招集することが可能で、グルジア国防軍は、1991年初頭に戦争がはじまるわずか数日前に結成された。戦闘がだらだらと続くにつれ、それは地域の支配を奪いあう軍閥の争いになりさがり、グルジア政府は、ロシア連邦が反乱軍のために介入していると非難した。グルジア政府軍は、トラック搭載型多連装ロケットシステムとともに、牽引および自走榴弾砲などソ連時代の装備を配備し、ゲリラ活動制圧において砲兵隊に重要な役割をになわせるなど、ソ連流の対ゲリラ戦術を実施していた。

1992年秋に黒海沿岸の観光都市ガグラを掌握

▲ **人力で動かす迫撃砲**
1992-93年のアブハズ紛争終結後の1994年、平和維持軍の一部として、アブハズの某所で120ミリ迫撃砲を人力で動かして道を進むロシア陸軍歩兵。親ロシアのアブハズ地域は、グルジアの旧ソ連からの独立宣言を受けて、グルジアから分離独立しようとした。

したのに続いて、グルジア政府軍とアブハズ民兵とのもっとも凄惨な戦闘のひとつが起こり、後者は武装勢力のカフカス山岳民族連合（CMPC）に支援されていた。ガグラにおける戦闘では数百人が死亡し、グルジアとロシア連邦との関係は急激に悪化した。

ロシア、グルジア間の争点のひとつは、ロシアがT-72主力戦車やBM-21グラード多連装ロケット発射器などの装備品や軍事補給をアブハズ軍に注ぎこもうという明らかな意思を表明していたこ とだった。トラック搭載型BM-21は、アブハズ民兵がガグラ攻撃の前には保有していなかった破壊的な兵器で、どうやら兵器の大半は、1個防空連隊と1個補給部隊をふくむロシア軍が作戦行動を行なっていたことで知られる黒海沿岸の都市グダウタから反乱軍に注ぎこまれていたらしい。

この初期の内戦が生んだ不信感は、ロシア連邦とグルジアとのあいだに10年以上にわたる紛争の種をまき、ついには2008年、ロシア軍による短期間だが悲惨なグルジア侵攻へと発展した。

チェチェン 1994年～現在

ロシアからの完全分離を宣言し、分離独立したチェチェン（正式名称チェチニャー）は1990年代半ばに戦場となったが、20世紀末にチェチェン軍と同盟軍が隣国ダゲスタン共和国に侵攻すると、再び戦場になった。

1994年、チェチェンでロシア連邦からの独立をめぐり激しい論争が巻き起こると、派閥抗争から内戦が勃発し、地域の安定が脅かされた。憲法秩序を回復するという名目で、ロシア陸軍がチェチェンに進入し、元ソ連空軍少将ジョハル・ドゥダエフ指揮する分離独立派を制圧するための骨の折れる軍事作戦に乗りだした。最初からロシア国民のあいだでこの戦争は不評で、チェチェンの首都グロズヌイの掌握をはじめとする初期の成功にもかかわらず、気づくとロシア軍は、1980年代のアフガン侵攻の大失敗をほうふつとさせる執拗なゲリラとの戦闘に巻きこまれていた。

徴集兵の混乱

チェチェンに派遣されたロシア軍兵士の多くは、軍事訓練をほとんど受けたことのない徴募兵だった。チェチェン軍の地雷、ブービートラップ、ゲリラ戦法のせいで、かなりの損害がもたらされた。案の定、ロシア軍司令官は、反乱軍を混乱させ戦闘能力を低下させることを期待して、自軍のすぐれた火力を最後のよりどころとした。チェチェ ンの渓谷や平地地方の広範な地域は制圧できたものの、ロシア軍は周辺の山岳地帯から反乱軍を掃討しようとして深刻な問題に直面した。待ち伏せはきわめて効果的で、実際にロシア軍の重装甲車列が破壊され、一方ゲリラ兵は狭い道や山道を通って逃げていった。1996年に停戦が合意され戦闘が終わるまでに、5000人以上のロシア軍兵士が戦死し、少なくとも2万人が負傷したといわれているが、この数字は立証されていない。かたや、チェチェン反乱軍と一般市民の死傷者は、10万人を超えている可能性がある。

ロシア軍は1999年夏、チェチェンが支援するイスラム国際平和維持旅団（IIPB）のゲリラ兵が隣国ダゲスタンに侵攻したのを受けて、チェチェンへの2度目の侵攻を開始した。IIPBは歴戦のチェチェン戦士と、中東諸国出身のイスラムゲリラから構成されていた。2000年春までに、ロシア軍はチェチェンの首都グロズヌイを掌握し、チェチェンに対する直接支配を回復した。大規模な軍事作戦は終わったが、執拗な反乱はこの地域で10年近く続いており、周辺のロシア領土にまで

拡大している。チェチェン戦士はロシア国内で多数のテロ行為を行なっている。

分離独立した火力

　近年ロシア軍がチェチェン反乱軍と戦ったいずれの場合も、圧倒的な火力を自由に使って戦った。アフガニスタンと第1次チェチェン紛争の苦い教訓を生かし、ロシア軍司令官は軍隊を、機動力が制限される狭い地域や、ゲリラ兵が潜んでいることで知られる市街地には投入しようとしなかった。むしろ火砲を周辺の高台に配置し、大規模な航空攻撃を要請して目標を殲滅したが、結果的に広範囲にわたる巻きぞえ被害をもたらし、何千人ものチェチェン市民を殺害した。

　ロシア陸軍が配備した野砲には、長く就役しているD-30 122ミリ榴弾砲や、100ミリまたは152ミリの旧式化した牽引砲などがあった。D-30は40年以上にわたりソ連軍、続いてロシア軍の主力牽引砲として運用されていた。第2次世界大戦時代のチェコスロヴァキアの設計（ドイツ陸軍向け）をもとに開発されたD-30は、ほぼ22キログラムの榴弾を最大1万5400メートルの距離まで発射することが可能である。

自走砲

　とくに湿地や起伏の多い地域など、ロシア軍にとって地形が障害になることが多かったが、2S1 M1974自走榴弾砲はチェチェンのどこの地形でも、直接支援においてその戦闘能力を証明した。水陸両用の2S1は、D-30野戦榴弾砲と同じ2A18 122ミリ榴弾砲をMT-LBのシャーシに搭載している。MT-LBの船のような車体は、PT-76水陸両用軽戦車のそれに似ているが、まったく別個の設計である。2S1はロシア陸軍の機甲師団と機械化狙撃連隊に装備されており、1万5700キログラムと比較的軽量であるため接地圧が低く、機動性が高くなっている。

　1974年のポーランドの軍事パレードではじめて西側情報筋に確認されたことからM1974と命名された2S1は、ロシアではグヴォズジーカ（ロシア語でカーネーションの意）という制式名称で知られている。いくつかの派生型がソ連、ポーランド、ブルガリアで生産され、一時期には500両以上がふたつのソ連依存国によって配備されていた。2S1は時速60キロメートルというすぐれた路上最大速度を誇るが、軽装甲であるため、ロケット推進式グレネードや対戦車兵器には脆弱である。

ロケットシステム

　ロシア陸軍はふたつのすぐれたロケットシステム、BM-30 300ミリスメルチおよびTOS-1 220ミリ多連装ロケット発射器をチェチェンに配備した。この種類では世界最大であるスメルチ（ロシア語で竜巻の意）は、9A52 8×8装輪車両に発射筒12本を搭載している。チェチェン軍が耐えた重爆撃の大半はスメルチによるもので、38秒で全弾を発射して67ヘクタールの範囲に飽

BM-30 Smerch heavy multiple rocket launcher

乗　　　　員：4名
口　　　　径：300ミリ
ロケット弾全長：7.6メートル
ロケット弾重量：243キログラム
システム戦闘重量：4万4401キログラム
射　　　　程：70キロメートル
発　射　速　度：38秒で12発

▲**BM-30スメルチ重多連装ロケット発射器**
ロシア陸軍／第136自動車化狙撃旅団、1997年
BM-30スメルチ多連装ロケット発射器は、広範囲に猛烈な火力を浴びせることが可能である。9A52 8×8車両に300ミリロケット発射筒12本を搭載し、わずか38秒で全弾を発射できた。スメルチは1980年代初頭に設計され、1989年にソ連地上軍で配備が開始された。標準的な中隊は、発射車両6両と、予備ロケット弾12発をそれぞれ搭載した弾薬補給車6両から構成される。

Modern Conflicts, 1991-2010

和攻撃を行なうことができる。このシステムはわずか3分で発射準備が整うが、再装填には36分かかる。

　TOS-1短距離ランチャーはチェチェン紛争中、サーモバリック弾頭ロケット弾を固定要塞や市街地に発射した疑いがもたれている（TOSは「heavy Flamethrower system（重火炎放射システム）」の略）。サーモバリック弾頭には可燃性の液体が充填されており、それが気化して蒸気雲が形成されると、酸素に触れて着火する。その結果生じる爆発は、激しく渦巻く炎と超高圧をもたらす。15秒で30発を発射するこの兵器は、T-72主力戦車のシャーシにランチャーを搭載する。最大有効射程は3500メートルで、1980年代初頭にアフガニスタンではじめて実戦投入された。

▲ 2S1 M1974自走榴弾砲
ロシア陸軍／第5親衛戦車師団、1996年

122ミリの主砲を搭載した2S1グヴォズジーカ（カーネーション）自走榴弾砲は、最初に一般公開された年から西側にはM1974と呼ばれた。複数の旧ソ連共和国では現在も使用されている。

2S1 M1974 SP howitzer

乗　　　員	4名
重　　　量	1万5700キログラム
全　　　長	7.3メートル
全　　　幅	2.85メートル
全　　　高	2.4メートル
エンジン	YaMZ-238V V8液冷ディーゼル（240馬力）
速　　　度	時速60キロメートル
行動距離	500キロメートル
武　　　装	122ミリ榴弾砲×1、および7.62ミリ対空機関銃×1

TOS-1 multiple rocket launcher

乗　　　員	3名
口　　　径	220ミリ
ロケット弾全長	不明
ロケット弾重量	175キログラム
システム戦闘重量	4万6738キログラム
射　　　程	3500メートル
発射速度	15秒で30発

▲ TOS-1多連装ロケット発射器
ロシア陸軍／第860独立火炎放射大隊、1999年

固定要塞に対しきわめて有効なTOS-1 30砲身220ミリロケット発射器は、破壊的なサーモバリック弾頭ロケット弾を発射することが可能で、弾頭に充填された可燃性液体が気化・発火して爆発炎上する。TOS-1はチェチェン紛争中、地雷撤去にも利用されたと考えられる。このシステムは1980年代、アフガニスタンでの戦闘ではじめてお目見えした。最大発射速度は15秒で30発である。

南オセティア紛争 2008年

2週間足らずの戦闘で、旧ソ連グルジア共和国は南オセティアに残る領土の支配権を失い、ロシア陸軍の火力と機動力に敗れ去った。

2008年8月、グルジアが南オセティア地区の支配権を主張しようとしたことから、この紛争地域で少なくとも3度目の戦争が勃発した。グルジアの攻撃に即応して、ロシア軍は数時間のうちに展開した。南オセティア地区の中心都市ツヒンヴァリ周辺で4日間にわたり激しい戦闘が続き、そのあいだグルジア軍は152ミリ野戦榴弾砲とBM-21グラード 122ミリ多連装ロケット発射器からたえまなく集中砲火を浴びながら前進した。ある情報筋によると、グルジア軍のロケット弾や砲弾は15～20秒間隔で都市に降り注いでいたという。

ロシアの即応

ロシア軍はその翌日反撃に出て、SS-21短距離弾道ミサイルを少なくとも1発、グルジアの都市ボルジョミに発射する一方、攻撃機がツヒンヴァリ周辺のグルジア軍歩兵隊および砲兵隊に猛攻撃をくわえ、この短期間の紛争における最大の戦闘でグルジア勢を都市から撤退させた。形勢がロシアに有利なほうに逆転するにつれ、グルジア軍はロシア軍の火砲や航空支援の効果的な砲火ばかりか、自軍兵士の士気の低下にも悩ませられた。ついにグルジア軍が隊伍を乱して撤退すると、ロシア軍はグルジア国境を越えて4つの都市になだれこんだ。数日のうちに、フランスの仲介により双方は和平合意に達した。

短期間ではあったが激烈だった南オセティア紛争の過程で、グルジア軍の重装備の大半が使用不能状態となった。グルジア軍の1個砲兵旅団は100門以上の兵器を配備しており、それにはD-30 122ミリ牽引榴弾砲や、自走式のSpGH ダナ152ミリ、2S3アカーツィヤ152ミリ、2S7ピオン203ミリなどがあった。グルジア軍はまた、ソ連製BM-21およびチェコ製R-70 122ミリロケット発射器も発射していた。ロシアの火砲には、BM-21およびBM-30スメルチ300ミリロケット発射器にくわえ、自走式2S19ムスタ152ミリと2S3もふくまれた。

2S3アカーツィヤ（アカシア）は、ソ連の製

▲ ダナ自走榴弾砲
2008年、南オセティアでの戦争が終わったあと、沿道に停車する2両のダナ自走榴弾砲。

Modern Conflicts, 1991-2010

造者によってSO-152と命名された。より口径の小さい2S1とは容易に区別がつく。というのも、2S3の152ミリ榴弾砲は車体の前縁をはるかに超えて延びているが、2S1の122ミリ榴弾砲は前縁にぴったり重なっているからだ。2S3は1960年代後期に、アメリカの155ミリM109自走榴弾砲に対抗して開発され、1971年に赤軍で配備がはじまった。それ以来、旧ソ連共和国の機甲編成を装備する一方、少なくとも十数カ国に輸出されている。

1980年代末期には、ソ連の機甲および自動車化狙撃師団はそれぞれ最大3個の2S3大隊を擁し、

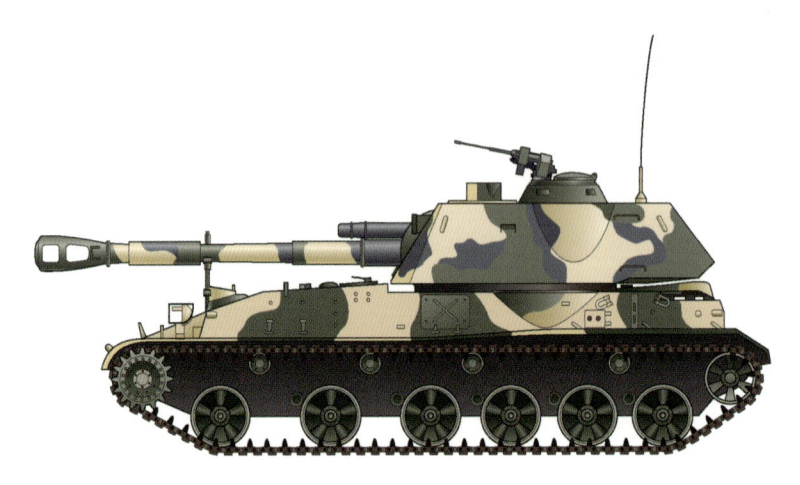

2S3 Akatsiya M1973 SP howitzer

- 乗　　員：6名
- 重　　量：2万4945キログラム
- 全　　長：8.4メートル
- 全　　幅：3.2メートル
- 全　　高：2.8メートル
- エンジン：V12ディーゼル（520馬力）
- 速　　度：時速55キロメートル
- 行動距離：300キロメートル
- 武　　装：152ミリ榴弾砲×1

▲2S3アカーツィヤM1973自走榴弾砲
ロシア陸軍／第20親衛自動車化狙撃師団、2008年

2S3アカーツィヤは、ソ連とロシアの機甲および自動車化狙撃師団に直接火力支援を与えた。その重砲は、SA-4防空ミサイルシステムの短縮シャーシに搭載されている。NBC防御、改良型装甲、暗視装置を装備し、通常6名の乗員で運用され、そのうち2名は車両後方に立って弾薬をとりあつかう。

▲2S19ムスタ自走榴弾砲
ロシア陸軍／第131自動車化狙撃旅団、2008年

旧式化した2S3自走榴弾砲の後継として、2S19の開発は1985年にはじまり、1989年にソ連軍で配備が開始された。主武装の152ミリ榴弾砲は2A65牽引榴弾砲の改良型で、ロシア軍は2008年、自動射撃統制装置を採用した改良型を導入した。

2S19 MSTA SP howitzer

- 乗　　員：5名
- 重　　量：4万2000キログラム
- 全　　長：7.15メートル
- 全　　幅：3.38メートル
- 全　　高：2.99メートル
- エンジン：V-84Aディーゼル（840馬力）
- 速　　度：時速60キロメートル
- 行動距離：500キロメートル
- 武　　装：152ミリ榴弾砲×1

第6章　現代の紛争　1991〜2010年

合わせて54両も装備していた。2S3はD-20牽引野戦榴弾砲の改造型を搭載し、シャーシはオブイェクト123装軌車両のものを流用しており、これは2K11クルーグ防空ミサイルシステムにも採用されている。

2S19ムスタ152ミリ自走榴弾砲はソ連にとって、またのちにはロシア軍にとって、新世代機動装甲車の先駆けとなった。2A65 152ミリ牽引榴弾砲の改良型を搭載した2S19は、最大毎分8発発射でき、最新型T-80主力戦車のシャーシと、信頼性の高いT-72エンジンを採用している。2S3の後継として開発され、自動装填装置、NBC（核・生物・化学兵器）防御、暗視装置、改良型装甲を装備する。破片榴弾にくわえ、発煙砲弾、化学砲弾、レーザー誘導砲弾クラスノポールを発射し、核弾頭も搭載可能である。

タトラ813 8×8トラックをベースにしたダナ152ミリ自走榴弾砲は、1970年代にチェコスロヴァキアの設計者によって導入され、現在もグルジア、チェコ共和国、リビア、ポーランド、スロ

▲ダナ自走榴弾砲
グルジア陸軍／統合砲兵旅団、2008年

ソ連の2S3 152ミリ自走榴弾砲を購入する代わりにチェコスロヴァキアで開発されたダナは、タトラ813トラックのシャーシと閉鎖式砲塔を採用した。また、どの角度でも再装填可能な自動装填装置を導入した最初の火砲システムのひとつでもあった。

DANA SP howitzer
- 乗　　員：4または5名
- 重　　量：2万3000キログラム
- 全　　長：10.5メートル
- 全　　幅：2.8メートル
- 全　　高：2.6メートル
- エンジン：V12ディーゼル（345馬力）
- 速　　度：時速80キロメートル
- 行動距離：600キロメートル
- 武　　装：152ミリ榴弾砲×1、および12.7ミリ重機関銃×1

▲2S7ピオン自走砲
グルジア陸軍／統合砲兵旅団、2008年

2S7ピオン203ミリ自走砲は、1970年代半ばに配備が開始された。T-80主力戦車のシャーシに主砲を外装し、通常弾とロケット補助推進弾を発射可能である。南オセティア紛争中、グルジア陸軍はウクライナから入手した2S7を何両か配備した。

2S7 Pion SP gun
- 乗　　員：7名
- 重　　量：4万7246キログラム
- 全　　長：10.5メートル
- 全　　幅：3.38メートル
- 全　　高：3メートル
- エンジン：V-46-I V12ディーゼル（840馬力）
- 速　　度：時速50キロメートル
- 行動距離：650キロメートル
- 武　　装：203ミリ榴弾砲×1

ヴァキアの軍隊で現役である。南オセティア紛争では、グルジア軍のダナ4門がロシア軍の地上攻撃機によって破壊され、3門が鹵獲されたと報告されている。この兵器は、ソ連から2S3を購入する費用をかけずに、歩兵作戦に必要な直接火力支援を与えることを意図して開発されており、30年以上運用されるあいだに750両を超えるダナが生産された。

南オセティアに配備された最大口径の砲は、2S7ピオン（ロシア語でシャクヤクの意）203ミリで、1975年にはじめて西側に確認され、T-80主力戦車の車体に砲を外装している。乗員7名は5分で発射準備を整えることが可能で、またわずか3分で装軌式シャーシの移動準備をすることもできる。搭載されているのは203ミリ砲弾が4発のみであるため、予備の砲弾を積んだ支援車両が通常、随伴する。これまで1000両を超える2S7が製造され、複数の旧ソ連共和国と東側ブロック諸国で運用されている。

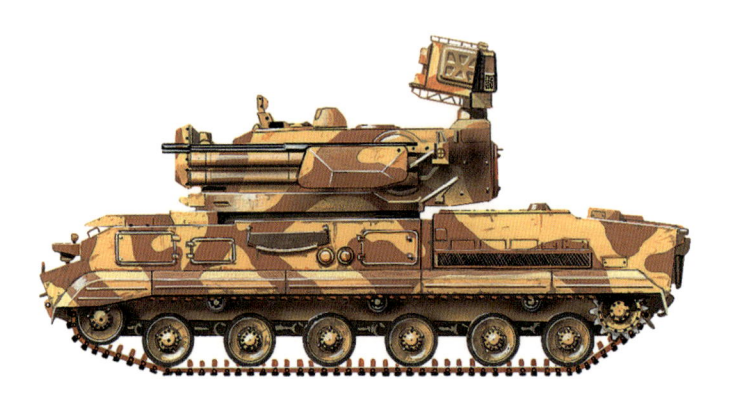

9K22 Tunguska

推進方式	：2段式、固体燃料
配　　備	：移動式
全　　長	：2.56メートル
発射重量	：57キログラム
射　　程	：3500メートル
副 武 装	：2連装30ミリ機関砲

▲9K22ツングースカ
ロシア陸軍／第67独立防空旅団、2008年

9K22ツングースカ防空システムは、連装30ミリ機関砲と9M311防空ミサイルを採用している。1970年代に低空飛行する対戦車攻撃用航空機の迎撃用として開発されたツングースカは、1982年に赤軍で運用がはじまった。30ミリ連装機関砲は合わせて最大毎分5000発を発射でき、半自動指令照準線一致（SACLOS）誘導方式の2段式固体燃料ミサイルは無線式信管で爆発させる。

▲BM-21ロケット発射器
ロシア陸軍／第9自動車化狙撃師団、2008年

第2次世界大戦で名声を博した原型カチューシャ多連装ロケット発射器の後継として1960年代初頭に開発されたBM-21グラート（ロシア語であられ、ひょうの意）は、ほぼ50年にわたり世界中で運用されてきた。ウラル375D 6×6トラックに、122ミリロケット発射筒最大40本を搭載し、発射速度は毎秒2発だ。BM-21は破片榴弾弾頭、クラスター弾頭、または焼夷弾頭を搭載可能である。

BM-21 rocket launcher

乗　　　員	：4名
口　　　径	：122ミリ
ロケット弾全長	：3.226メートル
ロケット弾重量	：77.5キログラム
システム戦闘重量	：1万3700キログラム
射　　　程	：20.37キロメートル
発 射 速 度	：毎秒2発

ロシアの防空 1992年〜現在

その存在の最後の10年間、ソ連は短距離防空ミサイルの性能をいちじるしく向上させたが、こうしたミサイルはのちの紛争でその有効性を証明した。

2008年の南オセティア紛争で、ロシア空軍は航空機を何機か失ったと報じられた。そのうち3機はスホーイSu-25近接支援攻撃機で、残る1機はツポレフTu-22戦略爆撃機だった。空軍が戦闘で損害をこうむるのはめずらしいことではないが、この出来事が皮肉なのは、これらの航空機が、弱小グルジア軍がソ連最後の数年間に配備し、南オセティアでロシア軍に対して使用した防空ミサイルによって撃墜された可能性が高いからだ。したがって、ロシア軍は少なくともある程度、継承したミサイルに対する防衛手段を開発または維持しそこなっていたといわざるをえないだろう。

アブとジリス

こうした損失がロシアの制空権を脅かすことはいっさいなかったが、1970年代後期にふたつの防空ミサイルシステムに導入された改良に関連して、ロシアの航空機対策と電波妨害装置の有効性に明らかな隔たりがあることを示していた。このミサイルシステムとは、NATOにはSA-11ガドフライ（アブの意）と識別されていた9K37M1ブーク-1M準中距離ミサイルシステムと、NATO観測筋にSA-13ゴーファー（ジリスの意）として知られる9K35ストレラ-10短距離ミサイルシステムである。1960年代から就役していたSA-6ゲインフルおよびSA-9ガスキン防空ミサイルの後継として開発されたガドフライとゴーファーは、1979年にソ連軍で運用がはじまり、それとほぼ同時に、装軌式9K22ツングースカミサイルおよび30ミリ機関砲防空システムも配備が開始された。これは経費節減イニシアチヴの一環でもあった。

9K37M1ブーク（ロシア語でブナノキの意）の高性能レーダー（愛称スノードリフト）は、同時に最大6つの目標を追尾することができ、固定翼機、ヘリコプター、巡航ミサイルを迎撃する。命中率は最大90パーセントと考えられている。またこのシステムは機動性が高く、わずか5分で移動することが可能である。スノードリフト監視レーダーとともに、9K37M1はTELAR（輸送車兼用起立式レーダー装備発射器）をGM-569装軌車両のシャーシに搭載している。標準的な1個大隊は、指揮統制車両1両、TELAR車両6両、それに再装塡用ミサイル

▲**9K37M1ブーク-1M（SA-11ガドフライ）**
ロシア陸軍／第66親衛自動車化狙撃連隊、1994年
ソ連軍、のちにロシア軍には9K37M1ブーク-1Mとして知られるSA-11は、SA-6ゲインフル準中距離防空ミサイルシステムの後継として、1979年に赤軍で配備がはじまった。高性能のレーダーシステムや誘導システムなど多数の改良をほどこしたSA-11は、最大6個の目標を同時追尾でき、固定翼機やヘリコプター、巡航ミサイルの迎撃に効果を発揮する。

9K37M1 Buk-1M (SA-11 Gadfly)	
推進方式：	単段式、固体燃料
配　　備：	移動式
全　　長：	5.55メートル
直　　径：	860ミリ
発射重量：	690キログラム
射　　程：	30キロメートル
発射準備時間：	5分

Modern Conflicts, 1991-2010

を搭載した支援車両から構成される。ミサイル自体は通常、9M38の派生型で、破片榴弾弾頭を搭載し、近接信管で爆発させる。

ロシア軍には9K35ストレーラ（ロシア語で矢の意）-10という制式名称で知られるSA-13ゴーファーは、MT-LB装軌式シャーシの改造型をベースに、9M37ミサイルもしくは、SA-9ガスキン防空システムに搭載されていた旧式の9M31ミサイルを発射できる。ミサイルは画像として目標をとらえ、赤外線を利用して低空飛行する目標に誘導される。ハットボックスとして知られるSA-13のレーダーは、2基のミサイルポッドのあいだに設置され、目標までの距離を測定する。また、4本のレーダーアンテナがシャーシの荷台の四隅に設置されている。9M37ミサイルは通常、マッハ2に迫る速度で飛翔でき、重量は約40キログラムで、全長は2.2メートルである。

1991年の砂漠の嵐作戦では、SA-13は低空飛行するアメリカのA-10サンダーボルト「ワートホッグ」対地攻撃機を少なくとも2機撃墜したと報告されており、ほかにも数機に損害を与えた可能性がある。コソヴォでは、セルビア軍がSA-13を配備し、2機のA-10を損傷させたことが知られている。

大いなる不満（グランブル）

ソ連の防空ミサイルの射程は1970年代後期、S-300という制式名称で知られるSA-10グランブルを導入したことで延伸された。S-300からはのちに、SA-12ジャイアントおよびグラディエーター、SA-20ガーゴイルといった派生型が生まれた。S-300は1978年にソ連軍で運用がはじまり、過去30年にわたり一連の改良が行なわれた。5P85-1車両（トラックとトレーラーを組みあわせたもの）、監視および低高度レーダー、それに高性能30N6射撃統制システムで構成される。目標までの距離に応じてさまざまなミサイルを利用でき、それぞれ重量が150キログラムまでの破片榴弾弾頭を搭載可能である。2007年、ロシアは多数のS-300システムをイランに売却することに同意したが、アメリカおよびイスラエル政府が異議を唱え、売却は成立しなかった。

基本型SA-10は、ソ連の主要都市を巡航ミサイル攻撃から防衛する目的で開発され、1980年代半ばには少なくとも80基が配備され、この多くがモスクワ周辺で防御線を形成していた。実戦におけるSA-10の正式な記録はないものの、西側アナリストはきわめて有能なシステムと考えている。旧ソ連共和国と依存国の一部では現在も配備されている。

▲ ZRK-BD 9K35ストレーラ-10（SA-13ゴーファー）
ロシア陸軍／第28親衛戦車連隊、1996年

ZRK-BDストレーラ-10防空ミサイル（NATO名SA-13ゴーファー）は1979年、SA-9ガスキンに代わる短距離光学照準式赤外線誘導システムとして、ソ連赤軍で運用が開始された。SA-13は主武装である9M37ミサイルと、もともとガスキンに装備されていた9M31ミサイルの両方を発射可能だった。MT-LB装軌車両の改造型シャーシに搭載され、作戦射程は500キロメートルである。SA-13システム車両はTELAR（輸送車兼用起立式レーダー装備発射器）として知られる。

ZRK-BD 9K35 Strela-10 (SA-13 Gopher)	
推進方式	単段式、固体燃料
配備	移動式
全長	2.19メートル
直径	120ミリ
発射重量	41キログラム
射程	5キロメートル
発射準備時間	3分

S-300（SA-10Grumble）

推進方式	単段式、固体燃料
配備	移動式
全長	7.5メートル
直径	500ミリ
発射重量	1800キログラム
射程	200キロメートル
発射準備時間	5分

▲ **S-300（SA-10グランブル）**
ロシア陸軍／第5防空旅団、2003年

S-300防空ミサイルシステム（NATO名SA-10グランブル）は、1978年にソ連軍で運用がはじまり、当初は巡航ミサイル迎撃用だったが、のちのヴァージョンでは弾道ミサイルの迎撃に使用できるように改良された。1980年代半ばまでに、トラックとトレーラーを組みあわせた5P85-1をふくめ、少なくとも80両の輸送車兼用起立式発射器が、ソ連の主要都市防衛に配備されていたと報告されている。改良型S-400（NATO名SA-21）は、2004年にロシア軍に就役した。

イラクとアフガニスタンでの戦争 2001年～現在

湾岸戦争の終結から10年間で、世界はまったく違う場所になった。サダム・フセインは大量破壊兵器を使用すると脅し、困難なテロとの戦いがはじまっていた。

テロとの戦いと迫りくる大量破壊兵器の脅威は、NATO諸国をふくむ多国籍軍に、中東やほかの地域の安全を保つため、軍隊や軍用装備品を投入することを余儀なくさせた。1991年の湾岸戦争で決定的敗北を喫して以来、サダム・フセインはイラクの戦争マシンを、またしても中東の平和に対する明白な脅威へと再建した。イラク北部に住む分離主義者のクルド人に化学兵器を使い、南部の主要港湾都市バスラ周辺で起こった暴動を残酷なやり方で鎮圧し、イラクの独裁者は中東を新たな波乱の征服戦争に追いこもうとしているとして、欧米では懸念が高まりつつあった。

時を同じくして、2001年9月11日の恐ろしい事件がアメリカやイギリス、ほかの国々に、イスラム原理主義とそれに付随する欧米に対するジハード（聖戦）の思想が、世界の安全と治安にとって本物の脅威になっているという現実を突きつけた。

こうした二重の脅威に応えて、各国は多国籍軍を動員して脅威をしずめようとした。2002年、イラクが国連安保理決議1441に従う期限が近づくにつれ、サウジアラビア、クウェート、バーレーン、アラブ首長国連邦などの基地で兵站計画が本格化した。決議はイラクに、大量破壊能力をもつすべての兵器を開示し、これを検証するため国連査察官を国内の現場に受け入れることを求める期限をもうけていた。米大統領ジョージ・W・ブッシュは、サダム・フセインが従わなければ、湾岸戦争時に採択された先の国連安保理決議の条項が発動されると主張し、万一イラクが順守しなかった場合には、イラクへの軍事介入が認められると見こんでいた。

バビロンを超えて

コリン・パウエル国務長官は2003年2月、国

連安全保障理事会の総会で演説し、アメリカの懸念とイラクの大量破壊兵器の「証拠」について説明したが、それに続く実際の侵攻ではそのような兵器はなかなか発見されず、侵攻の合法性に疑問が投げかけられた。それでも、サダム・フセインがバース党による独裁的支配を行なっていた期間に積み重ねた前科は、その失墜の大きな一因となった。

化学および生物兵器とは別に、フセインの核開発計画はイスラエルにとって明白な脅威とみなされ、早くも1981年にイスラエルは、当時イラクで建設中の、おそらく核兵器のための燃料を製造することができたかもしれない原子炉を爆撃していた。1980年代のイラン・イラク戦争では、サダム・フセインはカナダ人天体物理学者ジェラルド・ブルを雇い、積極的に協力した。ブルは、核弾頭を搭載した砲弾を発射できる火砲「スーパーガン」の研究で広く知られていた。湾岸戦争では、そのような兵器の部品が多国籍軍によって発見され、部品はまた、さまざまな国から輸送される途中で押収された。

ベイビーバビロンとビッグバビロンとして知られるふたつの大砲が当時イラクで建造中で、ベイビーバビロンは実際に1989年夏、発射試験のための掘削された場所に設置されていた。ベイビーバビロンは、口径350ミリ、砲身全長約52メートルの堂々たる兵器だった。バグダードの北145キロメートルのジャバル・ハムリンに設置され、射程は約668キロメートルと推定された。ビッグバビロンは真に巨大な砲を概念化したもので、砲身は全長152メートル、重量1476トン、口径は1メートルだった。ビッグバビロンが実用化されていれば、ブルがHARP（高高度研究プロジェクト）計画のもと開発していたさらに巨大な兵器のためのさらなるデータが得られていただろう。あるHARPの設計は、重量が1875トンある全長91メートルの砲身をそなえていた。

スーパーガンはさておき、多国籍軍とNATOの軍事計画者は、イラク陸軍の従来型火砲の性能にさえ敬意をはらい、アルカイダやタリバン軍のロケット発射器、重迫撃砲、肩撃ち式兵器を追跡するむずかしさを認めていた。軍事計画者はまた、継続的な地上作戦中に、前進する歩兵に随伴できる輸送可能な野砲や自走砲が必要なことも十分に理解していた。

▲ **火力支援**
2007年、イラク、カルス近くの前進作戦基地で、火力支援を行なうため105ミリ榴弾砲の射程を調整するアメリカ陸軍の砲兵。この砲兵は、第377落下傘野戦砲兵連隊第2大隊アルファ中隊所属である。

イラク 2003年

野砲と自走砲に支援された多国籍軍の迅速な展開によって、イラク陸軍は縮小し、バグダードとバスラが掌握された。

　自国が侵略の危機にひんしているとき、サダム・フセインのイラク陸軍は、少なくとも3個機甲師団、3個機械化歩兵師団、11個歩兵師団からなっていた。この編成は公式の兵力の70〜80パーセントと推定されたが、それでも強力な戦闘部隊を構成していた。2500以上のさまざまな野砲、自走砲、多連装ロケットシステムと地対地ミサイルとともに、イラク軍はソ連起源の携帯式対戦車兵器や地対空ミサイルを相当数保有していた。

イラクの防空

　ソ連時代のZSU-23-4、ZSU-57-2、37ミリ連装機関砲M1939、また85ミリ、100ミリ、130ミリ口径の多種多様な砲にくわえ、イラク軍はSA-2、SA-6、SA-9、SA-13などさまざまな防空ミサイルも配備していた。この一部は装軌式または装輪式の輸送車兼用起立式発射器に搭載され、一方、NATOがSA-16ギムレットというコードネームを与えた携帯式兵器は、湾岸戦争で多国籍軍のパナヴィア・トーネード攻撃機1機を撃墜したことで知られていた。SA-16は10.8キログラムと軽量であることから、迅速な展開と目標捕捉が可能だった。

　ソ連地上軍、のちにロシア陸軍には9K38イグラ（ロシア語で針の意）の制式名称で知られるSA-16は、1981年に就役し、その後SA-18グロースにアップグレードされた。赤外線誘導システム、IFF（敵味方識別）能力、対赤外線妨害対処能力が、この恐るべき近距離兵器に組みこまれている。

榴弾砲のハンマー

　イラクの自由作戦は、多国籍軍火砲のまさに離れ業ともいうべきものだった。ある防衛アナリストはこう述べている。多国籍軍の火砲は「戦闘の多くで決め手になることを証明したが、敵の火砲は多国籍軍のFA［野砲］を数と射程の両方で上まわっていた。イラクの自由作戦に投入されたFAは、第1次世界大戦以前からの戦争において、軍隊に配備された火砲に占める割合がもっとも低かった。砲撃はおもに、クウェート国境からバグダードに伸びる後方連絡線から行なわれた（中略）勇敢な兵士と海兵隊野戦砲兵は臨機応変に対応する一方、かなり

イラク陸軍の火砲、2003年

種類	兵器	数
牽引砲	105ミリ（M-56山砲） 122ミリ（D-74、D-30、M1938） 130ミリ（M-46、59-1式） 155ミリ（G-5、GHN-45、M114）	1900
自走砲	122ミリ（2S1） 152ミリ（2S3） 155ミリ（M109A1/A2、AUF-1（GCT））	200
多連装ロケット発射器	107ミリ 122ミリ（BM-21） 127ミリ（アストロスⅡ） 132ミリ（BM-13/16） 262ミリ（「アバベール-100」）	200
迫撃砲	81ミリ 120ミリ 160ミリ（M1943） 240ミリ	-
地対地ミサイル	フロッグ（無誘導地対地ロケット） スカッド	50 6

▲BM-21ロケット発射器
イラク共和国防衛隊／ハンムラビ機甲師団／第8機械化旅団、2003年

ソ連時代のBM-21多連装ロケット発射器は、イラクの自由作戦でイラク共和国防衛隊と通常の陸軍師団が配備した兵器のなかではひときわ目立っていた。だが機動性は高かったものの、BM-21は多国籍軍の空軍力に対しては脆弱であることが明らかになった。アストロスⅡ127ミリのような最新型MLRSプラットフォームにくらべると、その性能はひいき目に見ても並みだった。

BM-21 rocket launcher
乗員	4名
口径	122ミリ
ロケット弾全長	3.226メートル
ロケット弾重量	77.5キログラム
システム戦闘重量	1万3700キログラム
射程	20.37キロメートル
発射速度	毎秒2発

M109A6 Paladin SP gun
乗員	4名
重量	2万9750キログラム
全長	6.19メートル
全幅	3.15メートル
全高	3.24メートル
エンジン	デトロイト・ディーゼル（405馬力）
速度	時速56キロメートル
行動距離	405キロメートル
武装	M126 155ミリ榴弾砲×1

▲M109A6パラディン自走砲
米海兵隊／第1海兵遠征軍／第11海兵連隊、2003年

アメリカ陸軍および海兵隊の標準的な自走榴弾砲であるM109A6パラディン155ミリは、40年以上前に就役したM109の設計に一連の改良をくわえた最新型だった。アメリカ軍専用で、ほかの国々には輸出されなかった。パラディンはそれまでのM109の派生型とくらべるとまったく新しいシステムで、最新の爆発反応装甲（ERA）と慣性航法装置を採用している。

の距離を迅速に移動し、分散作戦において独自に重大な判断を下し、寝る間も惜しんで、史上もっとも有能な統合射撃班の一員として、敵との交戦や市街地作戦において驚くべき命中精度で射撃任務を遂行した（攻略）」

　M198 155ミリ牽引野戦榴弾砲とともに、M109A6パラディン155ミリはイラクの自由作戦でアメリカ軍火砲の主力として任務をはたした。M109は40年以上にわたり運用され、非常に多くの改良がほどこされていたが、パラディンは事実上まったく新しいシステムだった。主砲のM126榴弾砲は最大発射速度が毎分4発で、作戦射程が405キロメートルに延伸されたことで、攻撃作戦中、前線部隊と緊密に連携することができるようになった。高性能目標捕捉装置と砲安定装置によって、パラディンはさまざまな気候や天候条件のなかで運用が可能なほか、4名の乗員は爆発反応装甲とNBC防御で防護される。

　M198はアメリカ陸軍および海兵隊の部隊に装備され、地上作戦中、アメリカ軍1個歩兵師団の支援砲兵隊とともに1万4000発近くを発射した。この多くは精密誘導のM898 SADARM（対

アメリカ陸軍自走砲大隊、2007年

イラクの自由作戦でのアメリカ陸軍自走砲大隊は、本部および本部付業務（HHS）中隊、それにM109A6パラディン155ミリ自走榴弾砲を少なくとも計18両装備した3個射撃中隊で構成され、射撃中隊は、重旅団戦闘団と砲兵旅団に配属された。またパラディン中隊はそれぞれ、中隊本部、3班からなる2個射撃小隊、1個補給小隊で構成され、補給小隊は2個弾薬班、整備班、補給班、糧食業務班、小隊本部からなる。中隊作戦センターが射撃指揮統制を行なう。

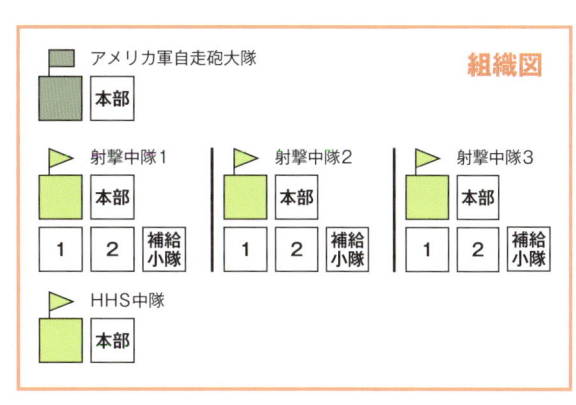

組織図

- アメリカ軍自走砲大隊
  - 本部
- 射撃中隊1
  - 本部
  - 1　2　補給小隊
- 射撃中隊2
  - 本部
  - 1　2　補給小隊
- 射撃中隊3
  - 本部
  - 1　2　補給小隊
- HHS中隊
  - 本部

中隊1（M109A6パラディン自走砲×6）

中隊2（M109A6パラディン自走砲×6）

中隊3（M109A6パラディン自走砲×6）

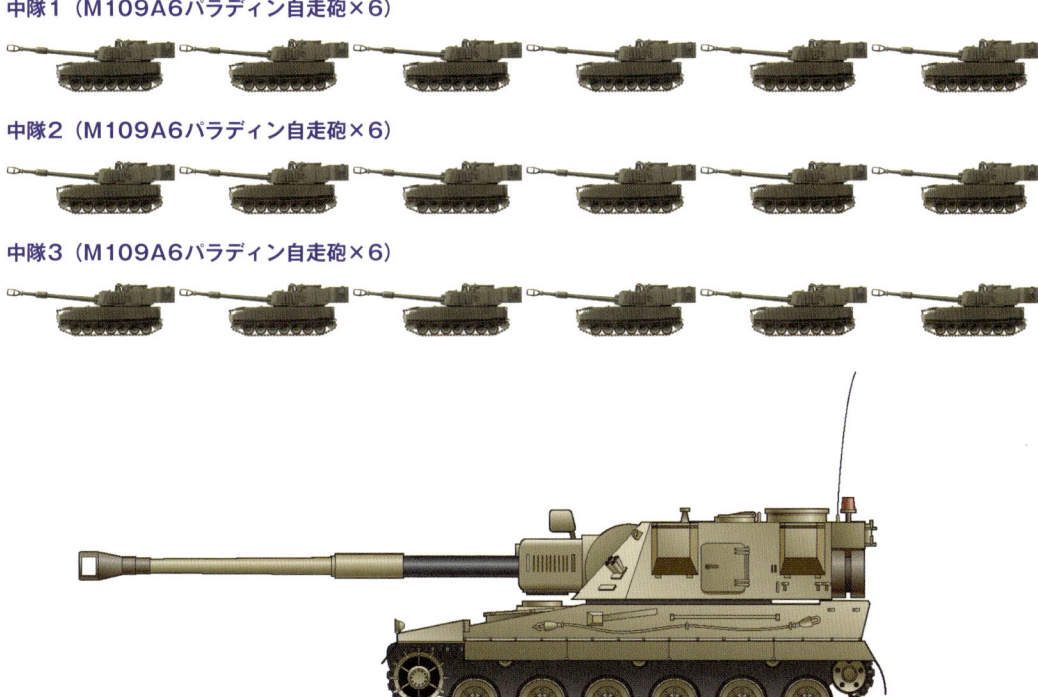

AS90 SP gun

- 乗　員：5名
- 重　量：4万5000キログラム
- 全　長：7.2メートル
- 全　幅：3.4メートル
- 全　高：3メートル
- エンジン：カミンズV8ディーゼル（660馬力）
- 速　度：時速55キロメートル
- 行動距離：240キロメートル
- 武　装：155ミリ榴弾砲×1、および12.7ミリ機関銃×1

▲AS90自走砲
イギリス陸軍／第1機甲師団／第7機甲旅団／第3騎馬砲兵連隊、2003年

AS90（90年代の火砲システム）と呼ばれるこの155ミリ自走砲は、1980年代に開発され、イギリス軍の旧式化したM109の後継として1993年に就役した。5名の乗員は、バースト射撃で10秒間に3発、3分間の限定射撃で毎分6発、1時間の持続射撃なら毎分2発を発射できる。ヴィッカース造船技術社によって生産され、当初は英砲兵隊および騎馬砲兵隊の5連隊に装備された。

装甲探知破壊弾）で、この155ミリ砲弾は目標上空で爆発すると、とくにその半径内にある軽装甲車と戦車を捕捉して子弾が飛んでいく。海兵隊がファルージャの反乱軍拠点を掃討した際、ある兵士はM198が「都市から全員を追いだした」と報告している。

アメリカ軍第1海兵遠征軍とともに戦ったイギリス軍第1機甲師団は、第3騎馬砲兵連隊の付属

部隊によって増強されていた。交戦に向けて、連隊は装備のAS90 155ミリ自走砲を32両に増やした。結果的に、連隊は第7機甲旅団所属の4個戦闘群に戦術的火力支援を与え、第2次世界大戦以来、イギリス陸軍が招集した最大の砲兵編成のひとつとなった。

アメリカ軍第11海兵連隊（砲兵部隊）とともに、イギリス陸軍第3騎馬砲兵連隊と第7騎馬砲兵連隊の分隊もまた、通信装置に互換性がないなどの固有の問題をよそに、有能な戦闘部隊となった。多国籍軍が戦術上重要な都市ナーシリーヤを戦いながら進むあいだ、イギリス軍の砲は9000発以上の155ミリ砲弾と1万3000発の105ミリ砲弾を発射した。砲兵将校のアンドルー・R・グレゴリー准将は、AS90と牽引式105ミリL118軽量砲の働きぶりを賞賛する。「AS90榴弾砲は頑丈さと汎用性の高さを証明し、必要な場合には、かなりの火力を遠くまで正確に提供し、敵の作戦行動をほぼすべて粉砕してくれた（中略）L118軽量砲も真価を発揮し、とくに作戦の初期段階に、十分な弾薬とともにファオ半島に空輸されたときがそうだった」

M1045 HMMWV TOW missile carrier

乗　　員：4名
重　　量：2359キログラム
全　　長：4.57メートル
全　　幅：2.16メートル
全　　高：1.83メートル
エンジン：6.2リットルV8燃料噴射式ディーゼル（150馬力）
速　　度：時速89キロメートル
行動距離：563キロメートル
武　　装：TOW対戦車ミサイル

▲M1045ハンヴィー TOWミサイル搭載車
アメリカ陸軍／第3歩兵師団／第2旅団、2003年

M1045ハンヴィーは、おなじみのM998「ハンヴィー」軽軍用車両の派生型のひとつだ。このハンヴィー（高機動多目的装輪車両）は、有線誘導式TOW対戦車ミサイルを搭載し、乗員を防護する装甲が強化されている。TOW発射器は敵の装甲車と交戦するため、360度旋回可能である。ほかの派生型M1046には、TOWミサイルランチャーと電動牽引ウィンチが装備されている。

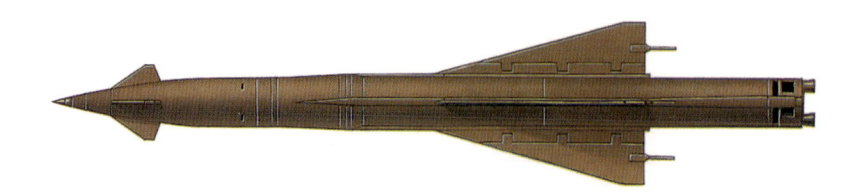

▲ローランド地対空ミサイル
イラク陸軍／第5機械化師団／第20機械化旅団、2003年

ローランド防空ミサイルは1960年代にフランスとドイツが共同開発し、何十年にもわたり運用されている。このシステムはアメリカ陸軍にも購入されたほか、砂漠の嵐作戦とイラクの自由作戦の両方でイラク軍防空部隊の一部が装備した。イラクの自由作戦では、アメリカ軍のA-10サンダーボルト対地攻撃機1機を撃墜したとされ、イラク軍はローランドを8×8トラックの荷台に搭載するか、またはAMX-30主力戦車の改造シャーシに搭載し自走兵器として配備した。

Roland surface-to-air missile

推進方式：2段式、固体燃料
配　　備：固定式または移動式
全　　長：2.4メートル
直　　径：160ミリ
発射重量：63キログラム
射　　程：6.2キロメートル
発射準備時間：8秒

アフガニスタン 2001年〜現在

テロとの戦いでは、起伏の多い地形でもきわめて重要な火力の優勢を維持できる、軽量かつ空輸可能な火砲システムが注目された。

アフガニスタンでのほぼ10年におよぶ戦闘では、重要な地域に空輸でき、簡単な維持管理ですぐに使えるような、耐久性のある軽量な火砲が強く求められた。この国の広大な山岳地帯では、自走砲の移動が制限されることが多かったので、牽引兵器がタリバンやアルカイダの拠点を攻撃する際に重要な役割をはたすことになった。

アフガニスタン紛争では、米イギリス軍はもちろん、ほかのNATO諸国からの派遣部隊は、M777 155ミリ超軽量野戦榴弾砲、GIAT LG-1およびL118 105ミリ牽引榴弾砲にくわえ、M109A6パラディンおよびAS90 155ミリ榴弾砲のような自走兵器を配備していた。アフガン陸軍の砲兵部隊は、イギリス軍による大規模な訓練を受けたあと、ソ連時代のD-30 122ミリ牽引榴弾砲を実戦投入した。

「あのようすを見て、心からうれしく思った（後略）」と、あるイギリス軍将校は報告している。「ANA［アフガニスタン国民軍］はめきめきと上達しており、それは目にも明らかだ。これは、ANAが戦闘部隊としていかに進歩しているかを示す好例だろう。D-30がさらに増えれば、すでにアフガニスタン国内にある既存の砲を増強でき、とりわけヘルマンドでは、アフガニスタン南部の反乱を制圧するうえで有利になる」

汎用性のあるイギリスの野砲、L118軽量砲は1970年代から運用され、広く輸出されている。王立兵器開発研究所（RARDE）が開発し、1975年、ノッティンガムのロイヤル・オードナンス・ファクトリーが生産を請け負った。この兵器は第2次世界大戦時代のQF25ポンド砲の流れをくんでおり、イギリス軍で運用されていたイタリアのオート・メラーラMod 56 105ミリ榴弾砲や一部の小迫撃砲を更新した。L118の改良型L119Aは、アメリカ陸軍に就役している。

アフガニスタンで任務につくイギリス軍の砲員は、タリバンとの戦闘でのすばらしい戦果から、L118に「ドラゴン」という愛称をつけた。この兵器は、3キロメートルの距離から5秒以内に目標を捕捉・攻撃することが可能である。自動精密照準システム（APS）により、30秒以内に砲架

第7落下傘騎馬砲兵連隊、2007年

部隊	兵力
F（スフィンクス）落下傘中隊	4
G 落下傘中隊（マーサー部隊）	4
H 落下傘中隊（ラムジー部隊）	4
I 落下傘中隊（ブル部隊）	4
航空戦術グループ	-
LAD REME（英電気および機械技師協会随伴車両整備班）	-

イギリス陸軍第16航空強襲旅団第7落下傘騎馬砲兵連隊、2007年

イギリス陸軍唯一の落下傘砲兵連隊である第7は、L118軽量砲を装備する。6個中隊で構成され、アフガニスタンやイラク、コソヴォでの紛争をはじめとする現代紛争に積極的に参加している。105ミリL118は、とくに軽歩兵部隊や空挺部隊の支援に配備された場合、効果的かつ機動性の高い野砲であることが証明されている。第16航空強襲旅団隷下の第7落下傘連隊の分隊は、L118を空輸または軽地上輸送車で牽引して展開する。この兵器の最大発射速度は毎分8発である。

中隊（L118軽量砲×4）

を牽引車両からはずして砲撃を開始することができる。重量1158キログラムのL118は、ランドローヴァーやハンヴィーのような中量車で牽引するか、チヌークやウェセックスのようなヘリコプターで空輸することが多い。

より強力なM777 155ミリ榴弾砲は、構造にチタンを採用しているため、M198 155ミリ榴弾砲のような前任にくらべかなり軽量化されている。軽量なことから、V-22オスプレイ輸送機やCH-47チヌークヘリコプターでの空輸が可能だ。戦車や自走砲と連携して運用される場合もあり、最大発射速度は毎分5発である。

イラク同様、アフガニスタンでもM982エクスカリバー延伸射程誘導砲弾が使用され、戦果をあげている。M777から発射されるエクスカリバーは、洞窟や、人里離れたタリバンの本部や訓練センターに対し非常に効果がある。アメリカ陸軍第173空挺旅団戦闘団のヘンリー・セルザー軍曹は、M777とエクスカリバーの組み合わせは、アフガニスタン北東のクナル州にあるキャンプ・ブレッシングではじめて発射されたと述べている。「M777はデジタル的にプログラムされた兵器で、目標の座標をふくむデジタルメッセージが砲弾先端にとりつけられた携帯式誘導強化信管測合機に送られ、信管に起爆条件が設定される」。第321野戦砲連隊第3大隊C中隊のライアン・バーディナー大尉はこうつけくわえる。「エクスカリバーを使うことで、ほかの砲弾が引き起こしかねない巻き添え被害をかなり軽減できている。M777のおもな目的は、よりタイムリーかつ命中精度の高い

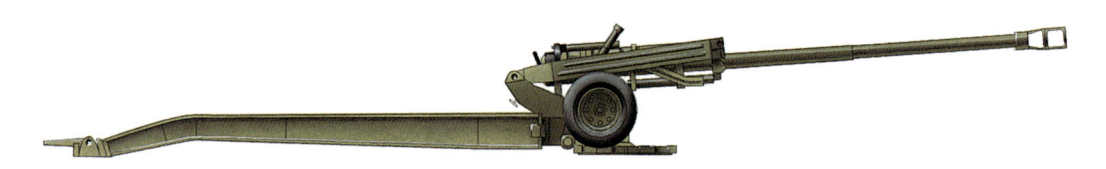

▲M777 155ミリ超軽量野戦榴弾砲
アメリカ陸軍／第173空挺旅団戦闘団／第321野戦砲兵連隊／第3大隊、2009年

M777超軽量野戦榴弾砲は重野戦砲としての性能が強化され、多くの国々の軍隊でいまも使われているM198牽引榴弾砲のより軽量かつ機動性の高い後継となっている。BAEシステムズのグローバル・コンバット・システムズ部門が開発し、2005年にアメリカ陸軍および海兵隊で運用がはじまり、カナダとオーストラリアの砲兵部隊にも配備されている。M777は、M109A6パラディン自走榴弾砲と同様のデジタル射撃統制装置をそなえ、航空機やヘリコプター、または中型トラックで輸送される。

M777 155mm Ultralight Field Howitzer
要　員	5名
口　径	155ミリ
俯仰角	−5度〜+70度
重　量	4182キログラム
射　程	40キロメートル
砲口初速	毎秒827メートル

▲GIAT LG-1牽引榴弾砲
カナダ陸軍／カナダ騎馬砲兵隊／第5重砲兵連隊、2006年

フランスのGIAT LG-1牽引榴弾砲は、1996年にカナダ軍で配備が開始された。軽量で輸送可能、NATO軍がアフガニスタンで遭遇したような困難な地形での支援砲撃にとくに適している。最大発射速度は毎分12発で、重量はわずか1520キログラムである。2005年半ば、カナダ軍はLG-1装備のアップグレード計画に着手し、マズルブレーキを改良し、砲架のタイヤを大きくした。

GIAT LG-1 towed howitzer
要　員	5名
口　径	105ミリ
俯仰角	−3度〜+70度
重　量	1520キログラム
射　程	19.5キロメートル
砲口初速	毎秒490メートル

射撃を提供することによって、コレンガル渓谷で任務につく部隊をいっそう支援することにある」

フランスのLG-1 105ミリは1990年代半ばに就役し、とくに緊急展開を第一に考えて設計された。1520キログラムという軽量にしたせいで砲身の耐用年数が短くなってはいるが、この兵器は最大毎分12発というすぐれた発射速度を誇る。アフガニスタンで投入されたほか、バルカン諸国にも配備されている。この砲はランドローヴァーやハンヴィーのような軽車両で牽引するか、落下傘投下またはつり下げ輸送によって空輸される。C-130輸送機の積荷スペースに4門収容することが可能で、NATO標準の105ミリ砲弾を発射し、発射準備と退避が30秒足らずでできる。

精密ロケット弾

GMLRS（誘導型多連装ロケットシステム）は既存のM270またはHIMARS発射器と互換性があり、もともとはM26ロケット弾の命中精度を向上させる目的で開発されたが、アメリカ軍部はこの兵器に改良をくわえつづけている。新世代精密長射程ロケット弾および砲弾に対する潜在的脆弱性がGMLRSの研究がうながし、旧式化したM26の射程は60キロメートルにまで延伸している。GMLRSには現在、2種類の砲弾が使用され、ひとつは404個の子弾をばらまく二用途向上化従来型弾（DPICM）、もうひとつは91キログラムの単一榴弾弾頭を搭載したM31A1ロケット弾である。いずれも、GPS／IMU（衛星位置測定／慣性測定ユニット）誘導される。

GMLRSの公式の目的は、長射程の命中精度の高い砲火を提供し、より少ないロケット弾でより多くの戦果をあげることである。GMLRSではまた、イラクとアフガニスタンに投入された高機動砲兵ロケットシステム（HIMARS）およびM270発射器のシュート・アンド・スクート能力も高められている。150両以上のGMLRSロケット砲がイラクの自由作戦で投入され、報告書には、その延伸された射程とピンポイントの命中精度で、地上軍が大挙して到達することがむずかしい敵陣地も攻撃できることから、タリバンに対しても使用されたと記されている。

ファイア・アンド・フォーゲット

迅速に退避できる能力は、装甲車や硬化目標を攻撃するための携帯式ミサイルを運用する個々の兵士や小規模作戦部隊の生存にとってきわめて重要である。アフガニスタンではタリバン

▲**HIMARS MLRS**
アメリカ陸軍／第3野戦砲兵連隊／第5大隊、2007年

HIMARS（高機動砲兵ロケットシステム）は、ロッキード・マーティン・ミサイルズ・アンド・ファイア・コントロールが10年の歳月をかけて開発したあと、2005年にはじめてアメリカ陸軍により配備された。このシステムは2002年に、米海兵隊に採用されていた。同陸軍の最新型FMTV（中型戦術車両ファミリー）のひとつである、6×6トラックに搭載されたHIMARSは、榴弾ロケット弾6発またはATACMS（陸軍戦術ミサイルシステム）1発を発射する。

HIMARS MLRS

乗　　　　員	3名
口　　　　径	227ミリ
ロケット弾全長	3.94メートル
ロケット弾重量	360キログラム
システム戦闘重量	1万886キログラム
射　　　　程	32キロメートル
発　射　速　度	45秒で6発

が、NATO諸国からの派遣部隊が発射するFGM-148ジャヴェリンミサイルで攻撃される側だった。ドラゴン対戦車ミサイルの後継として、ジャヴェリンは1980年代後期にレイセオン社とロッキード・マーティン社の部門によって開発され、1996年に配備がはじまった。

▼誘導型多連装ロケットシステム（GMLRS）
アメリカ陸軍／第3野戦砲兵連隊／第5大隊、2007年
GMLRSシステムはアメリカ陸軍および海兵隊に、新世代の精密誘導ミサイルと砲弾に対するさらなる防御を与える一方、旧式化したM26ロケット弾の打撃力も向上させている。GMLRSは射程が延伸され、また兵力の節約も図られていて、より少ないロケット弾で砲撃任務を遂行できるだけでなく、巻きぞえ被害も最小限におさえられるようになっている。GMLRSで現在使用されている2種類の砲弾は、M31A1榴弾と、400個以上の子弾を搭載するDPICM（二用途向上化従来型弾）である。

イラクの自由作戦で、ジャヴェリンは共和国防衛隊とイラク陸軍のT-54/55、T-62、T-72主力戦車に対し致命的であることを証明した。アフガニスタンでは、洞窟や山岳地の拠点はもちろん、建物内や市街地にあるタリバンの基地に対しても効果をあげた。ジャヴェリンのファイア・アンド・フォーゲット（撃ちっ放し）能力のおかげで、オペレーターは発射位置にとどまって兵器を有線などで誘導することなく、ただちに退避することができる。ソフトランチ方式では、ミサイルは準備が整いしだい発射されるが、ロケット推進装置はミサイルが発射位置からある程度離れるまで完全に作動しないので、バックブラストや証拠となる排ガスの痕跡を最小限におさえられる。その対戦車榴弾（HEAT）弾頭は重量8.4キログラムで、接触により爆発する。

Guided Multiple Launch Rocket System (GMLRS)

乗　　　　員	3名
口　　　　径	227ミリ
ロケット弾全長	3.94メートル
ロケット弾重量	90キログラム
システム戦闘重量	2万4756キログラム
射　　　　程	60キロメートル
発　射　速　度	60秒で12発

▲FGM-148ジャヴェリン
アメリカ陸軍／第75レンジャー連隊、2005年
ジャヴェリン対戦車ミサイルはイラクの自由作戦で広く使用され、イラク軍が展開したソ連時代の主力戦車に対し大きな戦果をあげた。この兵器はアフガニスタンにも配備され、タリバンの硬化目標にも使用された。そのファイア・アンド・フォーゲット能力のおかげで、オペレーターは発射後ただちに退避でき、またソフトランチ方式により、ミサイルの排ガスの痕跡が最小限におさえられるうえ、バックブラストも軽減される。

FGM-148 Javelin

推進方式	2段式、固体燃料
配　　備	携帯式
全　　長	1.1メートル
直　　径	127ミリ
発射重量	22.3キログラム
射　　程	2500メートル
発射速度	2分で3発

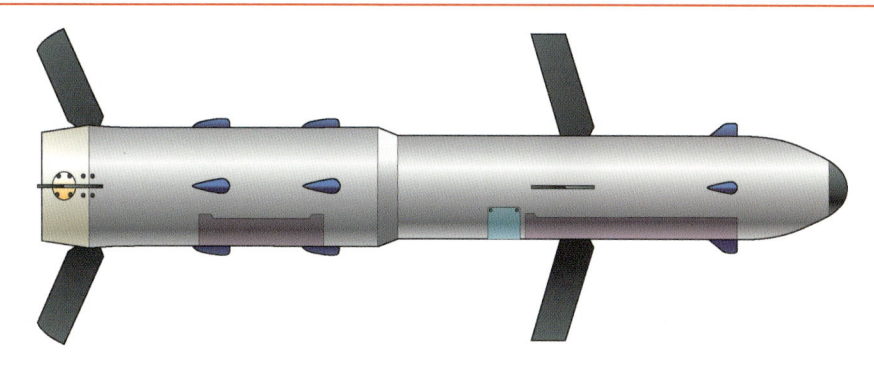

第6章　現代の紛争　1991～2010年

Raytheon Griffin	
推進方式：	単段式、固体燃料
配備：	航空機、UAV、地上車
全長：	1092ミリ
直径：	140ミリ
発射重量：	15キログラム
弾頭重量：	5.9キログラム
誘導システム：	GPS/INSまたはレーザーホーミング誘導
射程：	不明

▲ **レイセオン・グリフィン**
アフガニスタン駐留米特殊作戦軍、2009年
2006年に最初に開発され、2008年ころから配備がはじまったグリフィンは、米特殊部隊の戦闘作戦を支援する目的で設計された超小型精密誘導ミサイルだ。このミサイルにはふたつのヴァージョンがあり、グリフィンAは、MC-130Wコンバット・スピアー・ハーキュリーズのような航空機から発射するようにつくられ、もう一方のグリフィンBは発射筒打ち出し前方射撃用ミサイルで、ヘリコプターや無人機（USV）、またハンヴィーや軽トラックのような地上車に搭載できるよう設計されている。目標へは、グラフィックインターフェースとコントローラーを利用してGPS（衛星位置測定）／INS（慣性航法装置）誘導、またはレーザー誘導される。

近年の開発 2000年～現在

急速に進歩する技術が、新型火砲システムの研究と開発の点において既成概念の枠を超えつづける一方で、現代の戦場はそうした兵器の性能試験場の役割をはたしている。

新型兵器と関連技術の開発を各国が協力して行なうことは、いまにはじまったことではない。しかしコストの上昇や開発の複雑さ、また資源も限られているという事情を考えれば、こうした活動はおそらくかつてない規模で今後も続くだろう。過去には失敗に終わった共同事業もいくつかあるが、それ以外はかなり大きな成功をおさめている。野砲の分野におけるそうした努力のひとつが、M777 155ミリ榴弾砲である。製造業者はイギリスのBAEシステムズ社だが、部品の70パーセント以上がアメリカの請負業者によって生産され、発射試験もミシシッピー州キャンプ・シェルビーで行なわれ、最終組立作業もまた同国で行なわれている。

M777は効率性のモデル例となっており、ゆくゆくはアメリカ陸軍および海兵隊が装備する155ミリM198牽引榴弾砲のほか、イギリス軍が使用するL118 105ミリ軽量砲も更新する予定だった。それにより、機動力の点で105ミリ砲より有望な後継砲が提供されるだけでなく、打撃力もまたいっそう向上することになった。M777の研究は1990年代にヴィッカース社によって開始され、2010年までに650門がアメリカ軍に配備される予定になっていた。

ロシアの反応

もっとも高性能で汎用性の高いロシアの野砲のひとつが、ノーナ-K 2B16 120ミリ牽引砲である。ノーナ-Kの研究は、アフガニスタンでのソ連軍部の戦訓をもとに1980年代後期に開始さ

Modern Conflicts, 1991-2010

れ、最終的に牽引式と自走式の両方が製作された。最高発射速度が毎分5発のノーナ-Kは、曲射と直射の両方が可能で、対戦車砲、榴弾砲、迫撃砲として使用できる。牽引式は要員5名で運用し、UAZ-469またはGAZ-66 4×4トラックで輸送される。射程12キロメートル、重量1200キログラムで、目標に適したさまざまな砲弾を発射する。牽引式ノーナ-Kとその子孫は、精密機械技術中央研究所をはじめとする旧ソ連の複数の設計局の協力のたまものだった。速射性を高めるため、砲には、砲身を清掃し砲尾に新しい砲弾を送る圧縮空気システムがとりつけられた。

　自走式ノーナ-Kは、水陸両用装輪式の2S23と装軌式の2S9の両方が生産されている。装軌式2S9は空輸可能で、ロシア軍の空挺砲兵部隊に配備されており、120ミリ砲を装備した閉鎖式砲塔をBMD戦闘車のシャーシに搭載し、最新型のNBC防御と暗視装置をそなえている。

自走砲の後継

　2002年、米政府は、旧式化したM109自走榴弾砲、とくにその最新型のM109A6パラディンの後継を開発することを目的とした、総額110億ドル規模のXM2001クルセイダー計画を中止した。パラディンは当面のあいだ十分使用可能と

▲ **ADATS**
カナダ陸軍／第4防空連隊、1995年
ADATS（防空対戦車システム）は、M113装甲兵員輸送車の改造シャーシに搭載された、対空・対装甲車両方の能力をもった統合ミサイルシステムとして、1989年、カナダ陸軍で運用がはじまった。スイスのエリコン社によって1980年代に開発され、破片榴弾弾頭を搭載したミサイル8基を装備し、捜索レーダーで目標を捕捉したのち、電気光学装置により追跡する。ミサイルの有効射程は10キロメートルである。

ADATS	
推進方式	単段式、固体燃料
配備	移動式
全長	2.08メートル
直径	152ミリ
発射重量	51キログラム
射程	10キロメートル
発射準備時間	5秒

▲ **オトマティック76ミリ対空戦車**
イタリア陸軍／未採用
おもに地上部隊をヘリコプターや固定翼機の攻撃から防護する目的で開発された76ミリオトマティック対空戦車は、1980年代後期に試験が開始されたが、イタリア陸軍が主力対空砲として20-40ミリ砲を運用しつづけていたため、採用されることはなかった。悪天候下でも使用可能で、搭載レーダーは目標を15キロメートルの距離まで追跡できる。

76mm Otomatic Air Defence Tank	
乗員	4名
重量	4万7000キロ
全長	7.08メートル
全幅	3.25メートル
全高	3.07メートル
エンジン	MTU V10多燃料（750馬力）
速度	時速60キロメートル
行動距離	500キロメートル
武装	76ミリ砲×1

第6章　現代の紛争　1991〜2010年

みなされたが、研究はアメリカ陸軍の未来戦闘システム（FCS）計画の後援のもと続けられた。一方、イギリスの設計者もまた、「ブレイヴハート」ことAS90榴弾砲のアップグレードを断念した。この計画が中止されたのは、主砲である長砲身の52口径155ミリ砲と互換性がある一部の砲弾の発射薬にやっかいな問題が生じたせいだった。

SP70計画——1970年代にドイツ、イギリス、イタリアが共同で155ミリ自走榴弾砲の開発をめざした計画——が失敗したのを受けて、ドイツの設計者は独自のプロジェクトに着手し、PzH2000を製作して大きな成功をおさめた。クラウス・マッファイ・ヴェックマン社とラインメタル社が共同開発したPzH2000（装甲榴弾砲2000）は、バルカン諸国とアフガニスタンで実戦投入された。

PzH2000の主砲であるラインメタル社製L52 155ミリ榴弾砲は、数カ国に採用されており、傑出した発射速度で知られ、バースト射撃で9秒間に最大3発、56秒間に10発、また持続発射速度は最大毎分13発である。シャーシはクラウス・マッファイ・ヴェックマン社が供給し、レオパルト1主力戦車のシャーシの部品を多数流用している。同社はまた、砲塔の設計も担当した。

対戦車技術

ロシアのT-90、イスラエルのメルカヴァ、ドイツのレオパルト2、アメリカのM1A1エイブラムスをはじめとする改良型主力戦車に対応して、

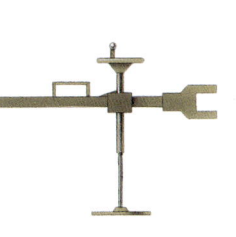

▲ SBAT 70多連装ロケット発射器
ブラジル陸軍／第1砲兵大隊、1995年

ブラジルのアヴィブラス社によって開発されたSBAT 70は、装甲車や兵站地などさまざまな目標に対してロケット弾を多連装で発射できるよう設計されている。36本の発射筒は2輪トレーラーで輸送される。当初は航空機搭載ロケットを想定されていたが、地上兵器に変更された。要員4名で運用し、輸出用に販売されている。

SBAT 70 multiple rocket launcher	
乗　　　　員	4名
口　　　　径	70ミリ
ロケット弾全長	1.41メートル
ロケット弾重量	11.7キログラム
システム戦闘重量	1000キログラム
射　　　　程	8500メートル
発　射　速　度	不明

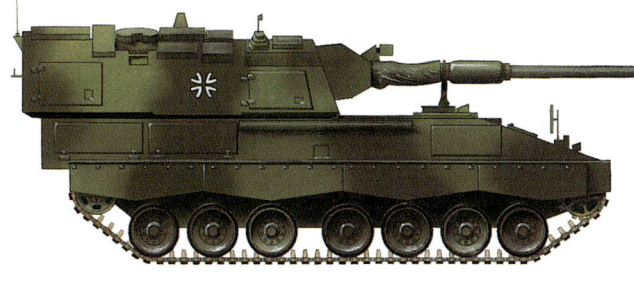

▲ PzH2000
ドイツ陸軍／第1機甲師団

自走式PzH2000は、ラインメタル社製L52 155ミリ榴弾砲でアフガニスタンのNATO軍に重火力支援を行なった。このシステムは数カ国で採用され、旧式化したM109自走榴弾砲を更新しており、ドイツ、イタリア、オランダ、ギリシアの軍隊で運用されている。

Panzerhaubitze 2000	
乗　　員	5名
重　　量	5万5000キログラム
全　　長	7.87メートル
全　　幅	3.37メートル
全　　高	3.4メートル
エンジン	MTU 881 V12ディーゼル（1000馬力）
速　　度	時速60キロメートル
行動距離	420キロメートル
武　　装	L52 155ミリ榴弾砲×1、および7.62ミリ機関銃×1
無　線　機	不明

Modern Conflicts, 1991-2010

高性能対戦車ミサイルが現在開発中である。ロシアの9M133コルネットは、2006年のイスラエルによるレバノン南部侵攻中、ヒズボラ戦闘員の手中にあったことが報告されており、そのHEAT（対戦車榴弾）は最大1190ミリの厚さの装甲防御を貫通することが可能だ。ある交戦では、メルカヴァ戦車11両が、通常2名で携行するコルネットで武装したヒズボラ戦士によって損害を受けたといわれる。このミサイルは低空飛行の航空機にも有効で、射高は5000メートルに達する。

2004年、ロシア陸軍はまた、9M123の制式名称をもつAT-15スプリンガー対戦車ミサイルを配備した。BMP-3戦闘車のシャーシをベースにした9P157-2戦車駆逐車のシャーシに搭載されたAT-15は、目標をレーダーによって追尾し、レーザーでロックオンする。

アメリカはLOSAT（Line-of-Sight Anti-Tank：照準線対戦車兵器）計画こそ中止したものの、小型運動エネルギーミサイル（CKEM）の試射は大々的に実施しており、2006年には、静止したT-72戦車に対し実弾発射実験を行なっている。CKEMは運動エネルギー型貫通弾頭を最大マッハ6.5の高速で投射し、ミサイル重量は45キログラム、推定射程は1万メートルである。

未来の火砲

今後数年のうちに、さらに複雑で高性能な火砲システムが登場するだろう。現在、研究と開発が進められているもののなかでは、BAEシステムズ社のNLOS（Non-Line-Of-Sight：非照準線）砲が有望である。中止されたXM2001クルセイダー計画の技術を活用したNLOSは、究極のシュート・アンド・スクート能力と軽量性、それに全自動目標捕捉装置、全自動照準・射撃装置とを融合したものになるだろう。

イギリスの技術者も現在、ERO/MCS（延長射程兵器／モジュラー式装薬システム）と呼ばれる新世代火砲にとり組んでいる。このプロジェクトには、AS90自走榴弾砲の主砲を、多くとりつけられている39口径砲身からより長い52口径155ミリ砲身に換装し、射程を約2万5000メートルから3万メートルに延伸する計画もふくまれている。ようするにこのプロジェクトは、AS90兵器システム全体の耐用年数を延長するためのものでもあるのだ。

軍事アナリストのなかには、従来の意味での火砲は消滅していくだろうと予測する向きもあるが、未来はどうやらこの意見とは逆の方向に向かって

2S9 (A-222) Bereg SP gun

乗　員	8名
重　量	4万3700キログラム
全　長	12.95メートル
全　幅	3.1メートル
全　高	3.93メートル
エンジン	ディーゼル（525馬力）
速　度	時速63キロメートル
行動距離	650キロメートル
武　装	130ミリ砲×1

▼2S9（A-222）ベレグ自走砲
ロシア陸軍／第1592独立自走砲兵大隊、2004年

2S9ベレグ130ミリ自走砲は、沿岸防衛砲として開発された。装輪式MAZ-543 8×8輸送車兼用起立式発射器に搭載され、搭載車両には高性能レーダー追尾装置と指揮系統が装備されている。この兵器は水上艦、攻撃型潜水艦、地上目標への攻撃を目的とし、過酷な環境でも機能することが可能なうえ、時速37キロメートルの速度で移動する目標を2分以内に捕捉する。

第6章　現代の紛争　1991〜2010年

いくらしい。現代戦の性質を考えても、タイミングよくピンポイントの命中精度で与えられる火力の必要性が、今日かつてないほど高まっていることは明らかだろう。未来的な航空機のようなほかの兵器が、21世紀の武力紛争で重要な役割をはたすことになるのはまちがいないだろうが、戦場を完全かつ持続的に支配できる戦力は、火砲をおいてほかにない。

▲カエサル155ミリ自走砲
フランス陸軍／第40機甲砲兵連隊、2008年

フランスが設計したカエサル155ミリ自走榴弾砲は、ルノー6×6トラックに搭載されている。GIATが開発したこの兵器は5名の要員で運用するが、必要に応じて3名まで減らすことができる。また、C-130輸送機やCH-53ヘリコプターのような重航空機での空輸も可能である。カエサルはタイ王国陸軍にも配備され、2003年に運用が開始した。サウジアラビアも多数購入している。

Caesar 155mm self-propelled artillery system

乗　　員	5名
重　　量	1万7700キログラム
全　　長	10メートル
全　　幅	2.55メートル
全　　高	3.7メートル
エンジン	6気筒ディーゼル（240馬力）
速　　度	時速100キロメートル
行動距離	600キロメートル
武　　装	155ミリ榴弾砲×1

Archer FH-77 BW L52 self-propelled howitzer

乗　　員	4名
重　　量	3万3500キログラム
全　　長	14.1メートル
全　　幅	3メートル
全　　高	3.3メートル
エンジン	ディーゼル（340馬力）
速　　度	時速70キロメートル
行動距離	500キロメートル
武　　装	155ミリ榴弾砲×1

▲アーチャーFH-77 BW L52自走榴弾砲
スウェーデン陸軍／2011年配備予定

スウェーデンのBAEシステムズ・ボフォース社が開発したアーチャーFH-77 L52は、ボルボ社製6×6 A30Dダンプトラックのシャーシに155ミリ榴弾砲が搭載され、乗員最大4名で運用される。バースト射撃で15秒間に3発、1時間の持続射撃で毎分75発、2時間30分の限定射撃で毎分20発の発射が可能である。アーチャーはコンピュータ制御された射撃統制装置と照準装置をそなえ、2011年に配備が開始されることになっていた。

索　引

[英数]

120ミリ迫撃砲M1938（ソ連）……78, 79
122ミリ榴弾砲M1938（ソ連）……57, 78, 115, 116
130ミリ野戦砲M1954（ソ連）……123, 128, 137
152ミリカノン榴弾砲M1937（ソ連）……14, 129
152ミ榴弾砲M1943（D-1）（ソ連）……33, 78, 115, 116
155ミリ自走榴弾砲Mk F3（フランス）……27, 66, 127, 130
160ミリ迫撃砲M1943（ソ連）……15, 17
17ポンド対戦車砲（イギリス）……75, 114, 116
25ポンド砲（イギリス）……22, 75, 112, 177
2A36ギアツィントB 152ミリカノン砲（ソ連）……137
2A65 152ミリ牽引榴弾砲（ソ連）……166, 167
2B1オカ自走迫撃砲（ソ連）……16
2K11クルーグ（SA-4ガーネフ）地対空ミサイル（ソ連）……33, 60, 167
2K12クーブ（SA-6ゲインフル）地対空ミサイル（ソ連）……39 40, 121
2S1 M1974 122ミリ自走榴弾砲（ソ連）……58, 128 146, 163, 164, 166
2S19ムスタ152ミリ自走榴弾砲（ソ連）……165 166-7
2S23 120ミリ自走榴弾砲（ソ連）……182
2S3（M1973）アカーツィヤ152ミリ自走榴弾砲（ソ連）……11, 33, 34 35, 128, 129, 146, 165
2S4（M1975）チュリパン240ミリ自走迫撃砲（ソ連）……34, 59
2S7ピオン203ミリ自走砲（ソ連）……165, 167, 168
2S9 120ミリ自走榴弾砲（ソ連）……58, 182
2S9（A-222）ベレグ130ミリ自走砲（ロシア）……184
2ポンド軽砲（イギリス）……112
IV号戦車（ドイツ）……112
35式75ミリ砲（日本）……96
37ミリ連装機関砲M1939（ソ連）……173
54-1式122ミリ自走砲（中国）……92
59-1式130ミリ野戦砲（中国）……123, 127
5P85-1車両（ソ連）……170 171
63式107ミリ多連装ロケット発射器（中国）……98
63式自走対空砲（中国）……93, 98
66式152ミリカノン榴弾砲（中国）……123
6ポンド対戦車砲（イギリス）……112
70式130ミリ多連装ロケットシステム（中国）……101, 102, 103

75式130ミリ多連装ロケット発射器（日本）……96, 108, 109
75式155ミリ自走榴弾砲（日本）……107
76.2ミリ野戦砲M1942（ZiS-3）（ソ連）……14, 77, 78
81式 122ミリロケット発射器（中国）……103
81式短SAM（地対空ミサイル）（日本）……108, 109
83式 152ミリ自走カノン榴弾砲（中国）……98
85ミリ対空砲M1939（ソ連）……15, 17
87式自走高射機関砲（日本）……108
89式 155ミリ牽引榴弾砲（中国）……95, 98, 101
89式多連装ロケットスシステム（中国）……102
9.11同時多発テロ……171
95 式155ミリ自走榴弾砲（日本）……107
95式自走対空砲（中国）……102
9A52-2Tスメルチ多連装ロケットシステム（ソ連）……106, 163
9K22ツングースカ防空システム（ソ連）……168
9K33オサー（SA-8ゲッコー）地対空ミサイル（ソ連）……39, 41, 135
9K35ストレーラ-10（SA-13ゴーファー）地対空ミサイル（ソ連）……153, 169, 170, 173
9K37M1 ブーク-1M（SA-11ガドフライ）地対空ミサイル（ソ連）……169
9K38イグラ（SA-16 ギムレット）地対空ミサイル（ソ連）……173
9M123（AT-15スプリンガー）対戦車ミサイル（ロシア）……184
9M133 コルネット対戦車ミサイル（ロシア）……184
9M37 地対空ミサイル（ソ連）……170
9M38地対空ミサイル（ソ連）……170
9P157-2戦車駆逐車（ロシア）……184

ADATS（防空対戦車システム）（スイス）……182
ADHPM（火砲発射型高精密兵器）……145
AIM-9サイドワインダー空対空ミサイル（アメリカ）……53, 54
AMX-13 DCA自走対空砲（フランス）……131
AMX-13/LAR160多連装ロケットシステム（フランス）……132
AMX-13軽戦車（フランス）……27
AMX-30主力戦車（フランス）……52, 54, 176
AR1A多連装ロケットシステム（中国）……105, 106
AS-90 155ミリ自走砲（イギリス）……26, 27, 48, 160, 175, 176, 177, 184-5
ASU-57自走榴弾砲（ソ連）……16

索引

AT-3サガー9K11マリュートカ対戦車ミサイル（ソ連）　……117，119-20，128，139
AT-4スピガット9K111ファゴット対戦車ミサイル（ソ連）　……128
ATMOS 2000 152ミリ自走榴弾砲（イスラエル）　……132
BAEシステムズ社　……45-6，145，181，184，185
BGM-71TOW対戦車ミサイル（アメリカ）　……137，176
BGM-109トマホーク巡航ミサイル（アメリカ）　……50，51
BM-13カチューシャ多連装ロケット発射器（ソ連）　……59，92，123
BM-16多連装ロケット発射器（ソ連）　……128
BM-21グラード多連装ロケット発射器（ソ連）
　アンゴラ　……139
　イラク　……128，153，173
　カフカス　……162，165
　キューバ　……139
　ソ連　……33，35，58-9，103
　ユーゴスラヴィア　……158
　レバノン　……123，124
　ロシア　……168
BM-24多連装ロケット発射器（ソ連）　……16，125
BM-27ウラガン多連装ロケット発射器（ソ連）　……58-9，60
BM-30スメルチ多連装ロケットシステム（ソ連）　……106，163，165
BMD-1歩兵戦闘車（ソ連）　……182
BMP-1水陸両用戦車（ソ連）　……35
BMP-3歩兵戦闘車（ソ連）　……184
CIA（中央情報局）　……19，96-7，129
CSS-1 DF-2（東風2号）弾道ミサイル（中国）　……99
CSS-2 DF-3（東風3号）弾道ミサイル（中国）　……99
CSS-3 DF-4（東風4号）弾道ミサイル（中国）　……99
CSS-4 DF-5（東風5号）弾道ミサイル（中国）　……99，103-4
D-20 152ミリ牽引カノン榴弾砲M1955（ソ連）　……14，123，127，129，167
D-30 2A18 122ミリ榴弾砲（ソ連）／アフガニスタン　……177
　アンゴラ　……137，138
　イラク　……128，147
　インド　……106
　グルジア　……165
　シリア　……118，119，123
　ソ連　……33，57，58，59
　ロシア　……163

DF-1（東風1号）弾道ミサイル（中国）　……102-3
ERO/MCS（延長射程兵器／モジュラー式装薬システム）（イギリス）　……184-5
FAP 2026 6×6トラック（ユーゴスラヴィア）　……158
FGM-148ジャヴェリン対戦車ミサイル（アメリカ）　……152，180
FH-2000 155ミリ榴弾砲（シンガポール）　……109
FH-70 155ミリ榴弾砲（NATO）　……22，47，107，132
FH-77 155ミリ野戦榴弾砲システム（スウェーデン）　……106，107
FH-88 155ミリ榴弾砲（シンガポール）　……109
FIM-92スティンガー地対空ミサイル（アメリカ）　……49，53，55，56，108 155
FV430歩兵戦闘車（イギリス）　……27，55
FV432装甲兵員輸送車（イギリス）　……55
FV433アボット105ミリ自走砲（イギリス）　……26，27，47-8，160
G5 155ミリ榴弾砲（南アフリカ）　……136，139，140，146
G5 2000 155ミリ榴弾砲（南アフリカ）　……140
G6ライノ155ミリ自走榴弾砲（南アフリカ）　……133，140-1
G7 105ミリ榴弾砲（南アフリカ　……140，141
GAZ-66 4×4 トラック（ソ連）　……182
GC-45 155ミリ牽引榴弾砲（カナダ）　……98，128，136，140
GCT 155ミリ自走榴弾砲（フランス）　……27，130
GDF-C03（スイス）　……48
GHN-45 155ミリ牽引榴弾砲（オーストリア）　……95，128，130，146
GIAT（フランス）
　LG-1 105ミリ牽引榴弾砲　……109，177，178，179
　カエサル155ミリ自走榴弾砲　……185
GM-123輸送車兼用起立式発射器（ソ連）　……60
GM-569軌装車両（ソ連）　……169
GMLRS（誘導型多連装ロケットシステム）（アメリカ）　……179，180
HEAT（対戦車榴弾）　……145，180，184
HIMARS（高機動砲兵ロケットシステム）（アメリカ）　……48，109，179
HQ-1/HQ-2地対空ミサイル（中国）　……159
HYKA 4×4車両（スイス）　……48
IS-3重戦車（ソ連）　……36
ISU-152自走砲（ソ連）　……25，36
L118/L119 105ミリ軽量砲（イギリス）　……22，42，44，61-2，176，177-8，181
L33 155ミリ自走榴弾砲（イスラエル）　……120，121

Index

L5 105ミリ榴弾砲（山砲）（イギリス）……22
L52 155ミリ榴弾砲（ドイツ）……183
LARS II 多連装ロケットシステム（西ドイツ）……41，44
LG-1 105ミリ牽引軽榴弾砲（フランス）……109，177，178，179
LGM-118 ピースキーパー大陸間弾道ミサイル（アメリカ）……29，155-6，157
LGM-30 ミニットマン I 大陸間弾道ミサイル（アメリカ）……28，29
LGM-30F ミニットマン II 大陸間弾道ミサイル（アメリカ）……28，29
LGM-30G ミニットマン III 大陸間弾道ミサイル（アメリカ）……29 155，157
LOSAT（Line-of-Sight Anti-Tank：照準線対戦車兵器）計画 ……184
LVRS M-77 オーガン2000ER多連装ロケットシステム（ユーゴスラヴィア）……158
LVRS M-77 オーガン多連装ロケットシステム（ユーゴスラヴィア）……158
M1 155ミリ榴弾砲（アメリカ）……25，72
M1 203ミリ榴弾砲（アメリカ）……22
M1 240ミリ榴弾砲（アメリカ）……72，73
M102 105ミリ榴弾砲（アメリカ）……82，85，86 149
M1045 ハンヴィーTOW ミサイル輸送車（アメリカ）……176
M107 175ミリ自走カノン砲（アメリカ）……83，86，88，111，124，127
M108 105ミリ自走榴弾砲（アメリカ）……26，88
M109 155ミリ自走榴弾砲（アメリカ）
　アメリカ　……25，27，34，46-7，87，88，159，183
　イスラエル　……124，126
　イラク　……128，130
　サウジアラビア　……148
M109A2 155ミリ自走榴弾砲（アメリカ）……9，148
M109A3 155ミリ自走榴弾砲（アメリカ）……45
M109A6パラディン155ミリ自走榴弾砲（アメリカ）……45，126，130，132，145，174，175，177，182
M110 203ミリ自走榴弾砲（アメリカ）……26，88
M110A2 203ミリ自走榴弾砲（アメリカ）……88
M113A1G PzMrs（西ドイツ）……43
M113装甲兵員輸送車（アメリカ）……26，42，48，49，54，88，156，157，182
M114 155ミリ榴弾砲（アメリカ）……22，66 73，127
M114A1 155ミリ榴弾砲（アメリカ）……86
M115 203ミリ榴弾砲（アメリカ）……72

M119 105ミリ榴弾砲（アメリカ）……42，45，172
M15A1 37ミリ自走対空砲（アメリカ）……108
M163 20ミリバルカン防空システム（アメリカ）……55，88，90
M167 20ミリバルカン防空システム（アメリカ）……90
M168 20ミリガトリング砲（アメリカ）……88
M192 3連装ミサイル発射機（アメリカ）……53，54，89
M198 155ミリ榴弾砲（アメリカ）……143，150，178
M1A1 75ミリ榴弾砲（山砲）……72，74
M1A1エイブラムス主力戦車（アメリカ）……152，183
M2 107ミリ迫撃砲（アメリカ）……69
M247 サージェント・ヨーク自走対空砲（アメリカ）……46
M24チャフィー軽戦車（アメリカ）……25
M26ロケット弾（アメリカ）……179
M27 105ミリ無反動砲（アメリカ）……136
M270多連装ロケットシステム（MLRS）（アメリカ）……48，149-50，150
M28デビー・クロケット102ミリ無反動砲（アメリカ）……24，41
M29デビー・クロケット155ミリ無反動砲（アメリカ）……24，25，41
M2A1（M101）105ミリ榴弾砲（アメリカ）……22，71，85，87，97，127
M2ロングトム155ミリカノン砲（アメリカ）……72
M3 155ミリ榴弾砲（アメリカ）……72
M31A1ロケット弾（アメリカ）……179，180
M388核弾頭（アメリカ）……25
M3ハーフトラック（アメリカ）……113
M4 シャーマン中戦車（アメリカ）……75，115，116，124，125
M40 106ミリ無反動砲（アメリカ）……136
M40 155ミリ自走カノン砲（アメリカ）……75
M41ウォーカー・ブルドッグ軽戦車（アメリカ）……88
M41ゴリラ155ミリ自走榴弾砲（アメリカ）……25
M42A1ダスター自走対空砲（アメリカ）……88，90，108，109
M44 155ミリ自走榴弾砲（アメリカ）……26
M-46 130ミリ牽引野戦砲（ソ連）……106
M47ドラゴン対戦車誘導ミサイル（アメリカ）……130，152 180
M48チャパラルFAADS 地対空防衛システム（アメリカ）……53，54
M48主力戦車（アメリカ）……46，117
M4A3E8シャーマン中戦車（アメリカ）……120，121

索引

M5 120ミリ迫撃砲（南アフリカ） ……139, 140
M50 155ミリ自走砲（イスラエル） ……115, 124
M50オントス106ミリ自走対戦車砲（アメリカ） ……81, 89
M51スカイスイーパー75ミリ対空砲（アメリカ） ……108
M53/59プラガ自走対空砲（チェコスロヴァキア） ……158-9, 160
M548装軌貨物輸送車（アメリカ） ……46, 53, 54, 156
M55クアド50対空砲（アメリカ） ……88
M56スコーピオン90ミリ自走砲（アメリカ） ……89
M65原子砲（アメリカ） ……75
M68 155ミリ牽引榴弾砲（イスラエル） ……120, 121, 124
M71 155ミリ牽引榴弾砲（イスラエル） ……109, 121, 124, 132
M727ホーク地対空ミサイル輸送車（アメリカ） ……53
M730ミサイル輸送車（アメリカ） ……54
M777 155ミリ榴弾砲（イギリス） ……46, 144, 145, 149, 177, 178-9, 181
M7プリースト105ミリ自走砲（アメリカ） ……25, 72-3, 74
M898 SADARM対装甲探知破壊弾（アメリカ） ……174
M91バルカン多連装ロケットシステム（クロアチア） ……158
M982エクスカリバー長射程砲弾（アメリカ） ……145, 178-9
M998ハンヴィー（アメリカ） ……176, 178, 179
MAR-290多連装ロケット発射器（イスラエル） ……125
MARS（多連装ロケットシステム）（西ドイツ） ……44, 49
MGM-140 ATACMS（陸軍戦術ミサイルシステム）（アメリカ） ……149
MGM-31パーシングⅡ中距離弾道ミサイル（アメリカ） ……50, 51
MGM-31パーシング中距離弾道ミサイル（アメリカ） ……50, 51
MGM-52ランス戦術ミサイル（アメリカ） ……46
MGR-1オネスト・ジョン・ミサイル（アメリカ） ……24, 51
MIM-104パトリオット対弾道ミサイル（アメリカ） ……151, 155, 157
MIM-14ナイキ・ハーキュリーズ地対空ミサイル（アメリカ） ……31, 150
MIM-23ホーク地対空ミサイル（アメリカ） ……31, 53, 54, 108, 121

MIM-72チャパラルFAADS 地対空防衛システム（アメリカ） ……53, 54
MIRV（個別誘導複数目標弾頭） ……20-1, 29, 132, 155-6, 157
MK61自走榴弾砲（フランス） ……27
Mle 1950 155ミリ榴弾砲（フランス） ……115
Model 1977 155ミリ榴弾砲（アルゼンチン） ……64, 66
MR-UR-100ソートカ（SS-17スパンカー）大陸間弾道ミサイル（ソ連） ……21
MT-LB装軌式牽引車（ソ連） ……12, 170
NLOS（(Non-Line-Of-Sight：非照準線）砲（アメリカ） ……184
OF40主力戦車（イタリア） ……133
OTR-23オカ（SS-23スパイダー）中距離弾道ミサイル（ソ連） ……37, 38
PLZ45 155ミリ自走榴弾砲（中国） ……100
PM-37 82ミリ迫撃砲（ソ連） ……15
PM-41 82ミリ迫撃砲（ソ連） ……15
PT-76水陸両用戦車（ソ連） ……121
PzH2000 自走榴弾砲（ドイツ） ……183-4
PzH2000 自走榴弾砲（西ドイツ） ……48
R-12ドヴィナ（SS-4 サンダル）準中距離弾道ミサイル（ソ連） ……18-19
R-14チュソヴァヤ（SS-5スキーン）中距離弾道ミサイル（ソ連） ……18, 19
R-17エルブルース（SS-1CスカッドB）戦術弾道ミサイル（ソ連） ……36, 128, 154
R-36（SS-9スカーブ）大陸間弾道ミサイル（ソ連） ……20
R-36M（SS-9サタン）大陸間弾道ミサイル（ソ連） ……20
R-70ロケット発射器（チェコスロヴァキア） ……165
RBS-70携帯式防空システム（スウェーデン） ……54
RCL3.7インチ無反動砲（イギリス） ……22, 24
ROAD（師団再編計画）（アメリカ） ……25
RPG-7ロケット推進式グレネード（ソ連） ……117
RSD 58地対空ミサイル（スイス） ……32
RSD-10ピオネール（SS-20セイバー）中距離弾道ミサイル（ソ連） ……21, 51
RT-2（SS-13サヴェージ）大陸間弾道ミサイル（ソ連） ……19, 20
RT-2PMトーポリ（SS-25 シックル）中距離弾道ミサイル（ソ連） ……19, 20
S-23 180ミリカノン砲（ソ連） ……17
S-25ベールクト（SA-1ギルド）地対空ミサイル（ソ連） ……14
S2弾道ミサイル（フランス） ……29
S-300（SA-10グランブル）地対空ミサイル（ソ連） ……170, 171
S-400（SA-21）地対空ミサイル（ロシア） ……171

Index

S-60 57ミリ対空機関砲（ソ連） ……39
SA-12ジャイアント／グラディエーター地対空ミサイル（ソ連） ……170
SA-18グロース地対空ミサイル（ソ連） ……173
SA-20ガーゴイル地対空ミサイル（ソ連） ……170
SA-7グレイル地対空ミサイル（ソ連） ……39, 41
SA-9 ガスキン地対空ミサイル（ソ連） ……41, 153, 169, 170, 173
SIDAM25自走対空砲（イタリア） ……42, 49
SLWH ペガサス155ミリ牽引榴弾砲（シンガポール） ……109
SP70 155ミリ自走榴弾砲（NATO） ……47, 160, 183
SPM-85 PRAM 120ミリ自走迫撃砲（チェコスロヴァキア） ……34, 35
SSBS S3 中距離弾道ミサイル（フランス） ……29, 51
SSPHプライマス155ミリ自走榴弾砲（シンガポール） ……109
START II（第2次戦略兵器削減条約）（1993年） ……156, 157
Strv.103主力戦車（スウェーデン） ……49
SU-100自走砲（ソ連） ……114
SU-76M自走砲（ソ連） ……77
SU-76自走砲（ソ連） ……25, 76, 77
SU-85自走砲（ソ連） ……15
T12（2A19）対戦車砲（ソ連） ……12
T-34中戦車（ソ連） ……15, 17, 71, 76, 93, 98, 119, 123
T-54/55主力戦車（ソ連） ……92, 114, 152, 180
T-62 主力戦車（ソ連） ……152, 180
T-72主力戦車（ソ連） ……152, 162, 164, 180
T-80主力戦車（ソ連） ……167, 168
TCM-20対空砲（イスラエル） ……122
TOS-1多連装ロケットシステム（ソ連） ……163, 164
TR-1テンプ（SS-12スケールボード）中距離弾道ミサイル（ソ連） ……37
U-2偵察機（アメリカ） ……159
UAZ-469 4×4トラック（ソ連） ……182
UR-100（SS-11セーゴ）大陸間弾道ミサイル（ソ連） ……19, 21
UR-100N（SS-19スティレット）大陸間弾道ミサイル（ソ連） ……21
V-1飛行爆弾（ドイツ） ……36
V-2ロケット（ドイツ） ……28
XM2001クルセイダー155ミリ自走榴弾砲（アメリカ） ……182
ZIL-135 8×8トラック（ソ連） ……36
ZPU-2 58式対空砲（中国） ……79
ZPU-4 対空機関砲（中国） ……93

ZSU-23-4 シルカ23ミリ対空砲（ソ連） ……41, 93, 106, 119, 121, 146, 173
ZSU-57-2自走対空砲（ソ連） ……93, 121, 128
ZU-23-2 23ミリ対空機関砲（ソ連） ……41 57

[あ]

アヴィブラスX-40多連装ロケットシステム（ブラジル） ……136, 138
アジア
　現代 ……144
　冷戦 ……95-7
　個々の国も参照
アストロスII 多連装ロケットシステム（ブラジル） ……136, 138, 149, 153
アーチャー 17ポンド自走砲（イギリス） ……114, 116
アーチャーFH77 BW L52 155ミリ自走榴弾砲（スウェーデン） ……185
アトラス大陸間弾道ミサイル（アメリカ） ……28, 29
アトランティック・コンヴェアー ……67
アフガニスタン
　NATO ……177, 180, 183
　アメリカ ……56, 177, 178-9, 180-1
　イギリス ……144, 177-8
　オーストラリア ……145
　カナダ ……145
　ソ連 ……34-5 56-9, 60, 163, 164
　ドイツ ……183
アブハズ ……161-2
アフリカ ……134, 144
　個々の国も参照
アメリカ
　アフガニスタン ……56, 177, 178-9, 180-1
　アフリカ ……134
　イラク戦争（2003-2010年） ……142, 145, 172, 174, 175-6, 179, 180
　ヴェトナム戦争（1955-75年） ……80, 82-6, 87, 88-9, 90, 91, 148, 159
　核兵器 ……21, 22, 24, 50-1, 70, 155-6, 157
　現代 ……171, 181, 183, 184
　戦術 ……28, 82-3, 84-6
　第1次湾岸戦争（1990-91年） ……147-8, 150-2, 157, 170
　第2次世界大戦 ……12-13, 82, 86
　朝鮮戦争（1950-53年） ……6, 25, 68, 69, 70, 71, 72-5, 82, 107
　平和維持活動 ……9, 159
　冷戦 ……12-13, 22, 24-6, 28, 29-31, 41-2, 45-7, 50-1, 54-5, 97-8, 107, 159

索引

　　レバノン　……124
　　「米空軍」「米陸軍」「米海兵隊」「米海軍」も参照
　アラブ・イスラエル戦争（1948年）　……112-13
　アラブ首長国連合　……133, 171
　アル・ファオ210ミリ自走砲（イラク）　……128-9
　アルヴィス・ストーマー装甲戦闘車（イギリス）　……155, 157
　アルカイダ　……172, 177
　アルゼンチン　……61-7
　アンゴラ　……134, 135-8, 139
　アントリム（英駆逐艦）　……63

[い]

　イエメン　……112
　イギリス
　　アフガニスタン　……144, 177-8
　　イラク戦争（2003-2010年）　……175, 176, 177
　　海軍　……63, 66, 67
　　海兵隊　……61
　　核兵器　……28-9
　　騎馬砲兵隊　……26, 48, 160, 176, 177, 178
　　空軍　……31, 32
　　現代　……155-7, 171, 181, 184-5
　　スエズ危機（1956年）　……114
　　第1英連邦師団　……72
　　第1機甲師団　……175
　　第1次湾岸戦争（1990-91年）　……148
　　朝鮮戦争（1950-53年）　……72, 76
　　フォークランド紛争（1982年）　……61-67
　　平和維持活動　……160, 177, 179
　　砲兵隊　……23, 31, 32, 47, 48, 61, 62, 160
　　陸軍ライン軍団　……26
　　冷戦　……22-4, 26, 28-9, 30, 31, 32, 45-6, 47-8, 55, 183
　イサエフS-125（SA-3ゴア）地対空ミサイル（ソ連）　……153, 154
　イスパノ・スイザ社（フランス）
　　HS.404 20ミリ対空機関砲　……122
　　HS.831 30ミリ対空機関砲　……65
　イスラエル
　　アラブ・イスラエル戦争（1948年）　……112-13
　　核兵器　……132
　　現代　……132, 134, 184
　　スエズ危機（1956年）　……114
　　戦術　……113, 119-20
　　第1次湾岸戦争（1990-91年）　……151, 154
　　第4次中東（ヨム・キプル）戦争（1973年）　……15, 54, 110, 117, 119-21, 122

　　六日戦争（1967年）　……15, 54, 114, 115, 120-1
　　レバノン　……122, 124-5, 126, 132, 184
　イスラム国際平和維持旅団（IIPB）　……162
　イタリア
　　現代　……182
　　冷戦　……22, 23, 42, 183
　臨津江（イムジン川）、朝鮮　……75
　イラク
　　共和国防衛軍　……152, 173, 180
　　第1次湾岸戦争（1990-91年）　……9, 36, 130, 146, 147, 150-1, 152-4, 170, 171
　　第5機械化師団　……127, 176
　　大量破壊兵器　……171, 172
　　ハンムラビ師団　……173
　イラク戦争（2003-2010年）　……9, 142, 145, 172, 174, 175-6, 177, 179, 180
　イラン　……97, 122, 170
　イラン・イラク戦争（1980-88年）　……97, 127-9, 130, 172
　イングリッシュ・エレクトリック・サンダーバード地対空ミサイル（イギリス）　……30, 31 32
　インド
　　核兵器　……106
　　現代　……144
　　冷戦　……97
　インド・パキスタン戦争（1965年）　……105, 106
　インド・パキスタン戦争（1971年）　……105

[う]

　ヴァシリョク82ミリ迫撃砲（ソ連）　……59
　ヴァルキリー多連装ロケットシステム（南アフリカ）　……141
　ヴァレンタイン戦車（イギリス）　……113, 114
　ウェストランド・ウェセックス（イギリス）　……178
　ヴェトコン　……81, 82, 84, 91, 93
　ヴェトナム戦争（1955-75年）　……97
　　アメリカ　……80, 82-6, 87, 88-9, 90, 91, 148, 159
　　北ヴェトナム　……14, 79, 81, 82, 83, 91-3, 159
　ヴォー・グェン・ザップ将軍　……91
　ウラル375D 6×6 トラック（ソ連）　……59, 123

[え]

　エグゾセ対艦ミサイル（フランス）　……67
　エジプト
　　アラブ・イスラエル戦争（1948年）　……112-13
　　北イエメン内戦（1962-70年）　……112

現代　……130
　　　スエズ危機（1956年）　……114, 116
　　　第2歩兵師団　……115, 119
　　　第3機械化歩兵師団　……117
　　　第4機甲師団　……114
　　　第19歩兵師団　……121
　　　六日戦争（1967年）　……15, 114, 115 120-1
　　　ヨム・キプル（第4次中東）戦争（1973年）　……15, 117 119-20, 121, 132
　　エリコン社（スイス）
　　　GAI-BO1対空砲　……48
　　　GDF-001 35ミリ連装機関砲　……64, 67
　　エリコ弾道ミサイル　……132

[お]

　　王立兵器開発研究所（イギリス）　……177
　　オーストラリア
　　　アフガニスタン　……145
　　　朝鮮戦争（1950-53年）　……76-7
　　オーストリア　……95, 128, 130
　　オチキスH39軽戦車（フランス）　……113
　　オート・メラーラ社（イタリア）
　　　Mod 56榴弾砲（山砲）　……22, 23, 62, 64, 65-6, 127, 177
　　　SIDAM25自走対空砲　……42, 49
　　　オトマティック76ミリ対空戦車　……182
　　　パルマリア155ミリ自走榴弾砲　……133
　　オードナンスBL5.5インチ中砲（イギリス）　……106
　　オードナンスML3インチ迫撃砲（イギリス）　……72, 113
　　オマーン　……133

[か]

　　カエサル155ミリ自走榴弾砲（フランス）　……185
　　化学戦争　……129, 171, 172
　　核兵器
　　　NATO　……13, 28-9
　　　アメリカ　……21, 22, 24, 50-1, 70, 155-6, 157
　　　イギリス　……28-9
　　　イスラエル　……132
　　　イラク　……172
　　　インド　……106
　　　戦術核兵器　……8, 13, 22, 24, 25, 36-7, 38, 41
　　　ソ連　……8, 14, 17, 18-21, 28, 36-7, 38, 70 155-6
　　　第2次世界大戦　……12-123
　　　中国　……99, 102-3

　　中距離弾道ミサイル　……18, 22, 50-1
　　　パキスタン　……106
　　　フランス　……29, 52
　　　ロシア連邦　……19
　　　ワルシャワ条約　……13, 28
　　　「大陸間弾道ミサイル」も参照
　　ガグラ、アブハズ　……161-2
　　カシミール　……105
　　カナダ
　　　アフガニスタン　……145
　　　現代　……182
　　　冷戦　……98
　　カフカス　……161-8
　　カフカス山岳民族連合（CMPC）　……162
　　韓国　……69, 70, 79

[き]

　　北イエメン内戦（1962 - 70年）　……112
　　北ヴェトナム　……14, 79, 81, 82, 83, 91-3, 159
　　北大西洋条約機構（NATO）
　　　アフガニスタン　……177, 180, 183
　　　核兵器　……13, 28-9
　　　現代の防空　……155-7
　　　平和維持活動　……160
　　　冷戦　……22-7, 30-1, 41, 52-4
　　北朝鮮　……107
　　　戦術　……79
　　　第2歩兵師団　……77
　　　第4歩兵師団　……79
　　　朝鮮戦争（1950-53年）　……69, 70, 71, 76-7 107
　　　冷戦　……14
　　キューバ　……134, 135-8, 139
　　キューバミサイル危機（1962年）　……19, 29

[く]

　　クウェート　……130, 146, 152, 171
　　クラウス・マッファイ・ヴェックマン社　……183, 184
　　グラモーガン（英駆逐艦）　……67
　　グルジア　……161-2, 165, 167-8
　　クルセイダー戦車（イギリス）　……112
　　グレゴリー准将、アンドルー・R　……176
　　クロアチア　……158
　　クロタルEDIR防空ミサイル（フランス）　……55, 131
　　クロムウェル戦車（イギリス）　……113

[け]

ケサン、ヴェトナム ……89, 91-2, 93
ケネディ大統領、ジョン・F ……19
ゲパルト自走対空砲（西ドイツ） ……42, 43
現代 ……144-5
　アジア ……144
　アメリカ ……171, 181, 183, 184
　イギリス ……155-7, 171, 181, 184-5
　イスラエル ……132, 134, 184
　イタリア ……182
　インド ……144
　エジプト ……130
　カナダ ……182
　クウェート ……130
　サウジアラビア ……130, 131, 147-8, 171
　スイス ……182
　スウェーデン ……185
　ドイツ ……183-4
　パキスタン ……144
　南アフリカ ……139-41
　ロシア連邦 ……181-2 184

[こ]

向上化従来型弾（ICM） ……145, 179, 180
小型運動エネルギーミサイル（CKEM）（アメリカ）
　……184
国連
　アンゴラ ……135
　イラク ……171-2
　朝鮮戦争（1950-53年） ……69, 70-1, 76, 78
　コソヴォ ……170, 177
　ゴラン高原 ……111, 114
　コンゴ ……134

[さ]

最新の弾薬 ……145, 175
ザイール ……134
サウジアラビア ……130, 131, 147-8, 149, 171
作戦
　イラクの自由 ……9, 173, 175, 176, 179, 180
　グランドスラム ……105
　砂漠の盾 ……146
　砂漠の嵐 ……146-7, 152, 170, 176
　ジョイント・エンデヴァー ……9
　ジョイント・ガード ……159
サダム・フセイン ……97, 127, 129, 130, 146, 171, 172, 173
サーモバリック弾 ……164

サリン ……129

[し]

シェフィールド（英駆逐艦） ……67
シーキャット艦対空ミサイル（イギリス） ……66
シコルスキーCH-53（アメリカ） ……185
シースラグ艦対空ミサイル（イギリス） ……63
シャヒーン防空ミサイルシステム（サウジアラビアアラビア） ……131
シャロン将軍、アリエル ……120
準中距離弾道ミサイル ……18
ショレフ155ミリ自走榴弾砲（イスラエル） ……124
ショレフ155ミリ自走榴弾砲（イスラエル） ……124
シリア ……128
　アラブ・イスラエル戦争（1948年） ……113
　第4次中東（ヨム・キプル）戦争（1973年） ……110, 118, 119, 121
　六日戦争（1967年） ……114, 116
　レバノン ……122-3, 132
シンガポール ……109

[す]

スイス ……32, 48, 182
スウェーデン ……49, 54, 106, 107, 185
スエズ危機（1956年） ……114, 116
スカイボルト空中発射核ミサイル（アメリカ） ……29
スカッドミサイル・ファミリー（ソ連） ……36-7, 128, 129, 147, 150-2, 154
スターストリーク地対空ミサイル（イギリス） ……155, 156
スターリングラード ……14
スーダン ……134
スパイク対戦車ミサイル（イスラエル） ……134
「スーパーガン」 ……172
スペイン ……45
スペース・リサーチ社 ……98, 101
スホーイSu-25攻撃機（ソ連） ……169
スミス中佐、チャールズ・B ……72, 73
スロヴァキア ……167

[せ]

『西部戦線異状なし』（レマルク） ……8
赤軍
　SSM（地対地ミサイル）旅団 ……38
　組織 ……35, 138
　第5親衛自動車化狙撃師団 ……59
　第7親衛ミサイル師団 ……19

第21自動車化狙撃師団 ……39
第24親衛師団 ……18
第27親衛自動車化狙撃師団 ……15
第28親衛ミサイル師団 ……19, 20, 21
第30親衛自動車化狙撃師団 ……40
第60ミサイル師団 ……21
第62ロケット師団 ……20
第78親衛空挺師団 ……16
第108自動車化狙撃師団 ……57
ゼネラル・ダイナミックス社 ……141
セルザー軍曹、ヘンリー ……178
セルビア ……158-9, 170
戦術核兵器
 開発 ……8, 13, 22
 配備 ……24, 25, 36-7, 38, 41

[そ]

ソウル、韓国 ……70
ソルタム・システムズ（イスラエル）／120ミリ迫撃砲 ……125
 ATMOS 2000 152ミリ自走榴弾砲 ……132
 L33 155ミリ自走榴弾砲 ……120, 121
 M68 155ミリ牽引榴弾砲 ……120, 121, 124
 M71 155ミリ牽引榴弾砲 ……109, 121 124, 132'
 ラスカル155ミリ自走榴弾砲 ……132
ソ連
 アフガニスタン ……34-5, 56-9, 60, 163, 164
 アンゴラ ……135
 核兵器 ……8, 14, 17, 18-21, 28, 36-7, 38, 70, 155-6
 戦術 ……14, 15, 33, 36, 57-8, 59
 第2次世界大戦 ……13, 14, 33, 59
 崩壊 ……161
 冷戦 ……10, 12, 13, 14-21, 33-7, 38, 39-41, 97-8, 103, 107, 159, 170
 「赤軍」「ロシア連邦」も参照

[た]

第1次世界大戦 ……8, 86
第1次湾岸戦争（1990 - 91年） ……9, 36, 130, 146-54, 157, 170 171
タイガーキャット地対空ミサイル（イギリス） ……64, 66
タイタン大陸間弾道ミサイル（アメリカ） ……28, 29
第2次世界大戦
 アメリカ ……12-13, 82, 86
 ソ連 ……13, 14, 33, 59

中国 ……78
ドイツ ……13, 14, 28
日本 ……13, 78, 91, 96, 107
ダイムラー装甲車（イギリス） ……113
第4次中東（ヨム・キプル）戦争（1973年） ……15, 54, 110, 117, 118, 119-21, 122, 132, 148
大陸間弾道ミサイル（の開発） ……8, 13, 22
 アメリカ ……28, 29, 155-6, 157
 ソ連 ……18, 19-21
ダヴィドカ81ミリ迫撃砲（イスラエル） ……113
ダグラスA-4スカイホーク戦闘爆撃機（アメリカ） ……63 121
タトラ 813 8×8トラック（チェコスロヴァキア） ……167
ダナ152ミリ自走砲（チェコスロヴァキア） ……13, 165, 167-8
タブン ……129
タラスク（53 T2）牽引対空砲（フランス） ……82
タリバン ……145, 172, 177, 179
タロス艦対空ミサイル（アメリカ） ……84

[ち]

チェコ共和国 ……167
チェコスロヴァキア ……34, 35, 158
チェチェン（チェチニャー） ……161, 162-4
中距離弾道ミサイル ……18, 21, 50-1
中距離核戦力全廃条約 ……21, 46, 51
中国
 核兵器 ……99, 102-4
 徽章 ……102
 第2次世界大戦 ……78
 第1機甲師団 ……100
 第2砲兵部隊 ……103-4
 第112機械化歩兵師団 ……101
 第113歩兵師団 ……105
 第116機械化歩兵師団 ……102
 第118砲兵師団 ……101
 第121歩兵師団 ……98
 第123歩兵師団 ……103
 第124機械化歩兵師団 ……102
 朝鮮戦争（1950-53年） ……70, 76, 78-9, 98
 冷戦 ……96, 97, 98, 100-5
中東 ……111-13, 130, 132, 144
中東 個々の国も参照
朝鮮戦争（1950-53年） ……22, 68, 69-79, 97
 アメリカ ……6, 25, 68, 69, 70, 71, 72-5, 82, 107
 イギリス ……72, 76
 オーストラリア ……76-7

北朝鮮　……69, 70, 71, 76-7, 107
　　国連　……69, 70-1, 76, 78
　　中国　……70, 76, 78-9, 98
　　清洲（チョンジュー）、朝鮮　……76

［つーと］

ツポレフTu-22戦略爆撃機（ソ連）　……169
ディエン・ビエン・フー、ヴェトナム　……91 92
デネル・ランド・システムズ社　……140
ドイツ
　　アフガニスタン　……183
　　現代　……183-4
　　第1機甲師団　……183
　　第1次世界大戦　……113, 14, 28,
　　「東ドイツ」「西ドイツ」も参照
ドゥダエフ少将、ジョハル　……162
トマホーク巡航ミサイル（アメリカ）　……153
トヨタ・ランドクルーザー　……137
トライデント核ミサイル　……155
トランスヨルダン　……112
トルコ　……52, 76

［なーの］

ナイキ・エイジャックス地対空ミサイル（アメリカ）
　　……31
長崎　……12
西ドイツ　……13, 22, 23, 41, 42, 43-4, 50, 51
日本
　　第2次世界大戦　……13, 78, 91, 96, 107
　　冷戦　……96, 107, 108, 109
ニュージャージー（米戦艦）　……124
ニュージーランド　……75, 109
二用途向上化従来型弾（DPICM）　……179
ノーナ－K 2B16 120ミリ牽引砲（ソ連）　……181-2
ノリンコ（中国北方工業公司）　……98, 100, 102

［は］

パウエル、コリン　……171-2
ハガナー（民兵組織）　……112, 113
パキスタン
　　インド・パキスタン戦争（1965年）　……105, 106
　　インド・パキスタン戦争（1971年）　……105
　　核兵器　……106
　　現代　……144
　　第1機甲師団　……105
　　第7砲兵師団　……105

　　第11歩兵師団　……105
　　第12砲兵師団　……105
　　陸軍第4軍団　……105
　　冷戦　……97
バグダード　……153
バズーカ88ミリロケット発射器（アメリカ）　……77
ハッサン、アミール・エル　……112
パットン将軍、ジョージ・S・ジュニア　……9
バーディナー大尉、ライアン　……178
バテラー127ミリ多連装ロケットシステム（南アフリカ）
　　……139, 141
パナヴィア・トーネード攻撃機　……173
ハマス　……124
バルカン諸国　……144, 158-60, 179
パルマリア155ミリ自走榴弾砲（イタリア）　……133
パレスチナ解放機構（PLO）　……122-3
バーレーン　……171
パワーズ、フランシス・ゲーリー　……159
ハンガリー　……25
バンドカノン自走砲（スウェーデン）　……49
ハンバーMk Ⅲ装甲車（イギリス）　……112
ハンバーMk Ⅳ装甲車（イギリス）　……112

［ひ］

東ドイツ　……12, 34, 35, 38, 40
ヒズボラ　……122, 124, 184
ビッグバビロン・スーパーガン（イラク）　……172
広島　……12

［ふ］

フェアチャイルド・リパブリックA-10サンダーボルト
　　（アメリカ）　……170, 176
フォークランド紛争（1982年）　……61-7
ブッシュ大統領、ジョージ・W　……171
ブラジル　……136, 138
フランス
　　インドシナ　……82
　　核兵器　……29, 52
　　スエズ危機（1956年）　……114
　　第1戦略ミサイルグループ　……29
　　第2軍団　……27
　　冷戦　……27, 29, 52, 54, 55, 67
ブリストル・ブラッドハウンド地対空ミサイル（イギリス）　……31, 32
プリットヴィー戦術弾道ミサイル（インド）　……97
ブル、ジェラルド　……98, 101, 128, 130, 136, 140, 172

ブルーストリーク準中距離弾道ミサイル（イギリス）
　……28-9
ブルトン戦術核ミサイル（フランス）　……52
ブルンジ　……134
ブレン・ガンキャリア（イギリス）　……112, 113
フロッグ（FROG：無誘導地対地ロケット）システム（ソ連）　……33, 36-7, 38, 128, 135, 153, 154
フロッグ-5ミサイル（ソ連）　……8
ブローパイプ地対空ミサイル（イギリス）　……61, 63

[へ]

米海軍　……84, 124
米海兵隊　……71, 81, 143, 179
　　第1海兵遠征軍　……174, 175
　　第1海兵師団　……89
　　第3海兵師団　……90
米空軍
　　第308戦略ミサイル航空団　……28
　　第447戦略ミサイル中隊　……29
ベイビーバビロン・スーパーガン（イラク）　……172
米陸軍
　　戦術　……25,' 42
　　組織　……41-2, 174
　　第1歩兵師団　……87
　　第3歩兵師団　……176
　　第4歩兵師団　……77, 79
　　第8軍　……73, 74-5
　　第25歩兵師団　……71
　　第82空挺師団　……25, 90
　　第101空挺師団　……89
　　未来戦闘システム（FCS）計画　……183
平和維持活動　……9, 159, 160, 177, 179
ベル・ボーイングV-22オスプレイ輸送機（アメリカ）　……178
ベルナルディーノX1A1軽戦車（ブラジル）　……136, 138
ヘルファイア対戦車ミサイル（アメリカ）　……147
ベルリン封鎖（1948-49年）　……13, 22
ペレス・デ・クエヤル、ハヴィエル　……129
ベレデルスキー砲兵元帥、G・E　……33

[ほ]

ホー・チ・ミン　……81
ボーイズ0.55インチ対戦車ライフル（イギリス）　……113
ボーイング社（アメリカ）
　　B-17爆撃機「フライング・フォートレス」　……31
　　B-52戦略爆撃機「ストラトフォートレス」　……28

CH-47チヌーク　……178
ホーカー・シーハリアー戦闘攻撃機（イギリス）　……66-7
ホスゲンガス　……129
ボスニア・ヘルツェゴヴィナ　……9, 158
ボフォース社（スウェーデン）
　　FH-77 155ミリ野戦榴弾砲システム　……106, 107, 185
　　L/60 40ミリ対空機関砲　……73
　　L/70 40ミリ対空機関砲　……23, 24
　　Model 29 75ミリ高射砲　……106
　　RBS-70 携帯式地対空ミサイル　……54
ポーランド　……167

[ま]

マクダネル・ダグラスF-4ファントム（II）戦闘機（アメリカ）　……121
マジヌーン155ミリ自走砲（イラク）　……128-9
マスタードガス　……129
マチルダ歩兵戦車（イギリス）　……112
マーモン・ヘリントン装甲車（南アフリカ）　……112
マルダー歩兵戦闘車（ドイツ）　……54

[み—め]

南アフリカ　……133, 136-7, 139-41
南ヴェトナム　……82, 83-4, 89
南オセティア　……161, 165-8, 169
ミニットマン　LGM-30 ミニットマンI大陸間弾道ミサイル（アメリカ）参照
ミラン対戦車ミサイル（フランス）　……128
ミルMi-24ハインド攻撃ヘリコプター（ソ連）　……56
六日戦争（1967年）　……15, 54, 114, 115, 116, 120-1
「向こう見ず」レーザー誘導砲弾（ソ連）　……59
ムシャラフ、パルヴェーズ　……106
メコンデルタ、ヴェトナム　……82
メルカヴァキカ戦車（イスラエル）　……124, 183

[や—ゆ]

鴨緑江（ヤールー川）、朝鮮　……76, 77
友軍からの誤爆　……147
ユーゴスラヴィア　……158, 160
ユニヴァーサル・キャリア（汎用輸送車）（イギリス）　……113

索引

[ら]

ラインメタル社（ドイツ）
  L52 155ミリ榴弾砲 ……183
  Mk 20 Rh 202 20ミリ機関砲 ……67
ラヴォーチキンOKB S-75（SA-2 ガイドライン）地対空ミサイル（ソ連）……39, 159, 173
ラスカル155ミリ自走榴弾砲（イスラエル）……124, 132
ランドローヴァー（イギリス）……47, 178

[りーる]

リビア ……128, 133
リベリア ……134
ルナM（フロッグ-7）戦術弾道ミサイル（ソ連）……36-7, 38, 153, 154
ルノー 6×6トラック（フランス）……185
ルワンダ ……134

[れ]

レイセオン・グリフィン誘導ミサイル（アメリカ）……181
冷戦
  NATO ……22-7, 30-1, 41, 52-4
  アジア ……95-7
  アメリカ ……12-13, 22, 24-6, 28, 29-31, 41-2, 45-7, 50-1, 54-5, 97-8, 107,
  イギリス ……22-4, 26, 28-9, 30, 31, 32, 45-6, 47-8, 55, 183
  イタリア ……22, 23, 42, 183
  インド ……97
  カナダ ……98
  北朝鮮 ……14
  スイス ……32, 48
  スウェーデン ……49, 54, 106, 107
  スペイン ……45
  ソ連 ……10, 12, 13, 14-21, 33-7, 38, 39-41, 97-8, 103, 107, 159, 170
  チェコスロヴァキア ……13, 34, 35, 158
  中国 ……94, 96, 97, 98, 99, 100-4, 105, 159
  西ドイツ ……13, 22, 23, 41, 42, 43-4, 47, 48-9, 54, 55, 183
  日本 ……96, 107, 108, 109
  パキスタン ……97
  東ドイツ ……12, 34, 35, 38, 40
  フランス ……27, 29, 52, 54, 55, 67, 159
  ワルシャワ条約 ……25, 30, 33-5, 39, 41
レイピア地対空ミサイル（イギリス）……55, 61, 63, 156-7
レオパルト1主力戦車（ドイツ）……48, 49, 183
レオパルト2主力戦車（ドイツ）……183
レバノン ……122-5, 126, 132 184
レマルク、エーリヒ・マリア ……8

[ろ]

ロイド・キャリア（イギリス）……112
ロイヤル・オードナンス・ファクトリー（イギリス）……177
ロシア連邦
  核兵器 ……19
  カフカス ……161-8
  現代 ……181-2, 184
  現代の防空 ……169-70
  第5親衛戦車師団 ……164
  第9自動車化狙撃 ……168
  第20親衛自動車化狙撃師団 ……166
  「ソ連」も参照
ロッキードC-130輸送機（アメリカ）……185
ローランド地対空ミサイル（フランス／ドイツ）……54, 55, 64, 66-7, 176
ロレーヌ38L装甲兵員輸送車（フランス）……112

[わ]

ワリード装甲兵員輸送車ロケット発射器（エジプト）……115
ワルシャワ条約 ……25, 30, 33-5, 39, 41
  核兵器 ……13, 28

Essential Identification Guide: Postwar Artillery 1945 to the Present Day
by Michael E. Haskew
Copyright © 2011 Amber Books Ltd, London
This translation of Essential Identification Guide: Postwar Artillery 1945 to the Present Day first published in 2014 is published by arrangement with Amber Books Ltd. through Japan UNI Agency, Inc., Tokyo

【著者】マイケル・E・ハスキュー（Michael E. Haskew）
軍事史家。25年以上にわたって軍事史に関する研究を続けている。『第二次世界大戦ヒストリー・マガジン』編集者。アイゼンハワー米国研究センター『第二次世界大戦事典』の編者をつとめる。邦訳書に『戦場の狙撃手』、『銃と戦闘の歴史図鑑』（共著）、『ヴィジュアル大全 装甲戦闘車両』がある。

【監訳者】毒島刀也（ぶすじま・とうや）
1971年千葉県生まれ。軍事アナリスト。日本大学工学部機械工学科卒。『Jウイング』『エアワールド』誌編集を経てフリーランスに。著書に『戦車パーフェクトBOOK』、監訳に『世界戦車大全』『ヴィジュアル大全 航空機搭載兵器』など。

ヴィジュアル大全（たいぜん）
火砲（かほう）・投射兵器（とうしゃへいき）

2014年9月30日　第1刷

著者…………マイケル・E・ハスキュー
監訳者………毒島刀也（ぶすじまとうや）

装幀・本文AD………松木美紀

発行者………成瀬雅人
発行所………株式会社原書房
〒160-0022 東京都新宿区新宿1-25-13
電話・代表 03（3354）0685
http://www.harashobo.co.jp
振替・00150-6-151594

印刷…………シナノ印刷株式会社
製本…………東京美術紙工協業組合

©Busujima Tohya, 2014
ISBN978-4-562-05097-0, Printed in Japan